高等教育工程造价专业系列教材

安装工程计量与计价

（第2版）

ANZHUANG GONGCHENG JILIANG YU JIJIA

主　编⊙马驰瑶

副主编⊙张　瑞　孙玉梅　林　迟

参　编⊙张小美

U0205576

西南交通大学出版社

·成都·

内容简介

本书依照国家标准《建设工程工程量清单计价规范》（GB 50500—2013）、《通用安装工程工程量计算规范》（GB 50856—2013）和《云南省建设工程造价计价标准（2020 版）》中的《云南省通用安装工程计价标准》（DBJ 53/T-63—2020）（云建科〔2021〕15 号）的相关规定编写。

全书分 7 章编制，以建筑安装工程定额计价与工程量清单计价为主线，详细介绍建筑安装工程中的给排水工程、电气设备工程、消防工程、通风空调工程计量与计价的原理及方法，以及安装工程施工图预算、工程量清单及招标控制价的编制实例。

本书可作为高等学校工程造价、工程管理、土木工程等专业的教科书，也可以作为建筑类相关专业学生和工程造价技术人员的参考书。

图书在版编目（CIP）数据

安装工程计量与计价 / 马驰瑶主编. -- 2 版.
成都：西南交通大学出版社，2024.8. -- ISBN 978-7
-5643-9938-2

Ⅰ. TU723.3

中国国家版本馆 CIP 数据核字第 2024EC1938 号

Anzhuang Gongcheng Jiliang yu Jijia
安装工程计量与计价（第 2 版）

主编　马驰瑶

策 划 编 辑	吴　迪　郑丽娟　李华宇
责 任 编 辑	姜锡伟
封 面 设 计	墨创文化
出 版 发 行	西南交通大学出版社
	（四川省成都市金牛区二环路北一段 111 号
	西南交通大学创新大厦 21 楼）
营销部电话	028-87600564　028-87600533
邮 政 编 码	610031
网　　　址	http://www.xnjdcbs.com
印　　　刷	郫县犀浦印刷厂
成 品 尺 寸	185 mm × 260 mm
印　　　张	18.75
字　　　数	455 千
版　　　次	2019 年 3 月第 1 版
	2024 年 8 月第 2 版
印　　　次	2024 年 8 月第 6 次
书　　　号	ISBN 978-7-5643-9938-2
定　　　价	46.00 元

高等教育工程造价专业系列教材

建设委员会

主 任　张建平

副主任　时　思　卜炜玮　刘欣宇

委 员　（按姓氏音序排列）

陈　勇　樊　江　付云松　韩利红

赖应良　李富梅　李琴书　李一源

莫南明　屈俊童　饶碧玉　宋爱苹

孙俊玲　夏友福　徐从发　严　伟

张学忠　赵忠兰　周荣英

序
PREFACE

据公开的资料披露，2013—2019 年，我国工程造价甲级咨询企业占比呈持续上升趋势，从 36.6%上升到 55.6%。2021 年年末，全国共有 11 398 家工程造价咨询企业参加了统计，比上年增长 8.7%。2019—2022 年，我国工程造价咨询从业人员中注册造价工程师人数不断增加，从 9 万多人提升到超过 14 万人。截至 2022 年年末统计，我国共有注册造价工程师 14.8 万人，占全部从业人员的 12.9%。其中：一级注册造价工程师 11.7 万人，占比 79.2%；二级注册造价工程师 3.1 万人，占比 20.8%。

建设工程造价咨询行业转型升级的加速，国际市场竞争机会的增多，业务范围的扩展，对以注册造价工程师为代表的专业人员的需求也呈上升趋势。

2023 年 10 月，中国建设工程造价管理协会发布的《新时期工程造价专业人员职业素养研究》提出，在这样的发展背景下，要加强专业人员终生学习的宣传，提高工程造价人员主动学习的内在驱动力。

高等学校的工程造价专业，是培养注册造价工程师的主阵地，而一套与时俱进、符合时代需求的系列教材，将始终在专业或行业建设与发展中起到引领与助力的作用。

本系列教材，自 2015 年出版以来，受到了普遍欢迎和好评。截至 2024 年 1 月统计，共出版教材 20 余部，印刷 10 余万册，有 100 多所本科或高职院校使用了本系列教材。

为满足新时代对教材的新要求，本系列教材启动再版的编写与出版工作。我希望，系列教材的各位主参编老师与出版社齐心协力，与时俱进，不辱使命，为学生以及行业读者奉献一套精品教材，为实现中华民族的伟大复兴贡献出我们的一份力量。

张建平

2024 年 6 月

前 言
INTRODUCTION

第 2 版

当前，工程造价管理正处于深入改革和动态管理之中，通过管理创新、技术创新实现行业的转型升级，是工程造价改革的必由之路。随着工程造价市场化、信息化、国际化、法治化改革的深入，造价管理专业人员，应以习近平新时代中国特色社会主义思想武装头脑，系统掌握专业知识，不断提升解决实际问题的创新思维能力，结合新时代新业态的特点，树立以法制为红线、以诚信为底线的职业操守，推动工程造价管理持续、健康发展。

工程造价的确定工作是我国基本建设中一项重要的基础性工作，是规范建筑市场秩序、提高经济效益和与国际接轨的关键环节，具有很强的技术性、经济性和政策性。安装工程造价是建设工程造价的重要组成部分，安装工程计量与计价是工程造价专业的核心课程。为保证工程造价的合理确定和有效控制，必须及时更新教学内容，不断促进教学改革，加强工程计量计价规范的应用，培养符合新时代要求的工程造价管理人员，因此我们组织编写了本书。

本书主要依据《建设工程工程量清单计价规范》（GB 50500—2013）、《通用安装工程工程量计算规范》（GB 50856—2013）和《云南省建设工程造价计价标准（2020 版）》（以下简称《云南省 2020 计价标准》）中的《云南省通用安装工程计价标准》（DBJ 53/T-63—2020）（云建科〔2021〕15 号）的相关规定编写。

全书共分 7 章，以建筑安装工程定额计价与工程量清单计价为主线，详细介绍了建筑安装工程中的给排水工程、电气设备工程、消防工程、通风空调工程计量与计价的编制原理、程序和方法。

前 言

　　本书添加了对基础知识的回顾，注重基本概念、基本理论的阐述，强调对定额的理解和应用，深入浅出，循序渐进。教材在力求内容精练、实用、图文并茂的基础上，针对建筑安装工程计量与计价的重点和难点，结合定额计价和清单计价的程序和方法，配有相应的工程实例及课后思考与练习题，便于教师教学和学生学习。

　　本书在第 1 版的基础上根据《云南省 2020 计价标准》对定额应用和计价全面进行了修编，对基础知识涉及现行施工验收规范的内容进行了修订，对第 1 版教材中出现的问题进行了修正。全书由昆明理工大学城市学院马驰瑶担任主编，由云南经济管理学院张瑞、昆明理工大学建筑工程学院孙玉梅、滇池学院林迟担任副主编，云南农业大学张小美参编，具体分工为：第 1、2、3、4、5 章由马驰瑶编写，第 6 章由张瑞和林迟共同编写，第 7 章由张瑞编写，思考与练习题由孙玉梅、张小美编写。

　　本书在编撰过程中参考了近年出版的有关规范、定额和教材，在此谨向这些文献的作者表示衷心感谢。

　　由于编者水平有限，书中的不足之处在所难免，敬请读者见谅并批评指正。

编 者

2024 年 3 月 29 日

前言
INTRODUCTION

第 1 版

工程造价的确定工作是我国基本建设中一项重要的基础性工作，是规范建筑市场秩序、提高经济效益和与国际接轨的关键环节，具有很强的技术性、经济性和政策性。安装工程造价是建设工程造价的重要组成部分，进入 21 世纪，人们对建筑功能的需求越来越高，建筑安装工程新技术、新工艺、新材料得以迅速发展，如何适应新形势下人才培养的需要对教育参与者提出了更高要求。为及时更新教学内容，不断促进教学改革，加强工程计量计价规范的应用，培养符合新时代要求的工程造价管理人员，我们组织编写了本书。

本书主要依据《建设工程工程量清单计价规范》（GB 50500—2013）、《通用安装工程工程量计算规范》（GB 50856—2013）和《云南省 2013 版建设工程造价计价依据》（云建标〔2013〕918 号）以及建设行政主管部门关于"营改增"的相关政策规定编写。

全书共分 7 章，以建筑安装工程定额计价与工程量清单计价为主线，重点介绍建筑安装工程中的给排水安装工程、电气设备安装工程、消防工程、通风空调安装工程计量与计价的编制方法。

本书通过基础知识的回顾，注重基本概念、基本理论的阐述，强调对定额的理解和应用，深入浅出，循序渐进。教材力求在内容精练、实用、图文并茂的基础上，针对建筑安装工程计量与计价的重点和难点作深入讲解；此外，全书结合定额计价和清单计价的程序和方法，配有相应的工程实例及课后思考与练习题，便于教师教学和学生学习。

本书由昆明理工大学城市学院马驰瑶担任主编，昆明理工大学建筑工程学院孙玉梅、云南农业大学邓溶、云南安盛工程造价咨询有限公司陈秀娟担任副主编，昆明理工大学津桥学院张小美、昆明理工大学城市学院吴倩参编。编写分工为：孙玉梅编写第 1 章，陈秀娟和张小美编写第 2 章，邓溶和吴倩编写第 3 章，马驰瑶编写第 4、5、6、7 章，全书由马驰瑶负责统稿。

本书在编撰过程中参考了近年出版的有关规范、定额和教材等，在此谨向这些文献的作者表示衷心感谢。

同时感谢西南交通大学出版社为本教材出版提供的机会，感谢编辑们对本书编写的大力支持和帮助。

由于编者水平有限，书中的不足和疏漏之处在所难免，敬请读者见谅并批评指正。

编 者

2018 年 10 月

目　录
CONTENTS

第 1 章

安装工程计量与计价概述

工程造价的确定工作是我国基本建设中一项重要的基础性工作，是规范建筑市场秩序、提高经济效益和与国际接轨的关键环节，具有很强的技术性、经济性和政策性。安装工程造价是建设工程造价的重要组成部分。合理确定、有效控制是工程造价管理的目标。

工程造价管理专业的大学生，应通过对专业知识的系统学习，掌握施工技术规范及现行计量计价规范，培养自身求知向学、持之以恒的科学精神；通过剖析工程造价管理目标，进一步理解造价管理人员必须具备过硬专业知识和爱岗敬业工作作风的要求，增强社会的责任感和使命感。

当前，工程造价管理正处于深入改革和动态管理之中，通过管理创新、技术创新实现行业的转型升级，是工程造价改革的必由之路。随着工程造价市场化、信息化、国际化、法治化改革的深入，造价管理专业人员，应以习近平新时代中国特色社会主义思想武装头脑，系统掌握专业知识，不断提升解决实际问题的创新思维能力，结合新时代新业态的特点，树立以法制为红线、以诚信为底线的职业操守，推动工程造价管理持续、健康发展。

1.1 基本建设认知

凡固定资产扩大再生产的新建、改建、扩建、恢复工程及与之连带的工作为基本建设。具体来讲，基本建设就是建设单位利用国家预算拨款、国内外贷款、自筹基金以及其他专项资金进行投资，以扩大生产能力、改善工作和生活条件为主要目标的新建、扩建、改建等建设经济活动，如工厂、矿山、铁路、公路、桥梁、港口、机场、农田、水利、商店、住宅、办公用房、学校、医院、市政基础设施、园林绿化、通信等建造性工程。

1. 基本建设的内容

基本建设主要包括：① 建筑工程；② 安装工程；③ 设备、工具、器具及生产家具的购置；④ 勘察设计和其他基本建设工作。

2. 基本建设项目的划分

根据工程设计要求以及编审建设预算、制订计划、统计、会计核算的需要，基本建设项目一般分为建设项目、单项工程、单位工程、分部工程及分项工程等，如图 1-1。

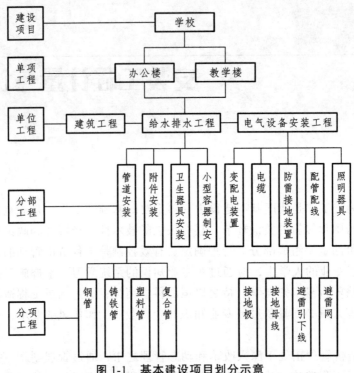

图 1-1　基本建设项目划分示意

建设项目是指按一个总体设计组织施工，建成后具有完整的系统，可以独立地形成生产能力或者使用价值的建设工程。一般以一个企业、事业单位或独立工程作为一个建设项目。例如，投入一定的资金，在某一地点、时间内按照一个总体设计组织施工建造的一所学校，即可称为一个建设项目。

单项工程一般是指有独立设计文件，建成后能独立发挥效益或生产设计规定产品的工程。一个项目在全部建成投入使用以前，往往陆续建成若干个单项工程。单项工程是建设项目的组成部分。例如，在某学校建设项目中，办公楼、教学楼等建成后能独立发挥使用效益，因此它们均为单项工程。

单位工程是单项工程中具有独立施工条件的工程，是单项工程的组成部分。通常按照不同性质的工程内容，根据组织施工和编制工程预算的要求，将一个单项工程划分为若干个单位工程，如学校教学楼的生活给水排水工程、电气设备安装工程、通风空调工程、消防工程等都是单位工程。

分部工程是单位工程的组成部分，是按建筑安装工程的结构、部位或工序划分的。例如，教学楼中的生活给水排水工程又划分为管道安装、附件安装、卫生器具安装、小型容器制作安装等分部工程，电气设备安装工程又划分为变配电装置、电缆、防雷接地装置、配管配线、照明器具等分部工程。

分项工程是分部工程的组成部分，指在分部工程中按照不同的施工工艺、不同的材料、不同的规格而进一步划分的最基本的工程项目，如生活给水管，按照不同的材质、不同的连接方式、不同的规格，分为若干个分项工程。

分部、分项工程是编制施工预算、招标控制价、投标报价、工程结算，制订、检查施工进度计划，核算工程成本的依据，也是计算施工产值和投资完成额的基础。

3. 基本建设程序与计量计价活动的关系

我国的基本建设程序分为项目建议书、可行性研究、设计工作、建设准备（招标投标）、建设实施以及竣工验收交付使用等六个阶段。

基本建设程序是对基本建设项目从酝酿、规划到建成投产所经历的整个过程中各项工作开展先后顺序的规定。在工程项目建设全过程所必须经历的各阶段中，工程造价全过程管理贯穿始终。基本建设程序与计量计价活动的关系如图1-2。

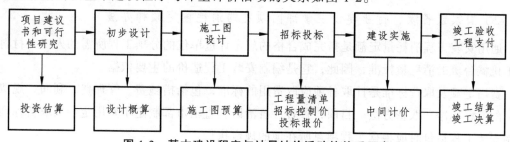

图1-2　基本建设程序与计量计价活动的关系示意

1.2　安装工程计量计价认知

1. 安装工程的概念

安装工程是指各种设备、装置的安装工程。本书所涉及的安装工程是指建筑安装工程。

建筑安装工程是指建筑物（或构筑物）内用于生活、生产及维护其功能的各种设备及管道的安装、线路敷设等工程，是为了满足人们生产和生活所必需的功能而安装的，如给排水工程、电气照明工程、消防工程、采暖及通风工程、弱电及智能系统工程等。这些工程通常与建（构）筑物配套使用才能发挥其生产、生活等功能。按建设项目的划分原则，安装工程各专业均具有单独的施工设计文件，并有独立的施工条件，均属单位工程，是工程造价计量计价的完整对象。

随着人们生活水平的不断提高，科学技术、信息技术的快速发展，建筑安装工程也在不断地完善发展；节能建筑、绿色建筑的倡导，也势必会让建筑物的功能得到更加有效的配置。

2. 安装工程计量计价的概念

工程造价的确定，应以该工程所要完成的工程实体数量为依据，对工程实体的数量做出正确的计算，并以一定的计量单位表述。这就需要进行工程计量，即工程量的计算，以此作为确定工程造价的基础。

安装工程计量是指建设工程项目以工程设计图纸、施工组织设计或施工方案及有关技术经济文件为依据，按照国家统一的工程量计算规则、计量单位等规定，进行安装工程数量计算的活动。

安装工程计价是根据工程计价依据的要求，按照计价规范和程序来确定工程造价的特殊计价活动。计价文件是反映拟建建筑安装工程经济效果的一种技术经济文件。

3. 安装工程计量计价的依据

1）现行计量计价规范

目前，国家颁发的《通用安装工程工程量计算规范》（GB 50856—2013）、《建设工程工程量清单计价规范》（GB 50500—2013），详细地规定了分项工程项目划分及项目编码、分项工程名称及工作内容、工程量计算规则和项目使用说明等，是编制施工图预算、招标控制价、投标报价和结算的主要依据。

2）国家或省级、行业建设主管部门颁发的消耗量定额和办法

通用安装工程消耗量定额是指完成合格的规定计量单位的分项工程所需的人工、材料、施工机械台班的消耗量标准，因此，它是编制安装工程造价的主要依据。

费用定额及取费标准是计取各项应取费用的标准，包括措施费、管理费、利润、规费和税金的取费标准和取费方法。目前，各省、自治区、直辖市都制定了费用定额及取费标准，编制安装工程造价时应根据工程项目所在地的规定执行。

3）经审定通过的施工设计图纸及其说明

施工图设计文件是编制施工图预算、招标控制价及投标报价的主要依据。施工图设计文件必须经建设行政主管部门审查批准，才能作为编制的依据。

4）经审定通过的施工组织设计或施工方案

施工组织设计或施工方案是确定单位工程的施工方法、施工进度计划、主要技术措施、质量安全保证措施和施工现场平面布置等内容的文件，是计算分部分项工程量、选套定额子目和计取有关费用的重要依据。

5）与建设工程有关的标准、规范、技术资料

与建设工程有关的标准、规范、技术资料是工程建设的依据，也是编制工程造价的依据。

6）招标文件及其附件

必须进行招标投标的建设项目，招标文件一旦经建设行政主管部门审核通过进行发布，包括招标过程中的相关答疑、澄清等附件，即是工程项目招标阶段的招标控制价编制及投标报价编制的依据。

7）工程发承包合同文件及其附件

发包人与承包人签订的合同文件及其附件，是工程进度款拨付的依据，也是编制工程结算的重要依据。

8）经审定通过的有关技术经济文件

经审定通过的有关技术经济文件，包括经建设单位、设计单位、现场工程师认可的设计变更、现场签证、竣工图及竣工资料，是编制工程结算的重要依据，是最终确定工程总造价的重要依据。

9）材料以及设备价格信息及同期市场价格

工程造价管理部门发布的材料、设备价格信息及同期市场价格是编制工程造价时主要材料价格的依据。

1.3　安装工程费用项目组成

《建筑安装工程费用项目组成》（建标〔2013〕44号）对我国建筑安装工程费用作了相关规定：建筑安装工程费用项目按费用构成要素组成划分为人工费、材料费、施工机具使用费、企业管理费、利润、规费和税金，按工程造价形成顺序划分为分部分项工程费、措施项目费、其他项目费、规费和税金。

1. 建筑安装工程费用项目组成（按费用构成要素划分）

建筑安装工程费（按照费用构成要素划分）由人工费、材料（包含工程设备，下同）费、施工机具使用费、企业管理费、利润、规费和税金组成，如图1-3所示。其中，人工费、材料费、施工机具使用费、企业管理费和利润包含在分部分项工程费、措施项目费、其他项目费中。

1）人工费

人工费是指按工资总额构成规定，支付给从事建筑安装工程施工的生产工人和附属生产单位工人的各项费用。其内容包括：

（1）计时工资或计件工资：按计时工资标准和工作时间或对已做工作按计件单价支付给个人的劳动报酬。

（2）奖金：对超额劳动和增收节支支付给个人的劳动报酬，如节约奖、劳动竞赛奖等。

（3）津贴补贴：为了补偿职工特殊或额外的劳动消耗和鉴于其他特殊原因支付给个人的津贴，以及为了保证职工工资水平不受物价影响支付给个人的物价补贴，如流动施工津贴、特殊地区施工津贴、高温（寒）作业临时津贴、高空津贴等。

（4）加班加点工资：按规定支付的在法定节假日工作的加班工资和在法定日工作时间外延时工作的加点工资。

（5）特殊情况下支付的工资：根据国家法律、法规和政策规定，因病、工伤、产假、计划生育假、婚丧假、事假、探亲假、定期休假、停工学习、执行国家或社会义务等按计时工资标准或计时工资标准的一定比例支付的工资。

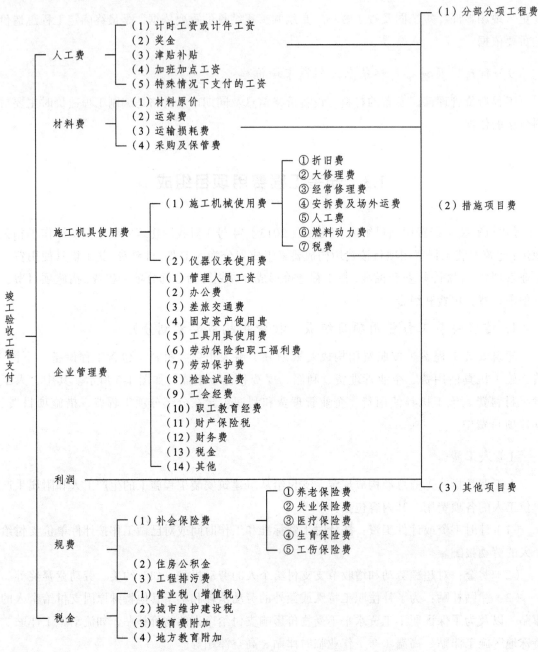

图 1-3 建筑安装工程费用项目组成（按费用构成要素划分）

2）材料费

材料费是指施工过程中耗费的原材料、辅助材料、构配件、零件、半成品或成品、工程设备的费用。其内容包括：

（1）材料原价：材料、工程设备的出厂价格或商家供应价格。

（2）运杂费：材料、工程设备自来源地运至工地仓库或指定堆放地点所发生的全部费用。

（3）运输损耗费：材料在运输装卸过程中不可避免的损耗。

（4）采购及保管费：在组织采购、供应和保管材料、工程设备的过程中所需要的各项费用，包括采购费、仓储费、工地保管费、仓储损耗。

工程设备是指构成或计划构成永久工程一部分的机电设备、金属结构设备、仪器装置及其他类似的设备和装置。

3）施工机具使用费

施工机具使用费是指施工作业所发生的施工机械、仪器仪表使用费或其租赁费。

（1）施工机械使用费：以施工机械台班耗用量乘以施工机械台班单价表示。施工机械台班单价应由下列七项费用组成：

① 折旧费：施工机械在规定的使用年限内，陆续收回其原值的费用。

② 大修理费：施工机械按规定的大修理间隔台班进行必要的大修理，以恢复其正常功能所需的费用。

③ 经常修理费：施工机械除大修理以外的各级保养和临时故障排除所需的费用，包括为保障机械正常运转所需替换设备与随机配备工具附具的摊销和维护费用、机械运转中日常保养所需润滑与擦拭的材料费用及机械停滞期间的维护和保养费用等。

④ 安拆费及场外运费：安拆费指施工机械（大型机械除外）在现场进行安装与拆卸所需的人工、材料、机械和试运转费用以及机械辅助设施的折旧、搭设、拆除等费用；场外运费指施工机械整体或分体自停放地点运至施工现场或由一施工地点运至另一施工地点的运输、装卸、辅助材料及架线等费用。

⑤ 人工费：机上司机（司炉）和其他操作人员的人工费。

⑥ 燃料动力费：施工机械在运转作业中所消耗的各种燃料及水、电等的费用。

⑦ 税费：施工机械按照国家规定应缴纳的车船使用税、保险费及年检费等。

（2）仪器仪表使用费：工程施工所需使用的仪器仪表的摊销及维修费用。

4）企业管理费

企业管理费是指建筑安装企业组织施工生产和经营管理所需的费用。其内容包括：

（1）管理人员工资：按规定支付给管理人员的计时工资、奖金、津贴补贴、加班加点工资及特殊情况下支付的工资等。

（2）办公费：企业管理办公用的文具、纸张、账表、印刷、邮电、书报、办公软件、现场监控、会议、水电、烧水和集体取暖降温（包括现场临时宿舍取暖降温）等费用。

（3）差旅交通费：职工因公出差、调动工作的差旅费、住勤补助费，市内交通费和误餐补助费，职工探亲路费，劳动力招募费，职工退休、退职一次性路费，工伤人员就医路费，工地转移费，以及管理部门使用的交通工具的油料、燃料等费用。

（4）固定资产使用费：管理和试验部门及附属生产单位使用的属于固定资产的房屋、设备、仪器等的折旧、大修、维修或租赁费。

（5）工具用具使用费：企业施工生产和管理使用的不属于固定资产的工具、器具、家具、交通工具和检验、试验、测绘、消防用具等的购置、维修和摊销费。

（6）劳动保险和职工福利费：由企业支付的职工退职金、按规定支付给离休干部的经费，集体福利费、夏季防暑降温补贴、冬季取暖补贴、上下班交通补贴等。

（7）劳动保护费：企业按规定发放的劳动保护用品的支出，如工作服、手套、防暑降温饮料以及在有碍身体健康的环境中施工的保健费用等。

（8）检验试验费：施工企业按照有关标准规定，对建筑以及材料、构件和建筑安装物进行一般鉴定、检查所发生的费用，包括自设试验室进行试验所耗用的材料等费用。检验试验费不包括新结构、新材料的试验费，对构件做破坏性试验及其他特殊要求检验试验的费用和建设单位委托检测机构进行检测的费用。此类检测发生的费用，由建设单位在工程建设其他费用中列支。但对施工企业提供的具有合格证明的材料进行检测不合格的，该检测费用由施工企业支付。

（9）工会经费：企业按《中华人民共和国工会法》规定的全部职工工资总额比例计提的工会经费。

（10）职工教育经费：按职工工资总额的规定比例计提，企业为职工进行专业技术和职业技能培训，专业技术人员继续教育、职工职业技能鉴定、职业资格认定以及根据需要对职工进行各类文化教育所发生的费用。

（11）财产保险费：施工管理用财产、车辆等的保险费用。

（12）财务费：企业为施工生产筹集资金或提供预付款担保、履约担保、职工工资支付担保等所发生的各种费用。

（13）税金：企业按规定缴纳的房产税、车船使用税、土地使用税、印花税等。

（14）其他：技术转让费、技术开发费、投标费、业务招待费、绿化费、广告费、公证费、法律顾问费、审计费、咨询费、保险费等。

5）利润

利润是指施工企业完成所承包工程获得的盈利。

6）规费

规费是指按国家法律、法规规定，由省级政府和省级有关权力部门规定必须缴纳或计取的费用，包括：

（1）社会保险费。

① 养老保险费：企业按照规定标准为职工缴纳的基本养老保险费。

② 失业保险费：企业按照规定标准为职工缴纳的失业保险费。

③ 医疗保险费：企业按照规定标准为职工缴纳的基本医疗保险费。

④ 生育保险费：企业按照规定标准为职工缴纳的生育保险费。

⑤ 工伤保险费：企业按照规定标准为职工缴纳的工伤保险费。

（2）住房公积金：企业按规定标准为职工缴纳的住房公积金。

（3）工程排污费：按规定缴纳的施工现场工程排污费。

其他应列而未列入的规费，按实际发生计取。

7）税金

税金是指国家税法规定的应计入建筑安装工程造价内的营业税、城市维护建设税、教育费附加以及地方教育附加。2016年5月1日以后，营业税改为增值税。

2. 建筑安装工程费用项目组成（按造价形成划分）

建筑安装工程费（按照工程造价形成划分）由分部分项工程费、措施项目费、其他项目费、规费、税金组成，如图1-4所示。其中，分部分项工程费、措施项目费、其他项目费包含人工费、材料费、施工机具使用费、企业管理费和利润。

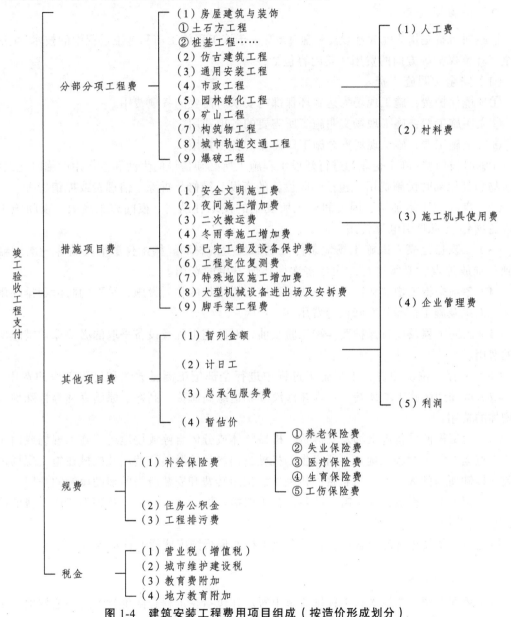

图1-4　建筑安装工程费用项目组成（按造价形成划分）

1）分部分项工程费

分部分项工程费是指各专业工程的分部分项工程应予列支的各项费用。

（1）专业工程：按现行国家计量规范划分的房屋建筑与装饰工程、仿古建筑工程、通用安装工程、市政工程、园林绿化工程、矿山工程、构筑物工程、城市轨道交通工程、爆破工程等各类工程。

（2）分部分项工程：按现行国家计量规范对各专业工程划分的项目，如由房屋建筑与装饰工程划分的土石方工程、地基处理与桩基工程、砌筑工程、钢筋及钢筋混凝土工程等。

各类专业工程的分部分项工程划分见现行国家或行业计量规范。

2）措施项目费

措施项目费是指为完成建设工程施工，发生于该工程施工前和施工过程中的技术、生活、安全、环境保护等方面的费用。其内容包括：

（1）安全文明施工费。

①环境保护费：施工现场为达到环保部门要求所需要的各项费用。

②文明施工费：施工现场文明施工所需要的各项费用。

③安全施工费：施工现场安全施工所需要的各项费用。

④临时设施费：施工企业为进行建设工程施工所必须搭设的生活和生产用的临时建筑物、构筑物和其他临时设施费用，包括临时设施的搭设、维修、拆除、清理费或摊销费等。

（2）夜间施工增加费：因夜间施工所发生的夜班补助费、夜间施工降效、夜间施工照明设备摊销及照明用电等费用。

（3）二次搬运费：因施工场地条件限制而发生的材料、构配件、半成品等一次运输不能到达堆放地点，必须进行二次或多次搬运所发生的费用。

（4）冬雨季施工增加费：在冬季或雨季施工需增加的临时设施，采取的防滑和排除雨雪措施，人工及施工机械效率降低等费用。

（5）已完工程及设备保护费：竣工验收前，对已完工程及设备采取的必要保护措施所发生的费用。

（6）工程定位复测费：工程施工过程中进行全部施工测量放线和复测工作的费用。

（7）特殊地区施工增加费：工程在沙漠或其边缘高海拔、高寒、原始森林等特殊地区施工增加的费用。

（8）大型机械设备进出场及安拆费：机械整体或分体自停放场地运至施工现场或由一个施工地点运至另一个施工地点，所发生的机械进出场运输及转移费用及机械在施工现场进行安装、拆卸所需的人工费、材料费、机械费、试运转费和安装所需的辅助设施的费用。

（9）脚手架工程费：施工需要的各种脚手架搭、拆、运输费用以及脚手架购置费的摊销（或租赁）费用。

措施项目及其包含的内容详见各类专业工程的现行国家或行业计量规范。

3）其他项目费

（1）暂列金额：招标人在工程量清单中暂定并包括在工程合同价款中的一笔款项，用于工程合同签订时尚未确定或者不可预见的所需材料、工程设备、服务的采购，施工中可能发生的工程变更、合同约定调整因素出现时的工程价款调整以及发生的索赔、现场签证确认等的费用。

（2）计日工：在施工过程中，承包人完成发包人提出的工程合同以外的零星项目或工作，按合同约定的单价计价的一种方式。

（3）总承包服务费：总承包人为配合、协调建设单位进行的专业工程发包，对发包人自行采购的材料、工程设备等进行保管以及施工现场管理、竣工资料汇总整理等服务所需的费用。

（4）暂估价：招标人在工程量清单中提供的用于支付必然发生但暂时不能确定价格的材料、工程设备的单价以及专业工程费用的金额。

4）规费

规费是指按国家法律、法规规定，由省级政府和省级有关权力部门规定必须缴纳或计取的费用，包括：

（1）社会保险费。

① 养老保险费：企业按照规定标准为职工缴纳的基本养老保险费。

② 失业保险费：企业按照规定标准为职工缴纳的失业保险费。

③ 医疗保险费：企业按照规定标准为职工缴纳的基本医疗保险费。

④ 生育保险费：企业按照规定标准为职工缴纳的生育保险费。

⑤ 工伤保险费：企业按照规定标准为职工缴纳的工伤保险费。

（2）住房公积金：企业按规定标准为职工缴纳的住房公积金。

（3）工程排污费：按规定缴纳的施工现场工程排污费。

其他应列而未列入的规费，按实际发生计取。

5）税金

税金是指国家税法规定的应计入建筑安装工程造价内的营业税、城市维护建设税、教育费附加以及地方教育附加。2016 年 5 月 1 日以后，营业税改为增值税。

1.4 安装工程造价计价方法

我国现行建筑安装工程计价的方法有两种，一种是定额模式下的计价方法，一种是工程量清单计价模式下的计价方法。虽然两种计价模式的形式和方法不尽相同，但计价的基本过程和原理是相同的。无论采用哪一种计价方法，消耗量定额均是计价的基础。

1. 定额模式的计价方法——工料单价

按照国家建设行政主管部门发布现行的工程量计量规范及省级建设行政主管部门发布的计价标准中的工程量计算规则，结合省级建设行政主管部门发布的人工工日单价、机械台班单价、材料以及设备价格信息及同期市场价格，直接计算出直接工程费，即分部分项工程单位价格仅仅考虑人工、材料、机械资源要素的消耗量和价格形成：

单位价格=$\sum$（分部分项工程的资源消耗量×资源要素的价格）

该单位价格就是工料单价。在直接费单价基础上，再按规定的计算方法和程序计算措施费、管理费、利润、规费、税金、风险费用等，最后汇总确定建筑安装工程造价的计价模式即为定额模式计价方法。

2. 工程量清单计价模式的计价方法——综合单价

工程量清单计价方法，是指在建设工程招标投标中，招标人按照国家统一的《建设工程工程量清单计价规范》（GB 50500—2013）的要求编制和提供工程量清单，投标人依据工程量清单、拟建工程的施工方案，结合自身实际情况并考虑风险后自主报价的工程造价计价模式。

《建设工程工程量清单计价规范》（GB 50500—2013）规定：使用国有资产投资的建设工程发承包，必须采用工程量清单计价，工程量清单应采用综合单价计价。

工程量清单是载明建设工程分部分项工程项目、措施项目、其他项目的名称和相应数量以及规费、税金项目等内容的明细清单。

综合单价是指完成一个规定清单项目所需的人工费、材料费、工程设备费、施工机械使用费和企业管理费与利润以及一定范围内的风险费用。

采用定额计价和清单计价时，除分部分项工程费、施工技术措施项目费清单计价依据现行计量规范规定的清单项目列项计算外，其余费用的计算原则两种计价方是一致的。

在工程招标中采用工程量清单计价是国际上较为通行的做法，推行工程量清单计价模式是建设工程承发包市场行为规范化、法治化的一项改革性措施，也是我国工程计价模式与国际接轨的一项具体举措。现阶段，工程量清单计价模式已逐渐成为我国工程造价计价的主要方式。

【思考与练习题】

1. 基本建设包括哪些内容？
2. 基本建设项目是如何划分的？
3. 简述基本建设程序与计量计价活动的关系。
4. 什么是安装工程？建筑安装工程包括哪些主要内容？
5. 简述安装工程计量计价的依据。
6. 按造价形成划分，建筑安装工程费用由哪些项目组成？
7. 简述安装工程计价的方法。

第 2 章

安装工程定额计价

2.1　安装工程定额

2.1.1　建设工程定额的概念

建设工程定额是指在正常的施工条件和合理劳动组织、合理使用材料及机械的条件下，完成单位合格产品所必须消耗的人工、机械、材料和资金的数量标准。建设工程定额资源要素消耗量的数据，经过长期的收集、整理和积累形成了工程建设定额，它是工程计价的重要依据，与劳动生产率、社会生产力水平、技术和管理水平密切相关。

建设工程定额的种类很多，不同的定额在使用中的作用也不相同。建设工程定额的分类见表 2-1。

表 2-1　建设工程定额的分类

按定额反映的生产要素消耗内容划分	按定额的编制程序和用途划分	按适用范围划分	按主编单位和管理权限划分
劳动定额	施工定额	全国通用定额	全国统一定额
材料消耗量定额	预算定额	行业通用定额	行业统一定额
机械台班消耗量定额	概算定额	专业专用定额	地区统一定额
	概算指标		企业定额
	投资估算指标		补充定额

2.1.2　《通用安装工程消耗量定额》（TY 02-31—2015）简介

1.《通用安装工程消耗量定额》（TY 02-31—2015）的分类

由中华人民共和国住房和城乡建设部 2015 年 9 月 1 日颁布实施的《通用安装工程消耗量定额》（TY 02-31—2015），是完成规定计量单位的分部分项工程所需的人工、材料、施工机械台班的消耗量标准，是各地区、部门工程造价管理机构编制建设工程定额，确定消耗量，编制国有投资工程投资估算、设计概算、最高投标限价的依据，适用于工业与民用建筑的新建、扩建通用安装工程。

《通用安装工程消耗量定额》（TY 02-31—2015）共分十二册，包括：

第一册　机械设备安装工程

第二册　热力设备安装工程

第三册　静置设备与工艺金属结构制作安装工程

第四册　电气设备安装工程

第五册　建筑智能化工程

第六册　自动化控制仪表安装工程

第七册　通风空调工程

第八册　工业管道工程

第九册　消防工程

第十册　给排水、采暖、燃气工程

第十一册　通信设备及线路工程

第十二册　刷油、防腐蚀、绝热工程

《通用安装工程消耗量定额》（TY 02-31—2015）是以国家和有关部门发布的国家现行设计规范、施工及验收规范、技术操作规程、质量评定标准、产品标准和安全操作规程，现行清单计价规范、计算规范和有关定额为依据编制的，并参考了有关地区和行业标准、定额，以及典型工程设计、施工和其他资料，是按正常施工条件，国内大多数施工企业采用的施工方法、机械化程度和合理的劳动组织及工期编制的。

《通用安装工程消耗量定额》（TY 02-31—2015）是针对全国统一考虑的，定额消耗量对于全国来讲是通用的，但是由于地方发展程度不同，具体的价目表价格也因地域不同而各异。在《通用安装工程消耗量定额》（TY 02-31—2015）基础上，为了更方便地使用定额，各地区定额管理部门会根据当地条件编制地方定额，但总的来说差距不大。

2.《通用安装工程消耗量定额》（TY 02-31—2015）的组成

《通用安装工程消耗量定额》（TY 02-31—2015），每册均包括总说明、册说明、目录、章说明、定额项目表、附录。

1）总说明

总说明主要说明定额的内容、适用范围、编制依据、作用以及定额中人工、材料、机械台班消耗量的取定及其有关规定。

2）册说明

册说明介绍该册定额的适用范围、编制依据、定额包括的工作内容和不包括的工作内容、有关费用（如脚手架搭拆费、高层建筑增加费）的规定以及定额的使用方法和使用中应注意的事项与有关问题。

3）目录

目录列出了组成定额项目的名称和对应的页次，以方便查找相关内容。

4）章说明

章说明说明定额每章中以下几方面的问题：定额适用的范围、界限的划分、定额包括的内容和不包括的内容、工程量计算规则和规定。

章说明是定额的重要部分，是执行定额和进行工程量计算的基准，必须全面掌握。

5）定额项目表

定额项目表是预算定额的主要内容，主要包括以下内容：

（1）分项工程的工作内容，一般列在定额项目表的表头。

（2）规定计量单位的分项工程人工、材料、机械台班消耗量。

普通水表安装（螺纹连接）定额项目见表2-2。

表2-2 普通水表安装（螺纹连接）定额项目

工作内容：切管、套丝、制垫、加垫、水表安装、试压检查				计量单位：个
定额编号				10-5-287
项目				公称外径（mm 以内）
				15
名称			单位	消耗量
人工	合计工日		工日	0.16
	其中	普工	工日	0.04
		一般技工	工日	0.104
		高级技工	工日	0.016
材料	螺纹水表		个	1
	黑玛钢管箍		个	1.01
	聚四氟乙烯生料带宽 20 mm		m	1.388
	锯条（各种规格）		根	0.077
	机油		kg	0.013
	其他材料费			2%
机械	管子切断套丝机 159 mm		台班	0.006

6）附录

附录放在每册定额项目表之后，为使用定额提供参考依据。

3. 安装工程定额消耗量指标的确定

1）人工工日消耗量指标

安装工程预算定额人工工日消耗量指标是以劳动定额为基础的完成单位分项工程所必须消耗的劳动量标准。定额的人工以综合工日表示，并分别列出普工、一般技工和高级技工的工日消耗量，每工日按8 h工作制计算。其表达式如下：

综合工日＝基本用工＋超运距用工＋人工幅度差

＝∑（基本用工＋超运距用工）×（1＋人工幅度差率）

基本用工指完成该部分分项工程的主要用工，包括材料加工、安装等用工；超运距用工指在劳动定额规定的运输距离上增加的用工；人工幅度差指劳动定额人工消耗只考虑就地操作，不考虑工作场地转移、工序交叉、机械转移、零星工程等用工，而预算定额则考虑了这些用工差，目前，国家规定预算的人工幅度差率为10%。

2）材料消耗量指标

定额中的材料包括施工中消耗的主要材料、辅助材料、周转材料和其他材料。其表达式如下：

材料消耗量＝材料净用量＋材料损耗量

＝材料净用量×（1＋材料损耗率）

损耗量包括：从工地仓库、现场集中堆放地点（或现场加工地点）运至操作（或安装）地点的施工场内运输损耗、施工现场操作损耗、施工现场堆放损耗等，规范（设计文件）规定的预留量、搭接量不在损耗率中考虑。

定额中的周转性材料按不同施工方法，不同类别、材质，计算出一次摊销量进入消耗量定额。对于用量少、低值易耗的零星材料，列为其他材料。

主要材料损耗率见各册附录。

3）机械台班消耗量指标

机械台班消耗量指标指在正常施工条件下，完成单位分项工程或构件所额定消耗的机械工作时间，单位是台班，每台机械工作8 h为一个台班。其表达式如下：

机械台班消耗量＝实际消耗量＋影响消耗量

＝实际消耗量×（1＋幅度差系数）

式中　实际消耗量——根据施工定额中机械产量定额的指标换算求出；

影响消耗量——考虑机械场内转移、质量检测、正常停歇等合理因素的影响所增加的台班耗量，一般采用幅度差系数计算，对于不同的施工机械，幅度差系数不相同。

凡单位价值在2000元以内，使用年限在1年以内的不构成固定资产的仪器仪表，不列入仪器仪表台班消耗量。

2.1.3　《云南省通用安装工程计价标准》（DBJ 53/T-63—2020）的基本情况

1.《云南省通用安装工程计价标准》（DBJ 53/T-63—2020）的主要内容

《云南省通用安装工程计价标准》（DBJ 53/T-63—2020）是根据《通用安装工程消耗量定额》（TY 02-31—2015）、国家标准《建设工程工程量清单计价规范》（GB 50500—2013）和《通用安装工程工程量计算规范》（GB 50856—2013）的规定，结合云南省实际情况综合编制的，是完成一个规定计量单位工程合格产品所需人工、材料、机械台班的社会平均消耗量标准，除本标准规定允许调整外，均不得因具体的施工组织设计、操作方法和材料消耗量与本标准不同而调整。

《云南省通用安装工程计价标准》（DBJ 53/T-63—2020）由总说明、册说明、章说明、节说明、工程量计算规则、定额项目表及附录等内容组成，共 13 册，包括：

第一册　机械设备安装工程

第二册　热力设备安装工程

第三册　静置设备与工艺金属结构制作安装工程

第四册　电气设备与线缆安装工程

第五册　建筑智能化安装工程

第六册　自动化控制仪表安装工程

第七册　通风空调安装工程

第八册　工业管道安装工程

第九册　消防安装工程

第十册　给排水、采暖、燃气安装工程

第十一册　信息通信设备及线缆安装工程

第十二册　防腐蚀、绝热工程

第十三册　工业炉窑砌筑工程

2. 定额的适用范围

《云南省通用安装工程计价标准》（DBJ 53/T-63—2020）适用于云南省行政区域内工业与民用建筑新建、扩建、改建的通用安装工程项目，适用于海拔在 2000 m 以下地区，如海拔超过 2000 m 时，按照《云南省建设工程造价计价规则及机械仪器仪表台班费用定额》的相关规定执行。

3. 定额的作用

《云南省通用安装工程计价标准》（DBJ 53/T-63—2020）的作用表现在以下几个方面：

（1）《云南省通用安装工程计价标准》（DBJ 53/T-63—2020）是国有资金投资建设工程项目编制及审查投资估算、设计概算、招标控制价的依据。

（2）《云南省通用安装工程计价标准》（DBJ 53/T-63—2020）是编制建设工程概算定额、估算指标与技术经济指标的基础。

（3）《云南省通用安装工程计价标准》（DBJ 53/T-63—2020）是编制企业定额、投标报价、调解处理工程造价纠纷的参考。

2.2　安装工程定额计价方法

2.2.1　定额计价的计算程序

建筑安装工程费用计算程序见表 2-3。

表 2-3　建筑安装工程费用计算程序

序号	费用名称	取费说明	费率/%
1	直接工程费	人工费+材料费+设备费+机械费	
1.1	人工费	定额人工费+规费	
1.1.1	定额人工费	预算书定额人工费	
1.1.2	规费	养老保险费+医疗保险费+住房公积金	按相关规定计算
1.2	材料费	计价材料费+未计价材料费	
1.3	设备费	设备费	
1.4	机械费	预算书定额机械费	
2	措施项目	施工技术措施项目费+施工组织措施项目费	
2.1	技术措施项目费	人工费+材料费+机械费	按相关规定计算
2.1.1	人工费	定额人工费+规费	
2.1.1.1	定额人工费	技术措施定额人工费	
2.1.1.2	规费		按相关规定计算
2.1.2	材料费	组织措施项目计价材料费+组织措施项目未计价材料费+组织措施项目设备费	
2.1.3	机械费	单价措施定额机械费	
2.2	组织措施项目费	组织措施项目费合计	按相关规定计算
3	其他项目	其他项目合计	按相关规定计算
4	管理费	定额人工费+定额机械费×8%	按相关规定计算
5	利润	定额人工费+定额机械费×8%	按相关规定计算
6	其他规费	工伤保险+工程排污费+环境保护税	
6.1	工伤保险	定额人工费	按相关规定计算
6.2	工程排污费	按有关部门规定计算	按相关规定计算
6.3	环境保护税	按有关部门规定计算	按相关规定计算
	不计税工程设备费		
7	税金	直接工程费+措施项目+其他项目+管理费+利润+规费-不计税工程设备费	按相关规定计算
8	建安工程造价	直接工程费+措施项目+其他项目+管理费+利润+规费+税金	
9	设备购置费		
10	总造价	建安工程造价+设备购置费	

2.2.2　定额计价的计算方法

定额计价的计算方法见表 2-4。

表 2-4　定额计价的计算方法

项目		计算方法
直接工程费	人工费	$\sum$［分部分项工程量×人工费（定额人工费+规费）］
	材料费	$\sum$（分部分项工程量×材料消耗量×材料单价）
	机械费	$\sum$（分部分项工程量×机械台班消耗量×定额台班单价）
	设备费	根据工程实际情况计列
措施项目费		根据消耗量定额、省发布费率及规定结合工程实际情况计列
其他项目费		根据工程实际情况计列
管理费		（定额人工费+机械费×8%）×管理费费率
利润		（定额人工费+机械费×8%）×利润费率
其他规费		按规定计算
税金		计税基础×综合费率

说明：由于定额的编制具有时效性，定额中的人工工日单价、机械台班单价只能是编制时期的价格，因此，各地区各部门会实时发布定额调整的相关文件，对工程造价实行动态管理，以推动建筑市场的健康发展。

1. 直接工程费的计算

直接工程费=$\sum$（分部分项工程量×人工费）+
$\sum$（分部分项工程量×材料消耗量×材料单价）+
$\sum$（分部分项工程量×机械台班消耗量×定额台班单价）+除税设备费

2. 措施项目费的计算

措施项目费包括施工组织措施费和施工技术措施费。

1）施工组织措施项目费计算

施工组织措施费包含安全文明措施费、环境保护费、临时设施费、绿色施工措施费、冬雨季施工增加费、夜间施工增加费、特殊地区施工增加费等，应以分部分项工程费与施工技术措施费中的人工费和机械费为计算基数乘以相应费率（表 2-5）计算。施工组织措施费已综合考虑了管理费和利润。

施工组织措施项目费=计算基数×措施项目费费率（%）

表 2-5　施工组织措施费计算方法及费率（%）

专业		计费基数	安全文明施工措施费		绿色施工措施费	冬雨季施工增加费、工程定位复测费、工程点交、场地清理费	夜间施工增加费	特殊地区施工增加费
			安全文明施工及环境保护费	临时设施费	暂定费率			
建筑工程		定额人工费+机械费×8%	5.12	2.76	5.94	3.72	0.50	1. 2000 m<海拔≤2500 m 的地区，费率为3%； 2. 2500 m<海拔≤3000 m 的地区，费率为8%； 3. 3000 m<海拔≤3500 m 的地区，费率为15%； 4. 海拔>3500 m 的地区，费率为20%
通用安装工程			6.69	1.59	1.33	2.47	0.30	
市政工程	建筑工程		9.42	2.24	6.02	5.48	0.38	
	安装工程		7.47	1.78	2.19	4.35	0.30	
园林绿化工程			9.04	2.15	—	5.26	0.20	
装配式建筑工程	建筑工程		5.12	2.76	5.94	2.72	0.50	
	安装工程		6.69	1.59	1.33	2.47	0.30	
城市地下综合管廊工程	建筑工程		9.42	2.24	6.02	5.48	0.38	
	安装工程		7.47	1.78	2.19	4.35	0.30	
绿色建筑工程	建筑工程		5.12	2.76	5.94	2.72	0.50	
	安装工程		6.69	1.59	1.33	2.47	0.30	
独立土石方工程			1.32	0.33	—	4.90	0.15	

注：① 绿色施工措施费属于编制招标控制价时取定的暂定费率，结算时根据批准的施工组织设计及实际发生费用计算。
　　② 安全文明施工措施费属于不可竞争性费用，应按规定费率计算。

2）施工技术措施项目费计算

建筑安装工程的施工技术措施项目主要有脚手架搭拆费、操作高度增加费、建筑物超高增加费，应根据省级建设行政主管部门发布的计价标准及计价规则规定，结合工程施工方案施工组织设计等进行计量，采用综合单价方式计算措施项目费。

① 脚手架搭拆费：施工需要的各种脚手架搭、拆、运输费用及脚手架的摊销（或租赁）费用。

其计算公式为：

脚手架搭拆费=人工费×脚手架搭拆费系数

② 操作高度增加费：操作物高度超过定额规定的高度时所发生的人工降效的费用。

其计算公式为：

超高增加费=操作超高部分工程的人工费×超高增加费系数

③ 建筑物超高增加费：在高度超过 6 层或 20 m 的工业与民用建筑物上进行安装时增加的费用。

其计算公式为：

建筑物超高增加费=人工费×建筑物超高增加费系数

以上费用虽然各专业计取的系数不同，但计取的方法是完全一样的。

措施项目费应根据各专业工程消耗量定额及《云南省建设工程造价计价规则》规定，结合工程施工方案、施工组织设计等计算。其中：安全文明施工费作为不可竞争性费用，应按规定费率计算。

3. 其他项目费计算

其他项目费包括暂列金额、暂估价、计日工、总承包服务费等，应根据工程实际情况计列。

（1）暂列金额：应根据工程特点按有关规定估算，但不应超过分部分项工程费的15%。

（2）暂估价：由招标人在工程量清单中分别按以下情况给定，投标人按招标工程量清单给定方式进行计价，分别列入对应的费用内容。

① 招标工程量清单给定工程量，且给定材料设备暂估单价的，按计价标准计算综合单价计入分部分项工程费。

② 招标工程量清单给定工程量，且直接给定不含税暂估综合单价的，以工程量乘以综合单价的合价计入分部分项工程费。

③ 招标工程量清单仅以"项"为计量单位直接给定专业工程暂估费用的，直接列入其他项目费。

④ 招标工程量清单仅以"项"为计量单位直接给定专项技术措施暂估费用的，列入其他项目费。

（3）计日工：按承发包双方约定的单价计算，不得计取除税金外的其他费用。

（4）总承包服务费：根据合同约定的总承包服务内容和范围，参照表2-6标准计算。

表2-6 总承包服务费费率

服务范围	计算基础	费率/%
专业发包专业管理费（管理、协调）	专业发包工程金额	1.00～2.00
专业发包专业管理费（管理、协调、配合）	专业发包工程金额	2.00～4.00
甲供材料保管费	甲供材料金额	0.50～1.00
甲供设备保管费	甲供设备金额	0.20～0.50

（5）优质工程增加费：通过工程验收达到优良工程的项目，按合同约定计算方法，参照表2-7标准计算。

表2-7 优质工程增加费费率

优质工程等级	计算基数	费率/%
省级优质工程	优质工程增加费以外的税前工程造价	1.60
国家级优质工程		3.00

（6）索赔与现场签证费：因设计变更或由于发包人的责任造成的停工、窝工损失，可参照下列办法计算费用：

① 现场施工机械停滞费按定额机械台班单价（扣除机上操作人工和燃料动力费）计算，如特殊情况下施工机械为租赁的，其停滞费由承发包双方协商解决，机械台班停滞费不再计算除税金外的其他费用。

② 生产工人停工、窝工工资按当地人社部门发布的最低工资标准计算，管理费按停工、窝工工资总额的20%（社会平均参考值）计算。停工、窝工工资不再计算除税金外的其他费用。

③ 除上述①、②条以外发生的费用，按实际计算。

④ 承、发包双方协商认定的有关费用按实际发生计算。

4. 管理费、利润的计算

管理费=（定额人工费+机械费×8%）×管理费费率（表2-8）

利润=（定额人工费+机械费×8%）×利润费率（表2-8）

表 2-8　管理费和利润费率

专业		计费基数	管理费费率/%	利润费率/%
建筑工程		定额人工费＋机械费×8%	22.78	13.81
通用安装工程			17.84	11.90
市政工程	建筑工程		25.81	13.83
	安装工程		20.46	10.96
园林绿化工程			25.08	13.43
装配式建筑工程	建筑工程		19.20	12.19
	安装工程		17.67	12.31
城市地下综合管廊工程	建筑工程		23.87	13.39
	安装工程		18.25	8.72
绿色建筑工程	建筑工程		19.25	12.92
	安装工程		17.84	11.90
独立土石方工程			20.60	12.36

5. 规费及其他规费计算

规费（其他规费）=定额人工费×费率

规费（其他规费）费率见表2-9。

表 2-9　规费（其他规费）费率

规费类别			计算基础	费率/%	备注
规费				20	
其中	社会保险费	养老保险费	定额人工费	9.01	计入人工费内
		医疗保险费		6.39	
	住房公积金			4.6	
其他规费	工伤保险（单独计列）		定额人工费	0.5	计入税前费用
	工程排污费		按有关部门规定计算		
	环境保护税		按有关部门规定计算		

6. 税金计算

税金=税前工程造价×综合计税系数=税前工程造价×增值税率×（1+附加税税率）

税金费率见表 2-10。

表 2-10　税金费率

税目		计税基础	工程在市区/%	工程在县、城镇/%	不在市区及县、城镇/%
增值税	一般计税方法	税前工程造价	9		
附加税	城市维护建设税	增值税税额	7	5	1
	教育费附加		3	3	3
	地方教育附加		2	2	2

注：① 当采用增值税一般计税方法时，税前工程造价不含增值税进项税额。

②市区、县城镇、非市区及非县城镇的划分，以当地税务部门划定的行政区域为准。

综合计税系数=增值税率×（1+附加税税率）。

综合计税系数见表 2-11。

表 2-11　综合计税系数

工程所在地	计税基础	综合计税系数/%
市区	税前工程造价	10.08
县城、镇		9.9
不在市区、县城、镇		9.54

2.3　定额计价文件的组成

定额计价文件包括以下内容：

1. 工程预（结）算书封面（表2-12）

表2-12　工程预（结）算书封面

建设单位：		建筑面积（建设规模）：		
工程名称：		预（结）算造价：		.00 元
结构类型：	层数：	单位造价：		.00 元
编制单位（公章）：		审核单位（公章）：		
编制人（签字盖执、从业专用章）：		编制人（签字盖执、从业专用章）：		
审核人（签字盖执业专业章）：		审核人（签字盖执业专业章）：		
年　月　日		年　月　日		

2. 建筑安装工程费用汇总表（表2-13）

表2-13　建筑安装工程费用汇总表

工程名称：

序号	费用名称	取费说明	费率/%	费用金额
1	直接工程费	人工费+材料费+设备费+机械费		
1.1	人工费	定额人工费+规费		
1.1.1	定额人工费	预算书定额人工费		
1.1.2	规费	养老保险费+医疗保险费+住房公积金		
1.2	材料费	计价材料费+未计价材料费		
1.3	设备费	设备费		
1.4	机械费	预算书定额机械费		
2	措施项目	施工技术措施项目+施工组织措施项目费		
2.1	施工技术措施项目	人工费+材料费+机械费		
2.1.1	人工费	定额人工费+规费		
2.1.1.1	定额人工费	单价措施定额人工费		
2.1.1.2	规费	单价措施定额人工费		
2.1.2	材料费	单价措施项目计价材料费+单价措施项目未计价材料费+单价措施项目设备费		
2.1.3	机械费	单价措施定额机械费		
2.2	施工组织措施项目费	施工组织措施项目合计		
3	其他项目	其他项目合计		
4	管理费	定额人工费+定额机械费×8%		
5	利润	定额人工费+定额机械费×8%		
6	风险费用		6	
7	其他规费	工伤保险+工程排污费+环境保护税		
7.1	工伤保险	定额人工费		
7.2	工程排污费	按有关部门规定计算		
7.3	环境保护税	按有关部门规定计算		
8	税金	直接工程费+措施项目+其他项目+管理费+利润+规费－不计税工程设备费		
9	建安工程造价	直接工程费+措施项目+其他项目+管理费+利润+规费+税金		
10	设备购置费			
11	总造价	建安工程造价+1 设备购置费		

3. 建筑安装工程直接工程费计算表（表2-14）

表2-14　建筑安装工程直接工程费计算表

工程名称：

序号	编码	名称	单位	工程量	单价						合价					
					人工费	材料费	机械费	未计价	设备	合计	人工费	材料费	机械费	未计价	设备	合计
合计			元													

4. 措施费用计算汇总表（表2-15）

表2-15　措施费用计算汇总表

工程名称：

序号	名称	计算基数	费用金额
一	施工组织措施项目费		
1	安全文明施工费		
1.1	安全文明施工及环境保护费	预算书定额人工费+预算书定额机械费×8%	
1.2	临时设施费	预算书定额人工费+预算书定额机械费×8%	
2	绿色施工措施费	预算书定额人工费+预算书定额机械费×8%	
3	冬雨季施工增加费、生产工具用具使用费、工程定位复测、工程点交、场地清理费	预算书定额人工费+预算书定额机械费×8%	
4	夜间施工增加费	预算书定额人工费+预算书定额机械费×8%	
5	特殊地区施工增加费	预算书定额人工费+预算书定额机械费+单价措施定额人工费+单价措施定额机械费	
二	施工技术措施项目费		
1	脚手架搭拆		
2	安装与生产同时进行施工增加		
3	在有害身体健康环境中施工增加		
4	长输管道临时水工保护设施		
5	长输管道施工便道		
6	长输管道跨越或穿越施工措施		
7	焊接保护措施		
8	现场监护和防护		
9	高层增加费		
10	超高增加费		
	合计		

5. 措施项目费用计算表（表2-16）

表2-16 措施项目费用计算表

工程名称：

序号	定额编号	项目名称	单位	工程量	单价				合价			
					人工费	材料费	机械费	小计	人工费	材料费	机械费	合计
		合计										

6. 其他项目费计算表（表2-17）

表2-17 其他项目费计算表

工程名称：

序号	费用名称	计算方法	费用金额
1	暂列金额	暂列金额	
2	暂估价	专业工程暂估价	
2.1	材料（设备）暂估价	暂估价材料合计	—
2.2	专业工程暂估价	专业工程暂估价	
3	计日工	计日工	
4	总承包服务费	总承包服务费	
5	索赔与现场签证	按相关规定计算	
6	优质工程增加费	按合同约定	
7	提前竣工增加费	按实际情况协商计费	
8	人工费调整	按相关规定及合同约定调整	
9	机械燃料动力费价差	按相关规定及合同约定调整	
	合计		
编制人：	审核人：		

1）暂列金额明细表（表2-18）

表2-18 暂列金额明细表

工程名称：

序号	项目名称	计量单位	暂定金额/元	备注
	合 计			—

注：此表由招标人填写，如不能详列，也可只列暂列金额总额，投标人应将上述暂列金额计入投标总价中。

2）材料（工程设备）暂估单价及调整表（表2-19）

表2-19 材料（工程设备）暂估单价及调整表

工程名称：

| 序号 | 材料（工程设备）名称、规格、型号 | 计量单位 | 数量 | | 暂估/元 | | 确认/元 | | 差额±/元 | | 合计 |
			暂估	确认	除税单价	除税合价	除税单价	除税合价	单价	合价	
合计											

注：此表由招标人填写"暂估单价"，并在备注栏说明暂估价的材料、工程设备拟用在哪些清单项目上，投标人应将上述材料、工程设备暂估单价计入工程量清单综合单价报表中。

3）专业工程暂估价及结算价表（表2-20）

表2-20 专业工程暂估价及结算价表

工程名称：

序号	工程名称	工程内容	暂估金额/元	结算金额/元	差额±/元	备注
合　计			0			—

注：① 此表"暂估金额"由招标人填写，投标人应将"暂估金额"计入投标总价中。结算时按合同约定结算金额填写。
　　② 结算时按合同约定结算金额填写，如合合同约定按具体计价子目计价时，也可在项目相应计价表内计列。

4）专项技术措施暂估价（结算价）表（表2-21）

表2-21 专项技术措施暂估价（结算价）表

工程名称：

序号	工程名称	工程内容	暂估金额/元	结算金额/元	差额±/元	备注
合　计			0			—

注：① 此表"暂估金额"由招标人填写，投标人应将"暂估金额"计入投标总价中。结算时按合同约定结算金额填写。
　　② 结算时按合同约定结算金额填写，如合合同约定按具体计价子目计价时，也可在项目相应计价表内计列。

5）计日工表（表2-22）

表 2-22 计日工表

工程名称：

编号	项目名称	单位	暂定数量	实际数量	综合单价/元	合价	
						暂定	实际
1	人工						
		人工小计					
2	材料						
		材料小计					
3	机械						
		机械小计					
4	企业管理费和利润						
	总　计						

注：此表项目名称、暂定数量由招标人填写，编制招标控制价时，单价由招标人按有关计价规定确定；投标时，单价由投标人自主报价，按暂定数量计算合价计入投标总价中。结算时，按发承包双方确认的实际数量计算合价。

6）总承包服务费计价表（表 2-23）

表 2-23　总承包服务费计价表

工程名称：

序号	项目名称	项目价值/元	服务内容	计算基础	费率/%	金额/元
1	发包人发包专业工程					
2	发包人提供材料					
	合　计	—			—	—

注：此表项目名称、服务内容由招标人填写，编制招标控制价时，费率及金额由招标人按有关计价规定确定；投标时，费率及金额由投标人自主报价，计入投标总价中。

7. 规费、税金项目计价表（表 2-24）

表 2-24　规费、税金项目计价表

工程名称：

序号	项目名称	计算基础	计算基数	计算费率/%	金额/元
1	其他规费	社会保险费、住房公积金、残疾人保证金+危险作业意外伤害险+工程排污费			
1.1	工伤保险（单独计列）	定额人工费		0.5	
1.2	工程排污费	按有关部门规定计算			
1.3	环境保护税	按有关部门规定计算			
2	税金	直接工程费+措施项目+其他项目+管理费+利润+其他规费-不计税工程设备费		按相关规定计算	
合计					
编制人（造价人员）：			复核人（造价工程师）：		

8. 主要材料表（表 2-25）

表 2-25　主要材料和设备一览表

工程名称：

序号	材料编码	材料名称	规格、型号等特殊要求	单位	数量	单价/元	合计/元	产地	厂家

2.4　工程造价计算实例

【例 2-1】请根据《云南省 2020 计价标准》及现行计价文件，以定额计价模式计算出云南省某综合楼安装工程的招标控制价（表 2-26）。注：单位为元，有效数字保留至小数点后两位。

背景材料：云南省昆明市拟建一栋 6 层全框架结构综合楼，每层层高均为 3.3 m，建筑面积为 4 800 m²，于 2021 年 8 月 18 日发售招标文件。某工程造价咨询公司根据《云南省 2020 计价标准》及相关计价文件计算出：

（1）该工程的直接工程费为 928 000.00 元。

其中：人工费 142 000.00 元（含规费），机械费 8 500.00 元。

（2）脚手架搭拆费中定额人工费为1875.00元，材料费为3750.00元，机械费为1875.00元。

（3）安全文明施工措施费费率为8%，绿色施工措施费费率为1.3%。

（4）招标文件要求计列：

暂列金额100 000.00元；专业工程暂估价为50 000.00元；本工程有两部电梯，每部单价暂计180 000.00元，电梯价为除税单价。

根据当地环保部门要求，本工程工程排污费为5000.00元，本项目不征收环境保护税。招标文件暂定风险费率为0.5%（施工技术措施暂不考虑风险）。

表2-26 建筑安装工程费用计算程序（定额计价）

序号	费用名称	取费说明	计算方法
1	直接工程费	人工费+材料费+设备费+机械费	142 000.00+417 500.00+360 000.00+8 500.00=928 000.00元
1.1	人工费	定额人工费+规费	142 000元
1.1.1	定额人工费	<1.1>÷（1+规费费率）	142 000÷1.2=118333.33元
1.1.2	规费	<1.1>×规费费率	118333.33×0.2=23666.67元
1.2	材料费	计价材料费+未计价材料费	928 000.00-142 000.00-360 000.00-8 500.00=417 500.00元
1.3	设备费	设备费	180 000.00×2=360 000.00元
1.4	机械费	预算书定额机械费	8 500.00元
2	措施项目	施工技术措施项目+施工组织措施项目费	7875.00+11256.56=19131.56元
2.1	施工技术措施项目	人工费+材料费+机械费	7875.00.00元
2.1.1	人工费	定额人工费+规费	2250.00元
2.1.1.1	定额人工费	<1.1>÷（1+规费费率）	1875.00
2.1.1.2	规费	<1.1>×规费费率	1875.00×0.2=375.00元
2.1.2	材料费	单价措施项目计价材料费+单价措施项目未计价材料费+单价措施项目设备费	3 750.00元
2.1.3	机械费	单价措施定额机械费	1 875.00元
2.2	施工组织措施项目费	施工组织措施项目合计	[118333.33+1875.00+（1875+8 500）×8%]×8%+[118333.33+1875.00+（1875+8 500）×8%]×1.3%=11256.56元
3	其他项目	其他项目合计	100 000.00+50 000.00=150 000.00元
3.1	暂列金额		100000.00元
3.2	专业暂估价		50000.00元

序号	费用名称	取费说明	计算方法
4	管理费		21231.98+361.26=21593.24 元
4.1	管理费（直接工程费）	定额人工费+定额机械费×8%	（118333.33+8500.00×8%）×17.84%=21231.98 元
4.2	管理费（措施项目费）		（1875.00+1875.00×8%）×17.84%=361.26 元
5	利润		14162.85+240.98=14403.56 元
5.1	利润（直接工程费）	定额人工费+定额机械费×8%	（118333.33+8500.00×8%）×11.90%=14162.58 元
5.2	利润（措施项目费）	定额人工费+定额机械费×8%	（1875.00+1875.00×8%）×11.90%=240.98 元
6	风险费用		（928000.00-360000.00+21231.98+14162.85）×0.50%=3016.97 元
7	其他规费	<7.1>+<7.2>+<7.3>	601.04+5000.00=5601.04 元
7.1	工伤保险费	（<1.1.1>+<2.1.1.1>）×工伤保险费费率	（118333.33+1 875）×0.50%=601.04 元
7.2	工程排污费	按有关部门规定计算	5000.00
7.3	环境保护税	按有关部门规定计算	
8	税金	直接工程费+措施项目+其他项目+管理费+利润+规费-不计税工程设备费	（928 000.00+19131.56+150 000+21593.24+14403.56+3016.97+5601.04）×10.08%=115088.03 元
9	建安工程造价	直接工程费+措施项目+其他项目+管理费+利润+规费+税金	928 000.00+19131.56+150 000+21593.24+14403.56+3016.97+5601.04+115088.06=1256834.40 元
10	设备购置费		
11	总造价	建安工程造价+设备购置费	1256834.40 元

【思考与练习题】

1. 简述《通用安装工程消耗量定额》（TY 02-31—2015）的分类。
2. 简述《云南省通用安装工程计价标准》（DBJ 53/T-63—2020）的内容。
3. 简述定额计价程序及计算方法。

第3章

安装工程清单计价

3.1 工程量清单计价基础

3.1.1 工程量清单计价概念

《建设工程工程量清单计价规范》是统一工程量清单编制、规范工程量清单计价的国家标准，适用于建设工程发承包及实施阶段的计价活动。自 2003 年 7 月 1 日该规范颁布实施以来，工程量清单计价模式已逐渐成为我国建设工程造价计价的主要模式。本规范于 2008 年和 2013 年已进行两次修订。

工程量清单是载明建设工程分部分项工程项目、措施项目、其他项目、规费项目和税金项目的名称和相应数量等的明细清单，由分部分项工程量清单、措施项目清单、其他项目清单、规费税金清单组成。

在工程招投标阶段，工程量清单又分为招标工程量清单和已标价工程量清单。招标工程量清单是指招标人依据国家标准、招标文件、设计文件以及施工现场实际情况编制的随招标文件发布供投标报价的工程量清单，包括其说明和表格。其完整性和准确性由招标人负责。招标工程量清单作为招标文件的组成部分，为投标人的投标竞争提供了一个平等和共同的基础。已标价的工程量清单即投标人的投标报价，是构成合同文件组成部分的投标文件中已标明价格，经算术错误修正（如有）且承包人已确认的工程量清单，包括其说明和表格。

《建设工程工程量清单计价规范》规定，使用国有资金投资的建设工程发承包，必须采用工程量清单计价。工程量清单应采用综合单价计价。

综合单价是指完成一个规定清单项目所需的人工费、材料和工程设备费、施工机具使用费和企业管理费、利润以及一定范围内的风险费用。我国现阶段计算综合单价中的人工费、材料费及机械费仍然取决于"定额"，并且各项要素费用的计取仍然要按照《建设工程工程量清单计价规范》、各专业工程计量规范及各行政区域内的地方标准执行。但随着国家关于推进建筑业高质量发展的决策部署，坚持市场在资源配置中起决定性作用的思想方针，推行清单计价、竞争定价的工程计价方式必将进一步完善工程造价市场形成机制。

3.1.2　清单编制的相关规定及说明

（1）组成分部分项工程量清单的项目编码、项目名称、项目特征、计量单位和工程量，五个要件缺一不可。

（2）同一项目（同一标段）的单位工程工程量清单的项目编码不得有重码。

（3）项目名称应按附录中的项目名称，结合拟建工程的实际确定。

（4）工程量清单的项目特征描述是确定一个清单项目综合单价不可缺少的重要依据，在编制工程量清单时，必须对项目特征进行准确和全面的描述。但有些项目特征用文字往往难以准确和全面描述，因此，为达到规范、简洁、准确、全面描述项目特征的要求，在描述工程量清单项目特征时应按以下原则进行：

①项目特征描述的内容应按附录中的规定，结合拟建工程的实际，能满足确定综合单价的需要。

②若采用标准图集或施工图纸能够全部或部分满足项目特征描述的要求，则项目特征描述可直接采用见××图集或××图号的方式；对不能满足项目特征描述要求的部分，仍应用文字描述。

（5）工程计量时每一项目汇总的有效位数应遵守下列规定：

①以"t"为单位的，应保留小数点后三位数字，第四位小数四舍五入。

②以"m、m²、m³、kg"为单位的，应保留小数点后两位数字，第三位小数四舍五入。

③以"台、个、件、套、根、组、系统"为单位的，应取整数。

（6）随着工程建设中新材料、新技术、新工艺等的不断涌现，《建设工程工程量清单计价规范》附录所列的工程量清单项目不可能包含所有项目。在编制工程量清单时，当出现该规范附录中未包括的清单项目时，编制人应作补充。在编制补充项目时应注意以下三个方面：

①补充项目的编码应按该规范的规定确定。具体做法如下：补充项目的编码由该规范的代码03与B和三位阿拉伯数字组成，并应从03B001起顺序编制，同一招标工程的项目不得重码。

②在工程量清单中应附补充项目的项目名称、项目特征、计量单位、工程量计算规则和工作内容。

③将编制的补充项目报省级或行业工程造价管理机构备案。

3.1.3　费用组成

建筑安装工程工程量清单计价的费用由分部分项工程费、措施项目费、其他项目费、规费和税金组成，结合《云南省2020计价标准》相关规定，其具体内容见表3-1。

表 3-1 工程量清单计价的费用组成

建筑安装工程费	一、分部分项工程费	1.人工费	定额人工费	
			规费（养老保险费＋医疗保险费＋住房公积金）	
		2.材料费		
		3.机械费		
		4.管理费		
		5.利润		
		6.风险费		
	二、措施项目费	1. 技术措施项目费	（1）大型机械设备进出场及安拆费	① 人工费（定额人工费＋规费）
			（2）大型机械设备基础费	
			（3）脚手架工程费	② 材料费
			（4）模板工程费	③ 机械费
			（5）垂直运输费	④ 管理费
			（6）超高增加费	⑤ 利润
			（7）排水降水费	
		2. 组织措施项目费	（1）绿色施工安全文明措施费	安全文明施工及环境保护费
				临时设施费
				绿色施工措施费
			（2）冬雨季施工增加费、工程定位复测费、工程点交、场地清理费	
			（3）压缩工期增加费	
			（4）夜间施工增加费	
			（5）行车、行人干扰增加费	
			（6）已完工程及设备保护费	
			（7）特殊地区施工增加费	
			（8）其他	
	三、其他项目费	1. 暂列金		
		2. 暂估价	（1）专业工程暂估价	
			（2）专项技术措施暂估价	
		3. 计日工		
		4. 施工总承包服务费		
		5. 优质工程增加费		
		6. 索赔与现场签证费		
		7. 提前竣工增加费		
		8. 人工费调整		
		9. 机械燃料动力费价差		
	四、其他规费	1. 工伤保险费		
		2. 工程排污费		
		3. 环境保护税		
	五、税金	1. 增值税		
		2. 城市维护建设税		
		3. 教育费附加		
		4. 地方教育附加		

1. 分部分项工程费

分部分项工程费指各专业工程的分部分项工程应列支的各项费用。

专业工程指按现行国家计量规范及《云南省 2020 计价标准》划分的建筑工程、通用安装工程、市政工程、园林绿化工程、装配式建筑工程、城市地下综合管廊工程、绿色建筑工程等各类工程。

分部分项工程是指按现行国家计量规范对各专业工程划分的项目，如建筑工程划分的土石方工程、地基处理、桩基工程、砌筑工程、钢筋及钢筋混凝土工程等。

各类专业工程的分部分项工程项目划分见现行国家或行业计量规范。

1）人工费

人工费是指按工资总额构成规定，支付给从事建筑安装工程施工的生产工人和附属生产单位工人的各项费用。其内容包括：

（1）计时工资或计件工资：按计时工资标准和工作时间或对已做工作按计件单价支付给个人的劳动报酬。

（2）奖金：对超额劳动和增收节支支付给个人的劳动报酬，如节约奖、劳动竞赛奖等。

（3）津贴补贴：为了补偿职工特殊或额外的劳动消耗和鉴于其他特殊原因支付给个人的津贴，以及为了保证职工工资水平不受物价影响支付给个人的物价补贴，如流动施工津贴、特殊地区施工津贴、高温（寒）作业临时津贴、高空津贴等。

（4）特殊情况下支付的工资：根据国家法律、法规和政策规定，因病、工伤、产假、计划生育假、婚丧假、事假、探亲假、定期休假、停工学习、执行国家或社会义务等按计时工资标准或计时工资标准的一定比例支付的工资。

（5）规费：指企业为生产工人支付的养老保险、医疗保险、住房公积金。

2）材料费（含设备费）

材料费（含设备费）是指施工过程中耗费的原材料、辅助材料、周转性材料、构配件、零件、半成品或成品、工程设备的费用。其内容包括：

（1）材料（设备）原价：材料、工程设备的出厂价格或商家供应价格。

工程设备是指构成或计划构成永久工程一部分的机电设备、金属结构设备、仪器装置及其他类似的设备和装置。

（2）运杂费：材料、工程设备自来源地运至工地仓库或指定堆放地点所发生的全部费用。

（3）运输损耗费：材料在运输装卸过程中不可避免的损耗。

（4）采购及保管费：为组织采购、供应和保管材料、工程设备的过程中所需要的各项费用，包括采购费、仓储费、工地保管费、仓储损耗。

3）机械费

施工机具使用费（机械费）是指施工作业所发生的施工机械、仪器仪表使用费或其租赁费。

（1）施工机械台班单价由下列 7 项费用组成：

① 折旧费：施工机械在规定的耐用总台班内，陆续收回其原值的费用。

② 检修费：施工机械在规定的耐用总台班内，按规定的检修间隔进行必要的检修，以恢复其正常功能所需的费用。

③ 维护费：施工机械在规定的耐用总台班内，按规定的维护间隔进行各级维护和临时故障排除所需的费用，包括为保障机械正常运转所需替换设备与随机配备工具附具的摊销费用，机械运转及日常维护所需润滑与擦拭的材料费用及机械停滞期间的维护费用等。

④ 安拆费及场外运费：安拆费指施工机械在现场进行安装与拆卸所需的人工、材料、机械和试运转费用以及机械辅助设施的折旧、搭设、拆除等费用；场外运费指施工机械整体或分体自停放地点运至施工现场或由一施工地点运至另一施工地点的运输、装卸、辅助材料等费用。

⑤ 人工费：机上司机（司炉）和其他操作人员的人工费（含规费）。

⑥ 燃料动力费：施工机械在运转作业中所消耗的各种燃料及水、电、煤等费用。

⑦ 其他费用：施工机械按照国家规定应缴纳的车船税、保险费及检测费等。

（2）仪器仪表使用费：工程施工所需使用的仪器仪表的摊销及维修费用。

4）管理费

管理费是指建筑安装企业组织施工生产和经营管理所需的费用。其内容包括：

（1）管理人员工资：按规定支付给管理人员的计时工资、奖金、津贴补贴、加班加点工资及特殊情况下支付的工资等。

（2）办公费：企业管理办公用的文具、纸张、账表、印刷、邮电、书报、办公软件、现场监控、会议、水电、烧水和集体取暖降温（包括现场临时宿舍取暖降温）等费用。

（3）差旅交通费：职工因公出差、调动工作的差旅费，住勤补助费，市内交通费和误餐补助费，职工探亲路费，劳动力招募费，职工退休、退职一次性路费，工伤人员就医路费，工地转移费以及管理部门使用的交通工具的油料、燃料等费用。

（4）固定资产使用费：管理和试验部门及附属生产单位使用的属于固定资产的房屋、设备、仪器等的折旧、大修、维修或租赁费。

（5）工具用具使用费：企业施工生产和管理使用的不属于固定资产的工具、器具、家具、交通工具和检验、试验、测绘、消防用具等的购置、维修和摊销费。

（6）劳动保险和职工福利费：由企业支付的职工退职金、按规定支付给离休干部的经费，集体福利费、夏季防暑降温、冬季取暖补贴、上下班交通补贴等。

（7）劳动保护费：企业按规定发放的劳动保护用品的支出，如工作服、手套、防暑降温饮料以及在有碍身体健康的环境中施工的保健费用等。

（8）检验试验费：施工企业按照有关标准规定，对建筑以及材料、构件和建筑安装物进行一般鉴定、检查所发生的费用，包括自设试验室进行试验所耗用的材料等费用。不包括新结构、新材料的试验费，对构件做破坏性试验及其他特殊要求检验试验的费用和建设单位委托检测机构进行检测的费用，对此类检测发生的费用，由建设单位在工程建设其他费用中列支。但对施工企业提供的具有合格证明的材料进行检测不合格的，该检测费用由施工企业支付。

（9）工会经费：企业按《中华人民共和国工会法》规定的全部职工工资总额比例计提的工会经费。

（10）职工教育经费：按职工工资总额的规定比例计提，企业为职工进行专业技术和职业技能培训，专业技术人员继续教育、职工职业技能鉴定、职业资格认定以及根据需要对职工进行各类文化教育所发生的费用。

（11）财产保险费：施工管理用财产、车辆等的保险费用。

（12）财务费：企业为施工生产筹集资金或提供预付款担保、履约担保、职工工资支付担保等所发生的各种费用。

（13）税金：企业按规定缴纳的房产税、车船使用税、土地使用税、印花税等。

（14）其他：包括技术转让费、技术开发费、投标费、业务招待费、绿化费、广告费、公证费、法律顾问费、审计费、咨询费及竣工档案编制费等。

5）利润

利润指施工企业完成所承包工程获得的盈利。

6）风险费用

风险费用是指隐含于已标价工程量清单综合单价中，用于化解发承包双方在工程合同中约定内容和范围内的市价格波动风险的费用。建设工程发承包必须在招标文件、合同中明确计价中的风险内容及其范围，不采用无限风险、所有风险或类似语句规定计价中的风险内容及范围。

2. 措施项目费

措施项目费指为完成工程项目施工，按照绿色施工、安全操作规程、文明施工规定的要求，发生于该工程施工准备和施工过程中的技术、生活、安全、环境保护等方面的费用，由施工技术措施项目费和施工组织措施项目费构成，包括人工费、材料费、机械费和管理费、利润。

1）施工技术措施项目费

（1）大型机械设备进出场及安拆费：机械整体或分体自停放场地运至施工现场或由一个施工地点运至另一个施工地点所发生的机械进出场运输、转移（含运输、装卸、辅助材料、架线等）费用及机械在施工现场进行安装、拆卸所需的人工费、材料费、机械费、试运转费和安装所需的辅助设施的费用。

（2）大型机械设备基础：包括塔吊、施工电梯、龙门吊、架桥机等大型机械设备基础的费用，如桩基础、固定式基础制安等费用。

（3）脚手架工程费：施工需要的各种脚手架搭、拆、运输费用以及脚手架购置费的摊销费用或租赁费用，以及建筑物四周垂直、水平的安全防护。

（4）模板工程费：混凝土构件施工需要的模具及其支撑体系所发生的费用。

（5）垂直运输费：单位工程在合理工期内完成全部工程项目所需要的垂直运输。

（6）建筑物超高增加费：建筑物檐口高度超过 20 m 或层数超过 6 层时人工降低工效、机械降效、施工用水加压增加的费用。

（7）排水降水费：除冬雨季施工增加费以外的排水降水费用。

（8）各专业工程措施项目及其包含的内容详见国家规范及云南省计价标准所载明的技术措施项目。

2）施工组织措施项目费

（1）绿色施工安全文明措施费由安全文明施工及环境保护费、临时设施费和绿色施工措施费组成，具体内容详见表3-2。

表3-2 建筑安装工程施工组织措施费组成

措施项目明细		
安全文明施工及环境保护费	安全施工费	安全施工包含范围：安全资料、特殊作业专项方案的编制，安全施工标志的购置及安全宣传的费用；"三宝"（安全帽、安全带、安全网）、"四口"（楼梯口、电梯井口、通道口、预留洞口），"五临边"（阳台围边、楼板围边、屋面围边、槽坑围边、卸料平台两侧），水平防护架、垂直防护架、外架封闭等防护的费用；施工安全用电的费用，包括配电箱三级配电、两级保护装置要求、外电防护措施费用；起重机、塔吊等起重设备（含井架、门架）及外用电梯的安全防护措施（含警示标志）费用及卸料平台的临边防护、层间安全门、防护棚等设施费用；建筑工地起重机械的检验检测费用；施工机具防护棚及其围栏的安全保护设施费用；施工安全防护通过的费用；工人的安全防护用品、用具购置费用；消防设施与消防器材的配置费用；电气保护、安全照明设施费；其他安全防护措施费用
	文明施工及环境保护费	文明施工包含范围："五牌一图"的费用；现场围挡的墙面美化（包括内外粉刷、刷白、标语等）、压顶装饰费用；现场厕所便槽刷白、贴面砖，水泥砂浆地面或地砖，建筑物内临时便溺设施费用；其他施工现场临时设施的装饰装修、美化措施费用；现场生活卫生设施费用；符合卫生要求的饮水设备、淋浴、消毒等设施费用；生活用洁净燃料费用；防煤气中毒、防蚊虫叮咬等措施费用；施工现场操作场地的硬化费用；现场绿化、治安综合治理费用；现场配备医药保健器材、物品费用和急救人员培训费用；用于现场工人的防暑降温费、电风扇、空调等设备及用电费用；其他文明施工措施费用
		环境保护包含范围：现场施工机械设备降低噪声、防扰民措施费用；水泥和其他易飞扬细颗粒建筑材料密闭存放或采取覆盖措施等费用；工程防扬尘洒水费用；土石方、建渣外运车辆冲洗、防洒漏等费用；现场污染源的控制、生活垃圾清理外运、场地排水排污措施的费用；其他环境保护措施费用
临时设施费		临时设施包含范围：施工现场采用彩色、定型钢板，砖、混凝土砌块等围挡的安砌、维修、拆除费或摊销费；施工现场临时建筑物、构筑物的搭设、维修、拆除或摊销的费用，如临时宿舍、办公室、食堂、厨房、厕所、诊疗所、临时文化福利用房、临时仓库、加工场、搅拌台、临时简易水塔、水池等；施工现场临时设施的搭设、维修、拆除或摊销的费用，如临时供水管道、临时供电线管、小型临时设施等；施工现场规定范围内临时简易道路铺设，临时排水沟、排水设施安砌、维修、拆除的费用；其他临时设施费搭设、维修、拆除或摊销的费用
绿色施工措施费	扬尘控制措施费	扬尘喷淋系统、雾炮机、扬尘在线监测系统
	智慧管理设备及系统	施工人员实名制管理设备及系统
		施工场地视频监控设备及系统
	人工智能、传感技术、虚拟现实等高科技技术设备及系统	

注：扬尘控制及智慧管理建设的费用，一年工期及以内按照60%计算摊销费用；两年工期及以内的按照80%计算摊销费用；两年工期以上的按100%计算摊销费用。

（2）冬雨季施工增加费、工程定位复测费、工程点交、场地清理费。

① 冬雨季施工增加费：在冬季或雨季施工需增加的临时设施、防滑、排除雨雪，人工及施工机械效率降低等费用。

② 工程定位复测费：工程施工前的测量放线，施工过程中的检测、施工后的复测工作所发生的费用。

③ 工程点交、场地清理费：按规定编制竣工图资料、工程点交、施工场地清理等发生的费用。

（3）压缩工期增加费：在工程招投标时，要求压缩定额工期而采取措施所增加的费用。

（4）夜间施工增加费：因夜间施工所发生的夜班补助费，夜间施工降效、夜间施工照明设备摊销及照明用电等费用。

（5）市政工程行车、行人干扰增加费：在市政工程改、扩建工程施工中，由于不能中断交通产生的施工工作面不完全带来的人工、机械降效和边施工边维护交通及车辆、行人干扰发生的降效、维护交通等措施费。

（6）已完工程及设备保护费：对已交付验收后的工程及设备采取覆盖、包裹、封闭、隔离等必要保护措施所发生的费用。

（7）特殊地区施工增加费：工程在高海拔特殊地区施工增加的费用。

（8）其他：不能计入上述费用的其他施工组织措施费。

3. 其他项目费

其他项目费的构成内容应视工程实际情况按照不同阶段的计价需要进行列项。其中，编制招标控价和投标报价时，由暂列金、暂估价（专业工程暂估价及专项技术措施暂估价）、计日工、施工总承包服务费构成。编制竣工结算时，由计日工、施工总承包服务费、优质工程增加费、提前竣工增加费、索赔与现场签证费、人工费调整及机械燃料动力费价差等费用构成。

1）暂列金额

暂列金额是指建设单位在工程量清单中暂定并包括在工程合同价款中的一笔款项，是用于施工合同签订时尚未确定或者不可预见的所需材料、工程设备、服务的采购，施工中可能发生的工程变更、合同约定调整因素出现时的工程价款调整以及发生的索赔、现场签证确认等的费用。

2）暂估价

暂估价是指建设单位在工程量清单中提供的用于支付必然发生但暂时不能确定价格的材料、工程设备的单价以及专业工程的金额。暂估价包括专业工程暂估价、材料暂估价。

3）计日工

计日工是指在施工过程中，施工企业完成建设单位提出的施工图纸以外的零星项目或工作，按合同中约定的单价计价的一种方式。

4）施工总承包服务费

施工总承包服务费是指总承包人为配合、协调建设单位进行的专业工程发包，对建设单位自行采购的材料、工程设备等进行保管以及施工现场管理、竣工资料汇总整理等服务所需的费用。

5）优质工程增加费

优质工程增加费指为鼓励建筑业企业创优，提高建设工程质量，竣工后经评审获"优质工程奖"而计取的奖励性费用，一般在合同中约定计取方式。

6）提前竣工增加费

该项目一般在无"压缩短工期增加费"的工程中计列，由发、承包双方根据工程实际情况协商计费。

7）索赔与现场签证费

索赔：在合同履行过程中，对于并非自己的过错，而是应由对方承担责任的情况造成的实际损失向对方提出经济补偿和（或）时间补偿的要求。

索赔是工程承包中经常发生的正常现象。施工现场条件、气候条件的变化，施工进度、物价的变化，以及合同条款、规范、标准文件和施工图纸的变更、差异、延误等因素的影响，使得工程承包中不可避免地出现索赔。

现场签证费：施工过程中出现与合同规定的情况、条件不符的事件时，针对施工图纸、设计变更所确定的工程内容以外，未包含在合同价格内，但施工过程中确实发生了施工事实，一般由施工方按施工内容办理签证，在工程结算时计取的费用。

8）人工费调差

人工费调差：由省建设行政主管部门发布的人工费调整部分按文件规定调整，经发承包双方约定市场人工费价格的按约定价差调整。

9）机械燃料动力费价差

机械燃料动力费价差：机械费中的燃料动力单价随市场波动偏离编制期单价产生的价差按市场价格计算调整。

4. 其他规费

其他规费指应由单位缴纳的按国家法律、法规规定，由省级政府和省级有关权力部门规定必须缴纳或计取的费用，包括工伤保险费、工程排污费和环境保护税。

5. 税金

税金指国家税法规定的应计入建筑安装工程造价内的增值税销项税额、城市维护建设税、教育费附加以及地方教育附加。

3.2 工程量清单计价中各项费用计算方法

1）分部分项工程费（施工技术措施费）

分部分项工程费＝∑（分部分项工程项目清单工程量×综合单价）

施工技术措施费＝∑（施工技术措施项目清单工程量×综合单价）

其中综合单价由人工费、材料费、机械费、管理费、利润和风险费组成（施工技术措施费不计算风险费），即：

综合单价＝

$$\frac{\sum[分部分项工程量（施工技术措施工程量）×（人工费＋材料费＋机械费＋管理费＋利润＋风险费）]}{分部分项工程项目（施工技术措施工程项目）清单工程量}$$

注：施工技术措施费不计算风险费。

其中：人工费（定额人工费＋规费）＝人工消耗量×人工综合工日单价

材料费＝∑（各种材料消耗量×相应材料的预算价格）

机械使用费＝∑（各种机械台班消耗量×相应机械台班的预算单价）

管理费＝（定额人工费＋机械费×8%）×管理费费率

利润＝（定额人工费＋机械费×8%）×利润费率

风险费＝（人工费＋材料费＋机械费＋管理费＋利润）×风险费率

管理费费率和利润费率见表2-8。风险费率按招标文件、合同约定范围及费率计算。

2）施工组织措施费

施工组织措施为整个项目服务，采用总价的方式，以"项"为计量单位乘以费率计算措施项目费用，其中费率已综合考虑了管理费和利润。

施工组织措施项目费＝计算基数×措施项目费费率（%）

各项费用具体计算基数及费率见表2-5、表3-3、表3-4。已完工程及设备保护费：根据实际发生以现场签证方式计取。

表 3-3 压缩工期增加费费率

压缩工期比例	计算基础	费率/%
10%以内	定额人工费＋机械费	0.01～1.03
20%以内		1.03～1.55
20%以外		1.55～2.03

表 3-4 行车、行人干扰费费率

压缩工期比例	计算基础	费率/%
改、扩建城市道路工程，在已通车的干道上修建的人行天桥工程	定额人工费＋机械费×8%	0.01 ~ 1.03
与改、扩建工程同时施工的给排水、电力管线、通信管线、供热管道工程		1.03 ~ 1.55
在已通车的主干道上修建立交桥		1.55 ~ 2.03

注：① 市政工程行车、行人干扰增加费包括专设的指挥交通的人员，搭设简易防护措施等费用。
② 封闭断交的工程不计取行车、行人干扰增加费。
③ 厂区、生活区专用道路工程不计取行车、行人干扰增加费。
④ 交通管理部门要求增加的措施费用另计。

3）其他项目费

（1）暂列金额：应根据工程特点按有关规定估算，但不应超过分部分项工程费的 15%。

（2）暂估价：由招标人在工程量清单中分别按以下情况给定，投标人按招标工程量清单给定方式进行计价，分别列入对应的费用内容。

① 招标工程量清单给定工程量，且给定材料设备暂估单价的，按计价标准计算综合单价计入分部分项工程费。

② 招标工程量清单给定工程量，且直接给定不含税暂估综合单价的，以工程量乘以综合单价的合价计入分部分项工程费。

③ 招标工程量清单仅以"项"为计量单位直接给定专业工程暂估费用的，直接列入其他项目费。

④ 招标工程量清单仅以"项"为计量单位直接给定专项技术措施暂估费用的，列入其他项目费。

（3）计日工：按承发包双方约定的单价计算，不得计取除税金外的其他费用。

（4）总承包服务费：根据合同约定的总承包服务内容和范围，参照表 2-6 标准计算。

（5）优质工程增加费：通过工程验收达到优良工程的项目，按合同约定计算方法，参照表 2-7 标准计算。

（6）索赔与现场签证费：因设计变更或由于发包人的责任造成的停工、窝工损失，可参照下列办法计算费用。

① 现场施工机械停滞费按定额机械台班单价（扣除机上操作人工和燃料动力费）计算，如特殊情况下施工机械为租赁的，其停滞费由承发包双方协商解决，机械台班停滞费不再计算除税金外的其他费用。

② 生产工人停工、窝工工资按当地人社部门发布的最低工资标准计算，管理费按停工、窝工工资总额的 20%（社会平均参考值）计算。停工、窝工工资不再计算除税金外的其他费用。

③ 除上述①、②条以外发生的费用，按实际计算。

④ 承、发包双方协商认定的有关费用按实际发生计算。

4）规费及其他规费

规费（其他规费）＝定额人工费×费率

规费（其他规费）费率见表2-9。

5）税金

税金＝税前工程造价×综合计税系数＝税前工程造价×增值税率×（1＋附加税税率）

税金税率见表2-10。

综合计税系数＝增值税率×（1＋附加税税率）。

综合计税系数见表2-11。

6）清单计价的计算程序

清单计价的计算程序见表3-5～表3-7。

表3-5　分部分项工程项目及施工技术措施项目综合单价计算表

序号	费用项目		计算方法
1	人工费		Σ（人工费）
1.1	其中	定额人工费	Σ（定额人工费）
2	材料费		Σ（材料费）
3	机械费		Σ（机械费）
4	管理费		（<1.1>＋<3>×8%）×费率
s	利润		（<1.1>＋<3>×8%）×费率
6	风险费		（<1>＋<2>＋<3>＋<4>＋<5>）×招标文件约定费率
7	综合单价		<1>＋<2>＋<3>＋<4>＋<5>＋<6>

注：① 施工技术措施项目不计算风险费。

② 以"暂估单价"计入综合单价的材料费不考虑风险费用。

表3-6　施工组织措施项目费计算表

序号	费用项目	计算方法	说明
1	绿色施工安全文明措施项目费		
1.1	安全、文明施工及环境保护费		不可竞争费用
1.2	临时设施费	（定额人工费＋机械费×8%）×费率	
1.3	绿色施工措施费		暂定费率
2	冬雨季施工增加费，工程定位复测费，工程点交、场地清理费		
3	夜间施工增加费		
	特殊地区施工增加费		按不同海拔计取
5	压缩工期增加费	（定额人工费＋机械费）×费率	按压缩工期比例计取
6	行车、行人干扰增加费	（定额人工费＋机械费×8%）×费率	按施工条件计取
7	已完工程及设备保护费	根据实际需要按现场签证计算	
8	其他施工组织措施项目费	按合同或约定计算	
9	施工组织措施项目费	<1>＋<2>＋<3>＋<4>＋<5>＋<6>＋<7>＋<8>	

表 3-7 其他项目费计算表

序号	费用项目			计算方法
1	暂列金额			按招标文件计算
2	暂估价			<2.1>+<2.2>
2.1	专业工程暂估价/结算价			按招标文件计算/结算价
2.2	专项技术措施暂估价/结算价			
3	计日工			<3.1>+<3.2>+<3.3>
3.1	其中		人工费	∑合同约定人工单价×暂定额工程量
3.2			材料费	∑（合同约定材料单价×暂定额工程量）
3.3			机械费	∑（合同约定机械台班单价×暂定额工程量）
4	总承包服务费			<4.1>+<4.2>
4.1	其中		发包人发包专业工程管理费	∑（项目价值×约定费率）
4.2			发包人提供材料（设备）管理费	∑（材料价值×约定费率）
5	优质工程增加费			按合同约定计算'
6	索赔与现场签证费			按实际索赔与签证费用计算
7	提前竣工增加费			按合同约定计算
8	人工费调整			按人工费调整文件或约定市场价格计算
9	机械燃料费价差			按机械燃料动力数量×差价
10	其他项目费			<1>+<2>+<3>+<4>+<5>+<6>+<7>+<8>+<9>

各项费用计算完成后，把形成单位工程造价的各项费用汇总到一张表格中，计算出该单位工程建安工程造价。汇总费用内容见表 3-8。

表 3-8 单位工程造价费用内容汇总表

序号	费用项目	计算方法
1	分部分项工程费	∑（分部分项清单工程量×综合单价）
2	措施项目费	<2.1>+<2.2>
2.1	技术措施项目费	∑（技术措施项目清单工程量×综合单价）
2.2	施工组织措施项目费	∑（施工组织措施项目费）
3	其他项目费	∑（其他项目费）
4	其他规费	<4.1>+<4.2>+<4.3>
4.1	工伤保险费	∑（定额人工费）×费率
4.2	环境保护税	按有关部门规定计算
4.3	工程排污费	按有关部门规定计算
5	税金	税前工程造价 x 综合计税系数
6	工程造价	<1>+<2>+<3>+<4>+<5>

3.3 工程量清单计价文件组成

按照《建设工程工程量清单计价规范》（GB 50500—2013）的规定，以招标控制价为例，工程量清单计价文件主要由以下内容组成：

1）封　面

_____工程

招标控制价

招　标　人：_____

（单位盖章）

造价咨询人：_____

（单位盖章）

年　　月　　日

2）扉　页

_____工程

招标控制价

招标控制价（小写）：_____

（大写）：_____

招　标　人：_____　造价咨询人：_____

（单位盖章）　　　　　　　（单位资质专用章）

法定代表人　　　　　　　　　法定代表人

或其授权人：_____　或其授权人：_____

（签字或盖章）　　　　　　　（签字或盖章）

编　制　人：_____　复　核　人：_____

（造价人员签字盖专用章）　　　（造价工程师签字盖专用章）

编制时间：　年　月　日　　复核时间：　年　月　日

封面和扉页应按规定的内容填写、签字、盖章，造价员编制的招标控制价应有负责审核的造价工程师签字、盖章。

3）编制说明

编制说明应填写的主要内容为：

① 工程概况：工程名称、建设地点、建设规模、工程特征等。

② 工程招标范围。

③ 编制依据。

④ 材料价格的来源。

⑤ 其他需要说明的问题。

4）单位工程招标控制价汇总表（表3-9）

表3-9　单位工程招标控制价汇总表

工程名称：　　　　　　　　标段：　　　　　　　第　页　共　页

序号	汇总内容	金额/元	其中：暂估价/元
1	分部分项工程		
1.1	人工费		
1.2	材料费		
1.3	设备费		
1.4	机械费		
1.5	管理费和利润		
2	措施项目		—
2.1	单价措施项目		—
2.1.1	人工费		—
2.1.2	材料费		—
2.1.3	机械费		—
2.1.4	管理费和利润		—
2.2	总价措施项目费		—
2.2.1	安全文明施工费		—
2.2.2	冬雨季施工增加费		—
2.2.3	特殊地区增加费		—
2.2.4	其他总价措施项目费		—
3	其他项目		
3.1	暂列金额		—
3.2	暂估价		
3.2.1	专业工程暂估价		
3.2.2	材料（设备）暂估价		
3.3	计日工		—
3.4	总承包服务费		—
3.5	其他		—
4	规费		
4.1	社会保险费、住房公积金、残疾人保证金		—
4.2	危险作业意外伤害险		—
4.3	工程排污费		—
5	税金		
招标控制价/投标报价合计＝1＋2＋3＋4＋5			

注：本表适用于单位工程招标控制价或投标报价的汇总，如无单位工程划分，单项工程也使用本表汇总。

5）分部分项工程清单与计价表（表 3-10）

表 3-10　分部分项工程清单与计价表

工程名称：　　　　　　　　　　标段：　　　　　　　第 页 共 页

序号	项目编码	项目名称	项目特征描述	计量单位	工程量	金额/元				
						综合单价	合价	其中		
								人工费	机械费	暂估价
		本页小计								
		合计								

6）分部分项工程清单综合单价分析表（表 3-11）

表 3-11　综合单价分析表

工程名称：　　　　　　　　　　标段：　　　　　　　第 页 共 页

序号	项目编码	项目名称	计量单位	工程量	清单综合单价组成明细											综合单价/元
					定额编号	定额名称	定额单位	数量	单价/元			合价/元				
									人工费	材料费	机械费	人工费	材料费	机械费	管理费和利润	

7）分部分项工程清单综合单价材料明细表（表 3-12）

表 3-12　综合单价材料明细表

工程名称：　　　　　　　　　　标段：　　　　　　　第 页 共 页

序号	项目编码	项目名称	计量单位	工程量	材料组成明细						
					主要材料名称、规格、型号	单位	数量	单价/元	合价/元	暂估材料单价/元	暂估材料合计/元
					其他材料费		—		—		—
					材料费小计		—		—		—

注：招标文件提供了暂估单价的材料，按暂估的单价填入表内"暂估单价"栏及"暂估合价"栏。

8）总价措施项目清单与计价表（表3-13）

表 3-13　总价措施项目清单与计价表

工程名称：　　　　　　　　　　　　　　标段：　　　　　　　　　　第　页　共　页

序号	项目编码	项目名称	计算基础	费率/%	金额/元	备注
1	011707001001	安全文明施工费				
1.1		环境保护费、安全施工费、文明施工费				
1.2		临时设施费				
2	011707002001	夜间施工增加费				
3	011707004001	二次搬运费				
4	011707005001	冬雨季施工增加费、生产工具用具使用费、工程定位复测、工程点交、场地清理费				
5	011707007001	已完工程及设备保护费				
6	031301009001	特殊地区施工增加费				
合计						

9）单价措施项目清单与计价表（表3-14）

表 3-14　单价措施项目清单与计价表

工程名称：　　　　　　　　　　　　　　标段：　　　　　　　　　　第　页　共　页

序号	项目编码	项目名称	项目特征描述	计量单位	工程量	金额/元				
						综合单价	合价	其中		
								人工费	机械费	暂估价
本页小计										
合计										

10）单价措施项目清单综合单价分析表（同表3-11）

11）单价措施项目清单综合单价材料明细表（同表3-12）

12）其他项目清单与计价表（表3-15）

表 3-15　其他项目清单与计价表

工程名称：　　　　　　　　　　　　　标段：　　　　　　　　　第 页 共 页

序号	项目名称	金额/元	结算金额/元	备注
1	暂列金额			详见明细表
2	暂估价			
2.1	材料（工程设备）暂估价/结算价			详见明细表
2.2	专业工程暂估价			详见明细表
3	计日工			详见明细表
4	总承包服务费			详见明细表
5	其他			
5.1	人工费调差			
5.2	机械费调差			
5.3	风险费			
5.4	索赔与现场签证			详见明细表
	合计＝1＋2＋3＋4＋5			

注：材料（设备）暂估价进入清单项目综合单价，此处不汇总。

13）暂列金额、暂估价明细表（表 3-16、表 3-17）

表 3-16　暂列金额明细表

工程名称：　　　　　　　　　　　　　标段：　　　　　　　　　第 页 共 页

序号	项目名称	计量单位	暂定金额/元	备注
合计				

注：此表由招标人填写，如不能详列，也可只列暂定金额总额，投标人应将上述暂列金额计入投标总价中。

表 3-17　材料（工程设备）暂估单价及调整表

工程名称：　　　　　　　　　　　　　标段：　　　　　　　　　第 页 共 页

序号	材料（工程设备）名称、规格、型号	计量单位	数量		暂估/元		确认/元		差额±/元		备注
			暂估	确认	单价	合价	单价	合价	单价	合价	
	合计										

注：此表由招标人填写"暂估单价"，并在备注栏说明暂估价的材料、工程设备拟用在哪些清单项目上，投标人应将上述材料、工程设备暂估单价计入工程量清单综合单价报价中。

14）规费、税金项目计价表（表3-18）

表3-18　规费、税金项目计价表

工程名称：　　　　　　　　　　　　　标段：　　　　　　　　　　第　页　共　页

序号	项目名称	计算基础	计算基数	计算费率/%	金额/元
1	规费	社会保险费、住房公积金、残疾人保证金＋危险作业意外伤害险＋工程排污费		按相关规定计算	
1.1	社会保险费、住房公积金、残疾人保证金	定额人工费			
1.2	危险作业意外伤害险	定额人工费			
1.3	工程排污费	按工程所在地相关部门的规定计算			
2	税金	分部分项工程费＋措施项目费＋其他项目费＋规费		按相关规定计算	
合计					

15）主要材料价格表（表3-19）

表3-19　主要材料价格表

序号	材料编码	材料名称	规格、型号等特殊要求	单位	数量	单价/元	合价/元

　　以上为编制招标控制价的主要表格，工程量清单计价文件还包括投标报价、竣工结算书、工程造价鉴定意见书等工程计价文件，可以根据不同的计价要求选择相应计价文件。

3.4　工程造价清单计价实例

　　【例3-1】请根据《云南省2020计价标准》及现行计价文件，以清单计价模式计算出云南省某综合楼安装工程的招标控制价（表3-20）。注：单位为元，有效数字保留至小数点后两位。

　　背景材料：云南省昆明市拟建一栋6层全框架结构综合楼，每层层高均为3.3 m，建筑面积为4 800 m²，于2021年8月18日发售招标文件。某工程造价咨询公司《云南省2020计价标准》及相关计价文件计算出：

　　（1）该工程的分部分项工程费中：人工费142 000.00元（含规费），定额材料费为417500.00元，定额机械费8 500.00元。

　　（2）脚手架搭拆费中定额人工费为1875.00元，材料费为3 750.00元，机械费为1 875.00元。

　　（3）安全文明施工措施费费率为8%，绿色施工措施费费率为1.3%。

　　（4）招标文件要求计列：

暂列金额 100 000.00 元；专业工程暂估价为 50 000.00 元；本工程有两部电梯，每部单价暂计 180 000.00 元，电梯价为除税单价。

根据当地环保部门要求，本工程工程排污费为 5000.00 元，本项目不征收环境保护税。招标文件暂定风险费率为 0.5%（施工技术措施暂不考虑风险）。

表 3-20　建筑安装工程费用计算表（清单计价）

序号	费用名称	计算方法	金额/元
1	分部分项工程费	142000+417500+360000+8500+21231.98+14162.85+3016.97	966411.80
1.1	人工费	已知	142000.00
1.1.1	定额人工费	142000÷1.2	118333.33
1.1.2	规费	118333.33×0.2	23666.67
1.2	材料费	已知	417500.00
1.3	设备费	180000×2	360000.00
1.4	机械费	已知	8500.00
1.5	管理费	（118333.33+8500×8%）×17.84%	21231.98
1.6	利润	（118333.33+8500×8%）×11.90%	14162.58
1.7	风险费	（142000+417500+8500+21231.98+14162.85）×0.5%	3016.97
2	措施项目费	8477.24+11256.56	19733.80
2.1	技术措施项目	2250+3750+1875+361.26+240.98	8477.24
2.1.1	人工费	1875×1.2	2250.00
2.1.1.1	定额人工费	已知	1875.00
2.1.1.2	规费	1875×0.2	375.00
2.1.2	材料费	已知	3750.00
2.1.3	机械费	已知	1875.00
2.1.4	管理费	（1875+1875×8%）×17.84%	361.26
2.1.5	利润	（1875+1875×8%）×11.90%	240.98
2.2	组织措施项目费	9633.06+1573.50	11256.56
2.2.1	绿色施工安全文明措施项目费	9633.06+1573.50	11256.56
2.2.1.1	安全文明施工措施费	【118333.33+1875.00+（8500+1875）×8%】×8%	9683.06
2.2.1.2	绿色施工措施费	【118333.33+1875.00+（8500+1875）×8%】×1.3%	1573.50
2.2.2	其他组织措施项目费	已知	0.00
3	其他项目费	100000.00+50000.00	150000.00
3.1	暂列金额	已知	100000.00
3.2	暂估价	已知	50000.00
4	其他规费	601.04+5000	5601.04
4.1	工伤保险费	（118333.33+1 875）×0.50%	601.04
4.2	工程排污费	已知	5000.00
4.3	环境保护税	已知	
5	税金	（928000.00+19131.56+150000+21593.24+14403.56+3016.97+5601.04）×10.08%	115088.03
6	招标控制价/投标报价	928000.00+19131.56+150000+21593.24+14403.56+3016.97+5601.04+115177.54	1256834.40

【思考与练习题】

1. 简述工程量清单编制的相关规定。
2. 简述清单计价的程序和方法。
3. 简述定额计价费用和清单计价费用的组成、两者的区别和联系。

第4章

给排水安装工程

建筑给排水安装工程由给水系统工程和排水系统工程两部分组成。建筑给水系统按用途分为生活给水系统、生产给水系统和消防给水系统三类。建筑排水系统按水质分为生活污水排水系统、生产污（废）水排水系统和雨（雪）水排放系统三类。建筑给排水工程分类见表4-1。

表4-1　建筑给排水工程分类

		生活给水系统
给排水工程	给水系统	生产给水系统
		消防给水系统
	排水系统	生活污水排水系统
		生产污（废）水排水系统
		雨（雪）水排放系统

本章主要介绍生活用给水、排水安装工程计量与计价。

4.1　基础知识

要进行准确合理的计量与计价，必须了解建筑给排水安装工程的系统组成、常用材料及设备、施工工艺及工序，能看懂并理解施工图。

4.1.1　室内给排水系统组成

1. 室内给水系统的组成

室内给水系统如图4-1所示，由以下几个基本部分组成：

（1）引入管：对一幢单独建筑物而言，引入管也称进户管，是将水自室外给水管引入室内给水管网的管段，一般埋地敷设；对一个工厂、一个建筑群体、一个校区来说，引入管是指总进水管。

（2）水表节点：引入管上装设的水表及其前后设置的阀门、泄水装置的总称。在建筑内部的给水系统中，除了在引入管上安装水表外，在需计量水量的某些部位和设备的配水管上也要安装水表，如住宅建筑每户的进户管上均应安装分户水表。

（3）配水管网：由水平或垂直干管、立管、配水支管等组成的管道系统。

（4）给水附件：用于管道系统中调节水量、水压，控制水流方向，以及关断水流，便于管道、仪表和设备检修的各类阀门，如水龙头、截止阀、止回阀、闸阀等。

（5）升压与储水设备：在室外给水管网水量、压力不足或室内对安全供水、水压稳定有要求时，需在给水系统中设置水泵、气压给水设备和水池、水箱等各种加压、储水设备。

图 4-1　建筑给水系统组成

2. 室内排水系统的组成

室内排水系统如图 4-2 所示，由以下几个基本部分组成：

（1）卫生器具：建筑内部排水系统的起点，用来满足日常生活和生产过程中各种卫生要求，收集和排除污废水的设备。

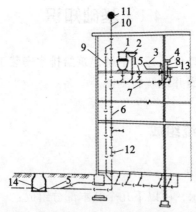

1—大便器；2—洗脸盆；3—浴盆；4—洗涤盆；5—排出管；6—立管；7—横支管；8—支管；9—通气立管；10—伸顶通气管；11—网罩；12—检查口；13—清扫口；14—检查井；15—地漏。

图 4-2　建筑排水系统的组成

（2）排水管道系统：由横支管、立管、横干管和自横干管与末端立管的连接点至室外检查井之间的排出管组成。

（3）通气管道系统：使室内外排水管道与大气相通，其作用是将排水管道中散发的有害气体排到大气中去，使管道内常有新鲜空气流通，以减轻管内废气对管壁的腐蚀，同时使管道内的压力与大气取得平衡，防止水封被破坏。

（4）清通设备：在室内排水系统中，为疏通排水管道，需设置检查口、清扫口、检查井等清通设备。

（5）污水抽升设备：一些民用和公共建筑的地下室、人防建筑及工业建筑内部标高低于室外地坪的车间和其他用水设备的房间，卫生器具的污水不能自流排至室外管道时，需设污水泵和集水池等局部抽升设备，以保证生产的正常进行和保护环境卫生。

（6）污水局部处理构筑物：当个别建筑内排出的污水不允许直接排入室外排水管道时（如呈强酸性、强碱性，含多量汽油、油脂或大量杂质的污水），要设置污水局部处理设备，使污水水质得到初步改善后再排入室外排水管道。

4.1.2 给排水工程常用管材及其附件

1. 给水常用管材及其连接方式

1）塑料管

无规共聚聚丙烯（PP-R）管材（图4-3）：具有较好的冲击性能、耐湿性能和抗蠕变性能，主要应用于建筑室内冷热水系统。其常见连接方式为热（电）熔连接。

图 4-3　PP-R 管

聚乙烯（PE）管材：按管材形式分为直管和盘管，按材料等级分为 PE63、PE80、PE100 三个级别。其常见连接方式为电熔连接、热熔连接。

2）复合管

复合管材：钢塑和铝塑复合管（图4-4）。

钢塑复合管分衬塑和涂塑衬塑两大系列。钢塑复合管兼有钢材的高强度和塑料的耐腐蚀优点，广泛应用于建筑给水干管、立管和需要抗紫外线的场合。其连接方式为专用管件螺纹连接。

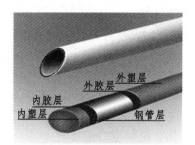

图 4-4　复合管

铝塑复合管内外壁均为聚氯乙烯，中间以铝合金为骨架。这种管材具有质量轻、耐压强度高、输送流体阻力小、耐化学腐蚀性能强、接口少、安装方便、耐热、美观等优点，适用于给水、热水、供暖和煤气系统，在建筑给水范围可用于给水分支管。其连接方式为专用管件热熔连接、电熔连接、卡压、卡套连接。

3）铸铁管

给水铸铁管按材质分为球墨铸铁管和普通灰口铸铁管。给水铸铁管（图4-5）具有较高的承压性能和耐腐蚀性，使用周期长，适宜做埋地管道，但其自重大、长度小、质脆。其接口形式分为承插式和法兰式两种。

4）薄壁不锈钢管

薄壁不锈钢管（图4-6）具有表面光滑、亮洁美观、质量较轻、无毒无害、安全可靠、不影响水质等特点，适用于直饮水和给水管道。其连接方式有卡接、焊接。

图 4-5　铸铁管

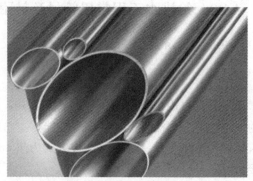

图 4-6　薄壁不锈钢管

2. 排水常用管道材及其连接方式

1）塑料管

硬聚氯乙烯塑料（UPVC）管材（图4-7）：具有质量轻、施工方便的特点，是国内外使用最广泛的塑料管道，主要用于建筑内部排水系统。常见连接方式为粘接。

高密度聚乙烯（HDPE）双壁缠绕管材（图4-8）：近年来国内外塑料管道的新品种之一，具有质量轻、刚度较大、韧性好、耐腐蚀、便于安装、使用寿命长等优点，属柔性管，主要用于室外埋地排水管道。

HDPE管根据公称内径分为DN200～DN1800(mm)，根据环刚度分为SN4/SN6/SN8/SN10。其连接方式有胶圈接口、电熔连接、热熔连接等。

2）铸铁管

排水铸铁管主要用于高层建筑的排水系统，采用柔性抗震排水铸铁管材（图4-9）。其连接形式有卡箍连接、机械接口连接。

图 4-7　UPVC 管材　　　　图 4-8　HDPE 管　　　　图 4-9　柔性抗震排水铸铁管

不同管材其连接方式也有所不同，详见表 4-2。

表 4-2　常用管材的连接方式

用途	管材类别	管材种类	常用连接方式
生活给水	塑料管	无规共聚聚丙烯（PP-R）	热（电）熔连接
		聚乙烯（PE）	热（电）熔连接
	复合管	铝塑复合管	热熔、电熔、卡压、卡套
		钢塑复合管	螺纹连接
生活排水	塑料管	硬聚氯乙烯塑料排水管（UPVC）	粘接
		HDPE 双壁波纹管	胶圈接口、电熔连接、热熔连接
	金属管	柔性抗震铸铁管排水	卡箍连接、机械接口

3. 建筑给水系统附件

建筑给水系统附件是安装在管道及设备上的启闭和调节装置的总称。

（1）配水附件：装在卫生器具及用水点的各式水龙头，用以调节和分配水流。

（2）控制附件：用来调节水量、水压，关断水流，改变方向，如截止阀、闸阀、止回阀、浮球阀及安全阀等。

4. 建筑给排水管道的施工工序

给排水管道安装应结合具体条件合理安排顺序，一般为先地下、后地上，先大管、后小管，先主管、后支管。

（1）给水管道的施工工序：预埋套管（预留孔洞）→管道支架安装→管道、管件安装→管道附件安装→管道试压与水冲洗→管道防腐与保温→管道消毒冲洗。

（2）排水管道的施工工序：预埋套管（预留孔洞）→管道支架安装→管道、管件安装→管道闭（灌）水试验、通球试验→管道防腐。

4.1.3　给排水常用设备

给排水常用设备包括卫生器具、升压和储水设备。

（1）卫生器具包括浴盆、洗脸盆、洗涤盆、蹲式大便器、坐式大便器、小便器、淋浴器。

（2）升压和储水设备包括不锈钢水箱和水泵。

4.1.4　给排水施工图的识读

阅读施工图、熟悉施工图，是准确计量工程量的基础。

给水排水施工图主要由图纸目录、设计说明、主要设备材料表、平面图、系统图、大样图和标准图组成。为了看图方便，一般每套施工图都附有该套图纸所用到的图例。

1. 图纸目录

图纸目录的作用是将全部施工图进行分类编号，作为施工图的首页，以便查阅施工图。

2. 设计施工说明

给水排水设计施工说明主要阐述给水排水系统采用的管材、管件及连接方法，给水设备和消防设备的类型及安装方式，管道的防腐、保温方法，系统的试压要求，供水方式的选用，遵照的施工验收规范及标准图集等内容，是施工图的重要组成部分。

3. 主要设备、材料明细表

设备材料表的作用是将施工过程中用到的主要材料和设备列成明细表，标明其名称、规格、数量等，以供工程计量计价及工程施工备料时参考。

4. 平面图

平面图是管道施工图中最基本和最重要的图纸。平面图阐述的主要内容有给水排水设备、卫生器具的类型和平面位置、管道附件的平面位置、给水排水系统的出入口位置和编号、地沟位置及尺寸、干管和支管的走向、坡度和位置、立管的编号及位置等。

平面图一般包括地下室或底层、标准层、顶层及水箱间给水排水平面图等。

5. 系统图

系统图又称系统轴测图，用来表达管道及设备的空间位置关系，可反映整个系统的全貌。其主要内容有给水及排水系统的横管、立管、支管、干管的编号、走向、坡度、管径，包括需要设置套管的位置、管道附件的标高和空间相对位置等。

6. 大样图

大样图是当设计施工说明和上述图样都无法表示清楚，又无标准设计图可供选用时，按放大比例由设计人员绘制的施工图。常见的是卫生间大样图。

7. 标准图

标准图分为全国统一标准图和地方标准图，是施工图的一种，主要是管道节点、水表、卫生设备、套管、排水设备、管道支架等的安装图，一般在设计说明中会注明标准图图号，作为预算和施工的重要依据。

阅读给排水施工图一般应遵循从整体到局部，从大到小，从粗到细的原则。对于一套图纸，看图的顺序是先看图纸目录，搞清楚这套图纸共有几张以及图纸的编号，其次看设计施工说明和设备材料表，然后以系统图为线索深入阅读平面图、系统图和大样图。阅读时，应将三种图相互对照一起看。应先看系统图，对各系统做到大致了解。看给水系统图时，可由建筑的给水引入管开始，沿水流方向经干管、立管、支管到用水设备；看排水系统图时，可由排水设备开始，沿排水方向经支管、横管、立管、干管到排出管。识图时按流向去读，这样易于掌握。

4.2 定额应用及工程量计算

4.2.1 定额的内容及使用定额的规定

1. 定额的适用范围及内容

《云南省通用安装工程计价标准》（DBJ 53/T-63—2020）第十册《给排水、采暖、燃气安装工程》，适用于云南省行政区域内新建、改（扩）建项目中的生活用给排水、采暖、燃气系统中的管道、附件、器具及附属设备等安装工程。

该册共分为四章十五节，具体内容见表4-3。

表4-3 第十册《给排水、采暖、燃气工程》定额的内容

章	各章内容
第一章 给排水工程	管道安装、管道附件、卫生器具、附属设备
第二章 采暖工程	管道安装、供暖器具
第三章 燃气工程	燃气输配构筑物、管道安装工程、阀门安装、管件安装、防腐蚀工程、燃气设备及附件制作安装、管道试压、吹扫、置换及无损探伤、管道新旧管连接、停气配合工程
第四章 通用工程	管道支架、设备支架、套管、管道水压试验、管道消毒冲洗等

2. 执行其他册相应定额的工程项目

（1）工业管道、生产生活共用管道、锅炉房、泵房、站类管道以及建筑物内加压泵房、空调制冷机房、消防泵房的管道，管道焊缝热处理，不作为第十册《给排水、采暖、燃气安装工程》的适用范围，而应该按第八册《工业管道安装工程》相应项目执行。

（2）本册标准未包括的采暖、给排水设备安装执行第一册《机械设备安装工程》、第三册《静置设备与工艺金属结构制作安装工程》等相应项目。

（3）给排水、采暖设备、器具等电气检查、接线工作，执行第四册《电气设备与线缆安装工程》相应项目。

（4）除燃气工程外，本册定额其余专业防腐蚀、绝热工程则执行第十二册《防腐蚀、绝热工程》相应项目。

（5）本册凡涉及管沟，基坑及井类的土方开挖、回填、运输、垫层、基础、砌筑、地沟盖板预制安装、路面开挖及修复、管道混凝土支墩的项目，按以下规定执行：

① 给排水、采暖部分：执行《云南省建筑工程计价标准》（DBJ53/T-61—2020）相关项目。

② 燃气部分：执行《云南省市政工程计价标准》（DBJ53/T-59—2020）相关项目。

（6）本册涉及塑料成品污水井、雨水井、玻璃钢化粪池执行《云南省市政工程计价标准》（DBJ53/T-59—2020）相关项目。

（7）本册涉及管道穿越工程时，执行《云南省市政工程计价标准》（DBJ53/T-59—2020）相关项目。

3. 本册定额各项费用的规定

（1）脚手架搭拆费应列入措施费，按人工费的 5% 计算，其中人工费占 25%，材料费占 50%，机械费占 25%。单独承担的室外埋地管道工程，不计取该项费用。

（2）操作高度增加费：定额中操作高度均以 3.6 m 为界限，当超过 3.6 m 时，超过部分工程量按人工费乘表 4-4 所列系数计算。

表 4-4　操作高度增加费系数

标高（m）以内	≤10	≤30	≤50
超高系数	1.10	1.2	1.5

（3）建筑物超高增加费：在建筑物层数大于 6 层或建筑物高度大于 20 m 的工业与民用建筑上进行安装时，按表 4-5 中的百分比系数计算建筑物超高增加的费用。当建筑物高度超过定额规定的 20 m 或 6 层时，应以整个工程全部工程量（含地下部分）为基数计取建筑物超高增加费。

表 4-5　建筑物超高增加费系数

建筑物高度（以内）/m	40	60	80	100	120	140	160	180	200
建筑物层数（以内）	12	18	24	30	36	42	48	54	60
按人工费计算/%	2.2	3.7	5.4	6.9	8.5	10.1	11.7	13.3	14.9
其中：人工费/%	1.1	1.6	2.2	2.7	3.2	3.8	4.3	4.9	5.4
其中：机械费/%	1.1	2.1	3.2	4.2	5.3	6.3	7.4	8.4	9.5

注：建筑层数大于 60 层时以 60 层为基础，每增加一层增加 0.3%，其中：人工费增加 0.11%，机械费增加 0.19%。

（4）在地下室内（含地下车库）、暗室内、净高小于 1.6 m 楼层、断面积小于 4 m² 且大于 2 m² 的隧道或洞内进行安装的工程，人工乘以系数 1.12。

（5）在管井内、竖井内、断面积小于或等于 2 m² 的隧道或洞内、封闭吊顶天棚内进行安装的工程，人工乘以系数 1.16。

（6）主体结构为现场浇筑采用钢模施工的工程，内外浇筑的人工费乘以系数 1.05，内浇外砌的人工费乘以系数 1.03。

4.2.2 工程量计算及定额应用

1. 管道安装

1）项目设置

（1）室外镀锌钢管安装、钢管安装、铸铁给水管安装、铸铁排水管安装、塑料给水管安装、塑铝稳态管、钢骨架塑料复合管、室外管道碰头。

（2）室内镀锌钢管安装、钢管安装、不锈钢管安装、铜管安装、铸铁给水管安装、铸铁排水管安装、塑料给水管安装、塑料排水管安装、塑铝稳态管、钢骨架塑料复合管。

2）室内外管道的界限划分

（1）给水管道室内外界限划分：以建筑物外墙皮外 1.5 m 为界，建筑物入口处设阀门者以阀门为界，如图 4-10。

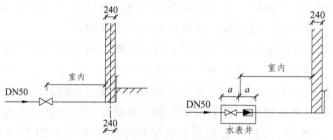

图 4-10　给水管道室内外界限划分示意①

如图 4-11 所示，DN50 给水管室内管道工程量：1.5+0.12=1.62 m

室外管道工程量：6-1.5-0.12=4.38 m

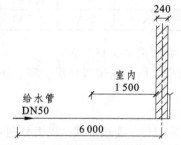

图 4-11　室内外给水管道计算示例

与市政给水管道的界限应以水表井为界，如图 4-12；无水表井的，应以与市政给水管道碰头为界，如图 4-13。

图 4-12　给水管道与市政给水管道的界限划分示意（有水表井）

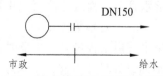

图 4-13　给水管道与市政给水管道的界限划分示意（无水表井）

---

① 编者注：本书所有插图，除有特殊说明者外，其余图中标高单位均为 m，尺寸单位均为 mm。

（2）排水管道室内外界限划分：应以出户第一个排水检查井为界，如图4-14。室外排水管道与市政排水界限应以市政管道碰头点为界，如图4-15。

图 4-14　排水管道室内外界限划分示意　　图 4-15　排水管道与市政排水管道的界限划分示意

在进行室内外排水管道分界时，要特别注意"第一个排水井"几个字，它的意思是有多个排水检查井时，要以出户的第一个排水检查井为界。在计算室外排水管道的工程量时，室外排水管道与市政管道以它们管道碰头的检查井或污水井为界。

室内外管道划分的目的是由于施工部位不同，定额的消耗量不尽相同。根据具体施工情况来看，室外管道直线敷设的情况较多，管道接头零件用量相对较少，因此定额中规定的室内管道安装时需要消耗的人工、材料比室外管道安装需要消耗的人工、材料的消耗量高。因此，一定要正确区分室内外管道，合理套用定额，准确计量与计价。从表4-6可以看出室内外管道安装费用的差别［以《云南省通用安装工程计价标准》（DBJ 53/T-63—2020）为例］。

表 4-6　室内外镀锌钢管定额消耗量对比

定额编号	名称	规格	部位	基价/元	人工/元	材料/元	机械/元
2-10-1	镀锌钢管螺纹连接	DN15	室外	107.02	103.73	2.80	0.49
2-10-12	镀锌钢管螺纹连接	DN15	室内	277.69	266.05	7.93	3.71

（3）与工业管道界限以与工业管道碰头点为界。

（4）与设在建筑物内的水泵房（间）管道以泵房（间）外墙皮为界。

3）管道工程量计算规则

（1）各种管道安装按材质、室内外、连接形式、规格分别列项，以"10 m"为计量单位。定额中铜管、塑料管、复合管（除钢塑复合管外）按外径表示，其他管道按公称直径表示。

（2）各类管道安装工程量，均按设计管道中心线长度，以"10 m"为计量单位，不扣除阀门、管件、附件（包括减压器、疏水器、水表、伸缩器等组成安装）及井类所占的长度。

（3）给水管道工程量计算至卫生器具（含附件）前与管道系统连接的第一个连接件（角阀、三通、弯头、管箍等）止。

（4）排水管道工程量自卫生器具出口处的地面或墙面的设计尺寸算起；与地漏连接的排水管道自地面设计尺寸算起，不扣除地漏所占长度。

4）管道长度工程量计算方法

（1）各种管道均以施工图所示中心线长度不扣除阀门、管件（包括减压器、疏水器、水表、伸缩器等组成安装）及各种井类所占长度，不仅管道安装如此，管道消毒冲洗、压力试验、除锈刷油防腐绝热及保护层、以延长米计算管道支架制安工程量和管沟开挖工程量计算等也都如此。

水平管道工程量在平面图上获得，按图纸上标注的尺寸进行计算，当图纸未进行详细标注时，用比例尺在图上按管线实际位置直接量取，计算时一定要注意复核图纸比例。

（2）垂直管道的工程量在系统图上获得，用"止点标高-起点标高"进行计算。

（3）管道变径的起算点：管道变径，应在有管件处起算。

（4）水龙头连接的计算，水龙头直接由给水水平分支管接出，不计管的长度，但改变标高的竖管应计算长度。

（5）室内给水管道与卫生器具连接的分界线：给水管道工程量计算至卫生器具（附件）前与管道系统连接的第一个连接件（角阀、三通、弯头、管箍等）止；排水管道工程量自卫生器具出口处的地面或墙面的设计尺寸算起；与地漏连接的排水管道自地面设计尺寸算起，不扣除地漏所占长度。

【例 4-1】管道工程量计算及定额应用

根据图 4-16 所示的云南省某栋住宅卫生间给排水施工图（平面图和系统图），按照《云南省通用安装工程计价标准》（DBJ 53/T-63—2020），进行管道工程量计算并套用定额。

说明：图中除标高以米（m）计外，其余均以毫米（mm）计；墙体厚度均以 240 mm 计。给水管采用 PP-R 管，热熔连接，沿墙明敷；排水管采用 UPVC 管，零件粘接。室内热水管道工程量暂不考虑。

解：（1）室外 PP-R 管 DN20：6-1.5-0.12=4.38 m

套用 2-10-259[室外塑料给水管（热熔连接）外径 32 mm 以内]定额子目。

（2）室内 PP-R 管 DN20：

（水平部分）1.5+0.12+1.1+0.3+0.45=3.47 m

（垂直部分）1.2-（-1.0）+1.2-0.45=2.95 m

合计：3.47+2.95=6.42 m

套用 2-10-334[室内塑料给水管（热熔连接）外径 25 mm 以内]定额子目。

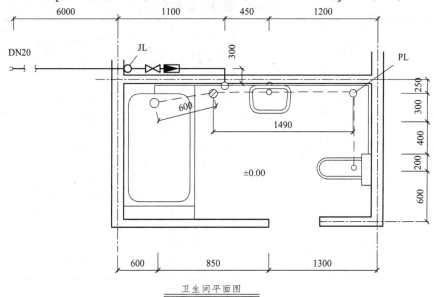

卫生间平面图

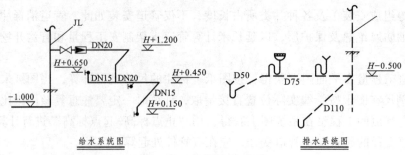

给水系统图   排水系统图

图 4-16 给排水系统图

（3）室内 PP-R 管 DN15：

（水平部分）（1.2-0.12）+（0.25-0.12）+0.3+0.4+（1.1-0.6）=2.41 m

（垂直部分）（0.65-0.45）+（0.45-0.15）=0.5 m

合计：2.41+0.5=2.91 m

套用 2-10-333[室内塑料给水管（热熔连接）外径 20 mm 以内]定额子目。

（4）UPVC 排水管 DN100：

（水平部分）0.3+0.4+0.2=0.9 m

（垂直部分）0.5=0.5 m

合计：0.9+0.5=1.4 m

套用 2-10-377[室内塑料排水管（粘接）外径 110 mm 以内]定额子目。

（5）UPVC 排水管 DN75：（水平部分）1.49 m

套用 2-10-376[室内塑料排水管（粘接）外径 75 mm 以内]定额子目。

（6）UPVC 排水管外径 50：

（水平部分）0.6 m

（垂直部分）0.5×3=1.5 m

合计：0.6+1.5=2.1 m

套用 2-10-375[室内塑料排水管（粘接）外径 50 mm 以内]定额子目。

管道定额套用见表 4-7。

表 4-7 管道定额套用

定额编号	项目名称	计量单位	工程量	基价/元	其 中		
					人工费/元	材料费/元	机械费/元
2-10-259	室外塑料给水管（热熔连接）外径 32 mm 以内	10 m	0.438	89.48	87.88	1.45	0.15
2-10-334	室内塑料给水管（热熔连接）外径 25 mm 以内	10 m	0.642	182.37	180.41	1.81	0.15
2-10-333	室内给水塑料管（热熔连接）外径 20 mm 以内	10 m	0.291	164.28	162.48	1.65	0.15
2-10-377	室内塑料排水管（粘接）外径 110 mm 以内	10 m	0.14	307.24	299.35	7.84	0.05
2-10-376	室内塑料排水管（粘接）外径 75 mm 以内	10 m	0.149	273.52	268.61	4.88	0.03
2-10-375	室内塑料排水管（粘接）外径 50 mm 以内	10 m	0.21	203.31	200.58	2.7	0.03

5）定额应用中的注意事项

（1）在应用定额时，要注意管道安装消耗量定额所包括的工作内容以及未包括的工作内容，见表4-8。对于已包括的工作内容不可重复计算，对于未包括的工作内容则不能漏算。

表4-8　管道安装消耗量定额的工作内容

序号	包括的工作内容	不包括的工作内容
1	管道及管件安装	管道支架，管道穿墙、楼板套管制作安装
2	给水管道的水压试验、水冲洗	管道消毒冲洗
3	室内直埋塑料给水管的管卡	其余管道未包括管卡、托钩
4	排（雨）水管道的灌水（闭水）及通球试验	止水环、透气帽本身材料
5		室内外管道沟土方及管道基础

如给水管道的水压试验已经包括在管道安装的定额子目中，则一般不执行该项目。当已验收合格未及时投入使用的管道，使用前需作管道水压试验的，或者分项工程验收合格后，由于其他原因导致需要重新做管道水压试验的，方可套用"管道压力试验"消耗量定额；如管道安装的定额子目，没有包括室内外管道沟土方及管道基础工作内容，发生时执行《云南省建筑工程计价标准》相关项目，另行计算。

（2）管道的适用范围。

①塑料管安装适用于 UPVC、PVC、PP-C、PP-R、PE、PB 等塑料管安装，定额套用时注意区分管外径和公称直径之间的关系（表4-9）。

表4-9　塑料管外径和公称直径的对应关系

外径/mm	20	25	32	40	50	63	75	90	110	125（140）	160	200	250	315	400
公称直径 DN/mm	15	20	25	32	40	50	65	80	100	125	150	200	250	300	400

② 给水管道适用于生活饮用水、热水、中水及压力排水等管道的安装。

③ 钢塑复合管安装适用于内涂塑、内外涂塑、内衬塑、外覆塑内衬塑复合管道安装。

④ 钢管沟槽连接适用于镀锌钢管、焊接钢管及无缝钢管等沟槽链接的管道安装。不锈钢管、铜管、复合管的沟槽连接，可参照执行。

（3）关于套管。

常见套管种类有以下几种：

① 一般钢套管：适用于室内生活给排水管道穿越楼板或墙体时采用钢管作预埋套管时，如图4-17所示，一般套管的规格大于被套管 1~2 号，套管高度高于装饰设计面 20~50 mm。具体情况应根据设计施工图说明进行设置。

② 一般塑料套管：适用于室内生活用塑料管道穿墙、过楼板时，一般常见于卫生器具排水管道的过楼套管。

③ 柔性防水套管：一般适用于管道穿过墙壁之处有振动或有严密防水要求的构筑物，如图4-18所示。

④ 刚性防水套管：一般适用于管道穿过墙壁或楼板之处有防水要求的构筑物或建筑物，如图 4-19 所示。

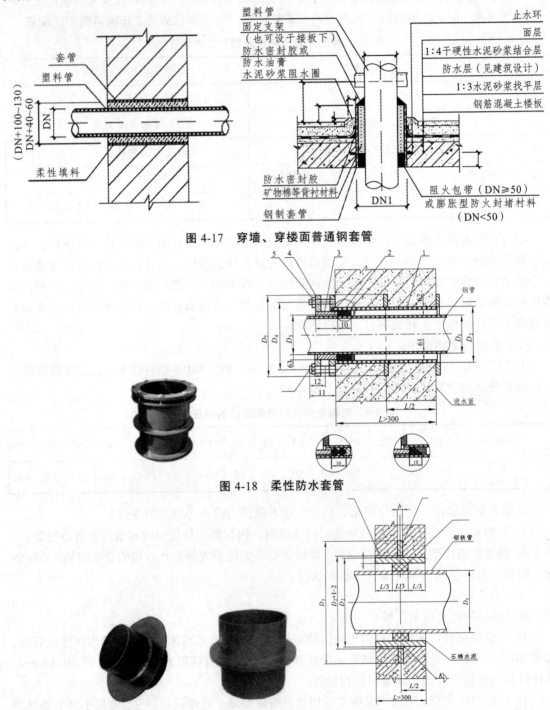

图 4-17　穿墙、穿楼面普通钢套管

图 4-18　柔性防水套管

图 4-19　刚性防水套管

《云南省通用安装工程计价标准》（DBJ 53/T-63—2020）中套管的定额项目套用第十册《给排水、采暖、燃气安装工程》第四章通用工程中相应项目，需要说明的是：

（1）一般套管制作安装定额，均未包括预留孔洞工作。发生时按本章规定计取。套管制作安装定额已包含留洞工作内容。堵洞定额适用于管道在穿墙、楼板不安装套管时的洞口封堵。

（2）刚性防水套管和柔性防水套管安装定额中，包括配合预留孔洞及浇筑混凝土工作内容。

（3）一般穿墙套管、柔性、刚性套管，按工作介质管道的公称直径，分规格以"个"为计量单位。

【例4-2】刚性防水套管定额应用

云南省某工程DN80给水钢塑复合管（螺纹连接）穿建筑物的外墙，设计要求设置刚性防水套管1个，试套用定额。

【解】柔性、刚性套管制作安装是依据国家标准图集编制的，定额中的公称直径，是指介质管道的公称直径，而不是套管的公称直径，定额套用时应特别注意（表4-10）。

表4-10　刚性防水套管定额套用

定额编号	项目名称	计量单位	工程量	基价/元	其中		
					人工费/元	材料费/元	机械费/元
2-10-2146	刚性防水套管制作 DN80	个	1	204.29	111.58	66.04	26.67
2-10-2158	刚性防水套管安装 DN150	个	1	92.22	77.48	14.74	

【例4-3】过楼板钢套管道工程量计算及定额应用

如图4-20所示，云南省某工程排水立管管径为DN 100 mm，按设计要求穿越楼板时应预埋钢套管，已知板厚为250 mm，钢套管顶端高出板面50 mm。按照现行施工规范，钢套管的规格大于被套管2号，试计算钢套管的工程量，套用定额，并计算未计价材单价。钢管未计价费为4 500元/t，电焊条未计价材费为6元/kg。

【解】（1）依据设计说明，套管的规格大于被套管2号，即为DN150 mm。工程量为：0.25+0.05=0.3 m。

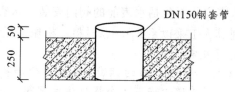

图4-20　过楼板钢套管计算示例

（2）按照工程量计算规则，定额应执行一般钢套管制作安装2-10-2106定额子目。计算未计价材料工程量时，注意定额计量单位和规定的消耗量。如2-10-2106子目定额计量单位为"m"，定额规定的DN150钢管的损耗率为6%，则未计价材料工程量为0.3 m×（1+6%）=0.318 m。

（3）DN150钢管的未计价材料费单价为：理论质量×单价=16.80 kg/m×4 500元/1 000 kg= 75.60元/m；电焊条未计价材料费单价为：6元/kg。

定额套用见表4-11。

表 4-11　过楼套管定额套用

定额编号	项目名称	计量单位	工程量	未计价材费	基价/元	其 中		
						人工费/元	材料费/元	机械费/元
2-10-2106	一般钢套管制作安装	个	1		85.20	53.79	29.49	1.92
未计价材	焊接钢管 DN150	m	0.318	75.60				
未计价材	电焊条	kg	0.019	6				

2. 管道附件安装

本章所指的阀门、法兰、水表、塑料排水管消声器等与《云南省通用安装工程计价标准》（DBJ 53/T-63—2020）第十册其他章各类管道安装项目配套使用，不适用于工业生产管道。

（1）项目设置：包括螺纹阀门、法兰阀门、塑料阀门、沟槽阀门、法兰、水表、软接头、塑料排水管消声器、浮标液面计、浮漂水位标尺等。

（2）工程量计算规则：

① 各种阀门、软接头、普通水表、IC 卡水表、塑料排水管消声器安装，均按照不同连接方式、公称直径，以"个"为计量单位。

② 水表组成安装，按照不同组成结构、连接方式、公称直径，以"组"为计量单位。

③ 法兰均区分不同公称直径，以"副"为计量单位。

④ 浮标液面计、浮漂水位标尺区分不同型号，以"组"为计量单位。

（3）说明：

① 螺纹阀门安装适用于各种内外螺纹连接的阀门安装。与螺纹阀门配套的连接件，如设计与定额中材质不同时，可按设计进行调整。

② 法兰阀门安装定额均不包括法兰安装，应另行套用相应法兰安装定额。阀门安装螺栓在法兰安装中计列，法兰及螺栓消耗量可按实调整。

③ 每副法兰安装定额中，均包括一个垫片和一副法兰螺栓的材料用量。各种法兰连接用垫片均按石棉橡胶板计算。如工程要求采用其他材质可按实调整。

④ 普通水表、IC 卡水表安装不包括水表前的阀门安装。水表安装定额是按与钢管连接编制的，若与塑料管连接时其人工乘以系数 0.6，材料、机械消耗量可按时调整。

【例 4-4】法兰工程量计算及定额应用

如图 4-21 所示，云南省某工程 DN100 的钢管为检修方便加装一副碳钢法兰（焊接），问是否需要计算法兰工程量？如果管道上安装 1 个焊接法兰闸阀，应该怎样计算工程量？定额如何套用？

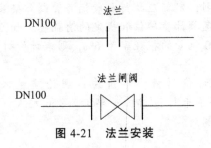

图 4-21　法兰安装

【解】管道上的法兰要单独进行计量，即DN100碳钢法兰1副，套用碳钢平焊法兰安装2-10-626定额子目；法兰闸阀定额中未包括法兰的安装费，应单独计量，法兰闸阀安装套用2-10-526定额子目，法兰安装套用碳钢平焊法兰安装2-10-626定额子目。

【例4-5】水表工程量计算及定额应用

云南省某项目现需安装DN20螺纹水表1个，如图4-22所示；DN80焊接法兰水表1组（带旁通管及止回阀），如图4-23所示；DN50焊接法兰水表1组（无旁通管，有止回阀），如图4-24所示。试套用定额。（未计价材暂不考虑）

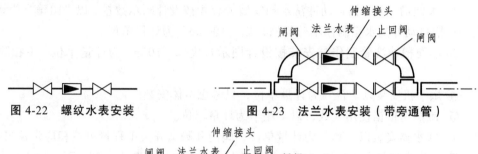

图4-22 螺纹水表安装　　　　图4-23 法兰水表安装（带旁通管）

图4-24 法兰水表安装（无旁通管）

【解】根据云南省2020版计价依据中《云南省通用安装工程计价标准》（DBJ 53/T-63—2020）第十册，水表定额套用见表4-12。

表4-12 水表定额套用

定额编号	项目名称	计量单位	工程量	基价/元	其中		
					人工费/元	材料费/元	机械费/元
2-10-772	螺纹水表安装 DN20	个	1	30.93	28.81	1.98	0.14
未计价材	螺纹水表 DN20	个	1				
2-10-796	法兰水表组成安装（带旁通管）DN80	组	1	1009.41	827.61	91.29	90.51
未计价材	法兰水表 DN50	个	2				
未计价材	法兰闸阀 DN50	个	4				
未计价材	法兰止回阀 DN50	个	2				
未计价材	法兰挠性接头	个	2				
未计价材	钢板平焊法兰 DN50	片	12				
未计价材	电焊条	kg	1.476				
未计价材	碳钢三通	个	2				
未计价材	压制弯头	个	2				
2-10-788	法兰水表组成安装（无旁通管）DN50	组	1	265.22	224.11	30.26	10.85
未计价材	法兰水表 DN50	个	1				
未计价材	法兰闸阀 DN50	个	2				
未计价材	法兰止回阀 DN50	个	1				
未计价材	法兰挠性接头	个	1				
未计价材	钢板平焊法兰 DN50	片	2				
未计价材	低碳钢焊条	kg	0.501				

3. 卫生器具制作安装

（1）项目设置：包括各种浴缸（盆）、净身盆、洗脸盆、洗手盆、洗涤盆、化验盆、淋浴器、大便器、小便器、大小便器自动冲洗水箱、给排水附件、小便槽冲洗管制作安装、蒸汽-水加热器、冷热水混合器、饮水器和隔油器等器具安装定额。

（2）卫生器具制作安装工程量计算规则：

① 各种卫生器具均按设计图示数量计算，以"10组"或"10套"为计量单位。

② 大便槽、小便槽自动冲洗水箱安装分容积按设计图示数量，以"10套"为计量单位。大小便槽自动冲洗水箱制作不分规格，以"100 kg"为计量单位。

③ 小便槽冲洗管制作与安装按设计图示长度以"10 m"为计量单位，不扣除管件所占长度。

④ 烘手机安装以"台"为计量单位，只考虑本体安装。

⑤ 湿蒸房依据使用人数，以"座"为计量单位。

⑥ 饮水器安装以"套"为计量单位，阀门和脚踏开关工程量可按相应定额另行计算。

⑦ 蒸汽水加热器安装以"10套"为计量单位，包括莲蓬头安装，不包括支架制作安装及阀门、疏水器安装，其工程量可按相应定额另行计算。

⑧ 冷热水混合器安装以"10套"为计量单位，包括了温度计安装，但不包括支架制作安装及阀门安装，其工程量可按相应定额另行计算。

⑨ 隔油器区分安装方式和进水管径，以"套"为计量单位。

（3）说明：

① 各类卫生器具安装定额除另有标注外，均适用于各种材质。

② 各类卫生器具安装定额包括卫生器具本体、配套附件、成品支托架安装。各类卫生器具配套附件是指给水附件（水嘴、金属软管、阀门、冲洗管、喷头等）和排水附件（下水口、排水栓、存水弯、与地面或墙面排水口间的排水连接管等）。成套卫生器具安装如图4-25。

图 4-25 低水箱蹲式大便器安装示意

③ 各类卫生器具所用附件已列出消耗量，如随设备或器具配套供应时，其消耗量不得重复计算。各类卫生器具支托架如现场制作时，执行本册第四章相应定额。

④ 洗脸盆、洗手盆、洗涤盆、蹲式大便器、坐式大便器适用于各种型号。

⑤ 淋浴器铜制品安装适用于各种成品淋浴器安装。

常用成套卫生器具安装应注意工程量计算范围（表4-13）。

表 4-13　常用成套卫生器具安装工程量计算范围

器具名称	计算图例	单位	计算范围	说明
浴盆安装		组	给水管道：给水（冷、热）水平管与支管交接处；排水管道：排水管至存水弯处	浴盆安装适用于各种型号的浴盆，但浴盆支座和浴盆周边的砌砖、瓷砖粘贴另行计算
妇女净身盆安装		组	给水管道：给水（冷、热）水平管与支管交接处；排水管道：排水管至存水弯处	适用于各种型号
洗脸盆安装		组	给水管道：给水（冷、热）水平管与支管交接处；排水管道：排水管至楼地面处	适用于各种型号
洗涤盆安装		组	给水管道：给水（冷、热）水平管与支管交接处；排水管道：排水管至楼地面处	适用于各种型号
淋浴器安装		组	给水管道：给水（冷、热）水平管与支管交接处	分钢管组成和铜管制品两种形式，铜管制品安装适用于各种成品淋浴器安装
蹲式大便器安装		组	给水管道：给水（冷、热）水平管与支管交接处；排水管道：排水管至存水弯处	适用于各种型号，已包括了固定大便器的垫砖，但不包括大便器蹲台砌筑
坐式大便器安装		组	给水管道：给水（冷、热）水平管与支管交接处；排水管道：排水管至楼地面处	适用于各种型号

器具名称	计算图例	单位	计算范围	说明
挂式小便器安装		组	给水管道：给水（冷、热）水平管与支管交接处；排水管道：排水管至楼地面处	
立式小便器安装		组	给水管道：给水（冷、热）水平管与支管交接处；排水管道：排水管至楼地面处	

【例 4-6】卫生器具定额应用

云南省某办公楼卫生间需安装 5 套蹲式大便器（采用 DN25 的延时自闭冲洗阀冲洗）、2 套连体水箱坐式大便器、4 套洗手盆（挂墙式，普通冷水）。卫生洁具成套产品的未计价材暂不考虑，试套用定额。

【解】根据该工程卫生器具的类型及组装形式，定额套用见表 4-14。

表 4-14　卫生器具定额套用

定额编号	项目名称	计量单位	工程量	基价/元	人工费/元	材料费/元	机械费/元
2-10-988	蹲式大便器安装（手动开关）	10 组	0.5	1355.78	779.59	576.19	0
未计价材	蹲式大便器	个	5.05				
未计价材	DN25 的延时自闭冲洗阀	个	5.05				
未计价材	防污器	个	5.05				
未计价材	冲洗管	根	5.05				
未计价材	大便器存水弯 DN100	个	5.05				
2-10-993	坐式大便器安装（连体水箱）	10 组	0.2	1241.13	941.27	299.86	0
未计价材	连体坐便器	个	2.02				
未计价材	坐便器桶盖	套	2.02				
未计价材	连体坐便器进水阀配件	套	2.02				
未计价材	螺纹管件 DN15	个	2.02				
未计价材	角型阀（带铜活）DN15	个	2.02				
未计价材	金属软管	根	2.02				
2-10-967	洗脸盆安装 挂墙式冷水	10 组	0.4	825.45	702.75	122.70	0
未计价材	洗手盆	个	4.04				
未计价材	洗手盆托架	副	4.04				
未计价材	洗手盆排水附件	套	4.04				
未计价材	立式水嘴	个	4.04				
未计价材	角型阀（带铜活）DN15	个	4.04				
未计价材	金属软管	根	4.04				
未计价材	螺纹管件 DN15	个	4.04				

4. 附属设备

（1）项目设置：变频给水设备、稳压给水设备、无负压给水设备、气压罐、太阳能集热装置、地源（水源、气源）热泵机组、除砂器、水处理器、水箱自洁器、水质进化器、紫外线杀菌设备、热水器、开水炉、消毒器、直饮水设备、水箱制作安装等项目。

（2）工程量计算规则：

① 各种设备安装定额除另有说明外，按设计图示规格、型号、重量，均以"台"为计量单位。

② 给水设备按同一底座设备重量列项，以"套"为计量单位。

③ 太阳能集热装置区分平板、玻璃真空管形式，以"m²"为计量单位。

④ 地源热泵机组按设备重量列项，以"组"为计量单位。

⑤ 水箱自洁器分外置式、内置式，电热水器分挂式、立式安装，以"台"为计量单位。

⑥ 水箱安装定额按水箱设计容量，以"台"为计量单位；钢板水箱制作分圆形、矩形，按水箱设计容量，以箱体金属重量"100 kg"为计量单位。不扣除人孔、手孔重量，法兰和短管水位计可按相应定额另行计算。

（3）说明：

① 本章设备安装定额中均包括设备本体以及其配套的管道、附件、部件的安装和单机试运转或水压试验、通水调试等内容，但不包括与设备外接的第一片法兰或第一个连接口以外的安装工程量，发生时应另行计算。

② 水箱安装适用于玻璃钢、不锈钢、钢板等各种材质，不分圆形、方形，均按箱体容积执行相应定额。水箱安装按成品水箱编制，如现场制作、安装水箱，水箱主材不得重复计算。水箱消毒冲洗注水试验用水按设计图示容积或施工方案计入。组装水箱的连接材料是按水箱配套供应考虑的。水箱连接管示意如图 4-26。

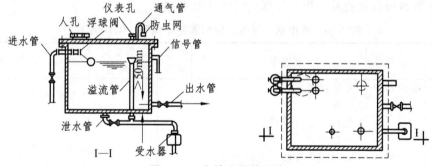

图 4-26 水箱连接管示意

③ 本节设备安装定额中均未包括设备支架或底座制作安装，如采用型钢支架执行本册第四章设备支架相应定额，混凝土及砖底座执行《云南省建筑工程计价标准》（DBJ53/T-61—2020）相应定额。

④ 本节设备安装定额中均未包括减震装置、机械设备的拆装检查、基础灌浆、地脚螺栓的埋设，若发生时执行第一册《机械设备安装工程》相应定额。

4.3　工程量清单编制与计价

4.3.1　工程量清单的设置内容

给排水工程清单设置在《通用安装工程量计算规范》（GB 50856—2013）里共分为 9 个分部，103 个项目（表 4-15）：

表 4-15　给排水、采暖、燃气工程（附录 K）

031001001 ~ 031009002	给排水、采暖、燃气管道
K.1	给排水、采暖、燃气管道
K.2	支架及其他
K.3	管道附件
K.4	卫生器具
K.5	供暖器具（本章不做介绍）
K.6	采暖、给排水设备
K.7	燃气器具及其他（本章不做介绍）
K.8	医疗气体设备及附件（本章不做介绍）
K.9	采暖、空调水工程系统调试（本章不做介绍）

4.3.2　工程量清单编制

本节主要介绍给排水工程工程量清单编制与计价相关内容。

1. 给排水、采暖、燃气管道

根据《通用安装工程工程量计算规范》（GB 50856—2013）的规定，给排水、采暖、燃气管道清单工程量项目设置及工程量计算规则详见表 4-16。

表 4-16　给排水、采暖、燃气管道（编码：031001）

项目编码	项目名称	项目特征	计量单位	工程量计算规则	工作内容
031001001	镀锌钢管	1.安装部位 2.介质 3.规格、压力等级 4.连接形式 5.压力试验及吹、洗设计要求 6.警示带形式	m	按设计图示管道中心线以长度计算	1.管道安装 2.管件制作、安装 3.压力试验 4.吹扫、冲洗 5.警示带铺设
031001002	钢管				
031001003	不锈钢管				
031001004	铜管				
031001005	铸铁管	1.安装部位 2.介质 3.材质、规格 4.连接形式 5.接口材料 6.压力试验及吹、洗设计要求 7.警示带形式			1.管道安装 2.管件安装 3.压力试验 4.吹扫、冲洗 5.警示带铺设

项目编码	项目名称	项目特征	计量单位	工程量计算规则	工作内容
031001006	塑料管	1.安装部位 2.介质 3.材质、规格 4.连接形式 5.阻火圈设计要求 6.压力试验及吹、洗设计要求 7.警示带形式	m	按设计图示管道中心线以长度计算	1.管道安装 2.管件安装 3.塑料卡固定 4.阻火圈安装 5.压力试验 6.吹扫、冲洗 7.警示带铺设
031001007	复合管	1.安装部位 2.介质 3.材质、规格 4.连接形式 5.压力试验及吹、洗设计要求 6.警示带形式			1.管道安装 2.管件安装 3.塑料卡固定 4.压力试验 5.吹扫、冲洗 6.警示带铺设
031001008	直埋式预制保温管	1.埋设深度 2.介质 3.管道材质、规格 4.连接形式 5.接口保温材料 6.压力试验及吹、洗设计要求 7.警示带形式			1.管道安装 2.管件安装 3.接口保温 4.压力试验 5.吹扫、冲洗 6.警示带铺设
031001009	承插陶瓷缸瓦管	1.埋设深度 2.规格			1.管道安装 2.管件安装 3.压力试验 4.吹扫、冲洗 5.警示带铺设
031001010	承插水泥管	3.接口方式及材料 4.压力试验及吹、洗设计要求 5.警示带形式			
031001011	室外管道碰头	1.介质 2.碰头形式 3.材质、规格 4.连接形式 5.防腐、绝热设计要求	处	按设计图示以处计算	1.挖填工作坑或暖气沟拆除及修复 2.碰头 3.接口处防腐 4.接口处绝热及保护层

表 4-16 中的有关术语说明如下："安装部位"，指管道安装在室内、室外；"输送介质"包括给水、排水、中水、雨水、热媒体、燃气、空调水等；"铸铁管"安装适用于承插铸铁管、球墨铸铁管、柔性抗震铸铁管等；"塑料管"安装适用于 UPVC、PVC、PP-C、PP-R、PE、PB 管等塑料管材；塑料管的项目特征应描述是否设置阻火圈或止水环，按设计图纸或规范要求计入综合单价中。"复合管"安装适用于钢塑复合管、铝塑复合管、钢骨架复合管等复合型管道安装；排水管道安装包括立管检查口、透气帽。"压力试验"按设计要求描述试验方法，如水压试验、气压试验、泄漏性试验、闭水试验、通球试验、真空试验等。"吹、洗"按设计要求描述吹扫、冲洗方法，如水冲洗、消毒冲洗、空气吹扫等。

凡涉及管道及井内的土石方开挖、垫层、基础、回填等工程，应按《房屋建筑与装饰工程工程量计算规范》(GB 50854—2013)相关项目编码列项；凡涉及管道、支架刷油、防腐蚀、绝热工程，应按刷油、防腐、绝热工程相关项目编码列项。

编制工程量清单时，分部分项的项目名称应准确，项目编码不重不漏，项目特征描述全面、清晰、规范，这样才能保证清单项目综合单价计算的合理性和准确性。

【例4-7】管道清单编制及综合单价计算

云南省某给排水工程，根据施工图及现行计算规范进行计量，室内DN15给水PP-R管（热熔连接，明装）工程量为45 m，室内DN100排水UPVC管（粘接）工程量为50 m，按照当地信息价，DN15给水PP-R管管道3.1元/m、管件1.3元/个，DN15成品管卡为0.5元/个；DN100排水UPVC管19.8元/m、管件18元/个，DN100成品管卡为3.5元/个。试进行管道工程量清单编制，并计算管道的综合单价。

说明：室内DN15给水PP-R管成品管卡按水平管考虑；DN100排水UPVC管成品管卡按立管考虑。

【解】按照清单计价计算规范，以《云南省通用安装工程计价标准》（DBJ 53/T-63—2020）第十册《给排水、采暖、燃气工程》为例，进行项目清单列项、特征描述、套用定额，计算综合单价（综合单价计算时工程量均按1 m进行分析）。对于给水管道清单项目，除管道安装外，还包括塑料卡固定、水压试验及管道消毒冲洗工作，水压试验在管道安装定额子目中已经包括，但塑料卡固定、管道的消毒、冲洗工作没有包括，因此应计算在内。

室内塑料给水管（热熔连接）定额项目见表4-17。

表4-17　室内塑料给水管（热熔连接）

工作内容：切管、组对、预热、熔接，管道及管件安装，水压试验及水冲洗等。　计量单位：10 m

定额编号				2-10-333	2-10-334	2-10-335	2-10-336	2-10-337	2-10-338
项目名称				室内塑料给水管（热熔连接）					
				外径（mm 以内）					
				20	25	32	40	50	63
基价/元				164.28	182.37	197.02	221.73	257.94	282.17
其中	人工费/元			162.48	180.41	194.82	218.99	254.85	278.54
	其中	定额人工费/元		135.40	150.34	162.35	182.49	212.37	232.12
		规费/元		27.08	30.07	32.47	36.50	42.48	46.42
	材料费/元			1.65	1.81	2.05	2.57	2.81	3.35
	机械费/元			0.15	0.15	0.15	0.17	0.28	0.28
	名称	单位	单价/元	数量					
人工	综合工日13	工日	160.08	1.015	1.127	1.217	1.368	1.592	1.740
材料	塑料给水管	m		（10.160）	（10.160）	（10.160）	（10.160）	（10.160）	（10.160）
	塑料管热熔管件	个	—	（15.200）	（12.250）	（10.810）	（8.870）	（7.420）	R（6.590）
	低碳钢焊条 J42203.2	kg		0.002	0.002	0.002	0.002	0.002	0.002

1. DN15 PP-R 给水管的综合单价计算过程

1）DN15 PP-R 给水管

定额应套用 2-10-333，室内塑料给水管安装（热熔连接）管外径 20 mm 以内。基价 164.28 元/10 m。

（1）人工费：162.48 元/10 m=16.25 元/m，其中定额人工费 135.40 元/10 m，规费 27.08 元/10 m，则定额人工费为：135.40 元/10 m=13.54 元/m。

（2）材料费：

计价材：1.65 元/10 m≈0.17 元/m

未计价材：（10.16×3.1+15.20×1.3）元/10 m=51.2 元/10 m=5.13 元/m

合计：0.17+5.12=5.29 元/m

（3）机械费：0.15/10 m≈0.02 元/m

（4）管理费和利润（注：根据云建标函〔2018〕47 号定额人工费调整的相关规定，调整的人工费用差额不作为计取其他费用的基础，仅计算税金）：

（13.54+0.02×8%）/m×（17.84%+11.90%）=4.03 元/m

2）DN15PP-R 管成品管卡

成品管卡安装定额项目见表 4-18。

表 4-18　成品管卡安装

工作内容：　定位、打眼、固定管卡等。　　　　　　　　　　　　　　　　　计量单位：个

定额编号				2-10-2087	2-10-2088	2-10-2089	2-10-2090
项目名称				成品管卡安装			
				公称直径（mm 以内）			
				20	32	40	50
基价/元				2.37	2.53	2.69	3.30
其中	其中	人工费/元		1.76	1.92	2.08	2.40
		定额人工费/元		1.47	1.60	1.73	2.00
		规费/元		0.29	0.32	0.35	0.40
	材料费/元			0.61	0.61	0.61	0.90
	机械费/元			—	—	—	—
	名称	单位	单价/元	数量			
人工	综合工日 13	工日	160.08	0.011	0.012	0.013	0.015
材料	成品管卡	套	数	（1.050）	（1.050）	（1.050）	（1.050）

定额套用 2-10-2087，成品管卡安装　公称直径 20（mm 以内）。基价 2.37 元/个。

成品管卡工程量可按《云南省通用安装工程计价标准》（DBJ 53/T-63—2020）第十册《给排水、采暖、燃气安装工程》附录 5 成品管卡参考用量表计算。成品管卡用量参考表见表 4-19。

表 4-19　成品管卡用量参考表　　　　　　　单位：个/10 m

序号	公称直径（mm 以内）	给水、采暖									排水管道	
		钢管		铜管		不锈钢管		塑料管及复合管			塑料管	
		保温管	不保温管	垂直管	水平管	垂直管	水平管	立管	水平管		立管	横管
									冷水管	热水管		
1	15	5.00	4.00	5.56	8.33	6.67	10.00	11.11	16.67	33.33	—	—
2	20	4.00	3.33	4.17	5.56	5.00	6.67	10.00	14.29	28.57	…	—
3	25	4.00	2.86	4.17	5.56	5.00	6.67	9.09	12.50	25.00	—	—
4	32	4.00	2.50	3.33	4.17	4.00	5.00	7.69	11.11	20.00	—	—
5	40	3.33	2.22	3.33	4.17	4.00	5.00	6.25	10.00	16.67	8.33	25.00
6	50	3.33	2.00	3.33	4.17	3.33	4.00	5.56	9.09	14.29	8.33	20.00
7	65	2.50	1.67	2.86	3.33	3.33	4.00	5.00	8.33	12.50	6.67	13.33
8	80	2.50	1.67	2.86	3.33	2.86	3.33	4.55	7.41	—	5.88	11.11
9	100	2.22	1.54	2.86	3.33	2.86	3.33	4.17	6.45	—	5.00	9.09
10	125	1.67	1.43	2.86	3.33	2.86	3.33	—	—	—	5.00	7.69
11	150	1.43	1.25	2.50	2.86	2.50	2.86	—	—	—	5.00	6.25

根据表 4-19：DN15 给水 PP-R 水平管：16.67 个/10 m=1.667 个/m

（1）人工费：1.76 元/个，其中定额人工费 1.47 元/个，规费 0.29 元/个。

（2）材料费：

计价材：0.61 元/个

未计价材：（1.05×0.5）元/个=0.53 元/个

合计：0.61+0.53=1.14 元/个

（4）管理费和利润（注：根据云建标函〔2018〕47 号定额人工费调整的相关规定，调整的人工费用差额不作为计取其他费用的基础，仅计算税金）：

1.47 元/个×1.667 个/m×（17.84%+11.90%）=0.72 元/m

3）DN15 PP-R 给水管管道消毒、冲洗

管道消毒冲洗定额项目见表 4-20。

表 4-20　管道消毒、冲洗

工作内容：溶解漂白粉、灌水、消毒冲洗等。　　　　　　　　计量单位：100 m

定额编号			2-10-2212	2-10-2213	2-10-2214	2-10-2215	2-10-2216	2-10-2217
项目名称			管道消毒、冲洗					
			公称直径（mm 以内）					
			15	20	25	32	40	50
基价/元			59.61	64.75	70.37	76.83	82.76	90.07
其中	其中	人工费/元	58.91	63.55	68.51	73.64	78.60	83.24
		定额人工费/元	49.09	52.96	57.10	61.36	65.50	69.37
		规费/元	9.82	10.59	11.41	12.28	13.10	13.87
	材料费/元		0.70	1.20	1.86	3.19	4.16	6.83
	机械费/元		—	—	—	—	—	—
名称	单位	单价/元	数量					
人工 综合工日 13	工日	160.08	0.368	0.397	0.428	0.460	0.491	0.520
材料		.69	0.014	0.023	0.035	0.059	0.081	
水	m²	5.94	0.098	0.178	0.286	0.503	0.660	1.103
	元	1.00	0.100	0.100	0.100	0.100	0.100	0.130

定额应套用 2-10-2212，管道消毒、冲洗 DN15 mm 以内。

基价 59.61 元/100 m=0.60 元/m

（1）人工费：

58.91 元/100 m =0.59 元/m

（其中定额人工费 49.09 元/100 m =0.49 元/m，规费 9.82/100 m =0.10 元/m）

（2）材料费。

计价材：0.70/100 m=0.01 元/m

（3）管理费和利润：

0.49 元/m×（17.84%+11.90%）=0.15 元/m

4）DN15 PP-R 给水管的综合单价=（16.25+1.667×1.76+0.59）+（5.29+1.667×1.14+0.01）+（0.02）+（4.03+0.72+0.15）=31.90 元/m

分部分项清单与计价表见表 4-21。

表 4-21　分部分项清单与计价表（DN15 PP-R 给水管）

项目编码	项目名称	项目特征	计量单位	工程量	金额/元				
					综合单价	合价	其中		机械费
							人工费		
							定额人工费	规费	
031001006001	塑料管	1.安装部位：室内 2.介质：给水 3.材质、规格：PP-R DN15 4.连接形式：热熔连接 5.压力试验及吹、洗设计要求：管道消毒冲洗	m	45.00	31.90	1435.50	741.60	148.05	0.90

2. DN100 UPVC 排水管综合单价计算过程

1）外径 110 mm UPVC 排水管

室内排水管道粘接定额项目见表 4-22。

表 4-22 室内排水管道粘接

工作内容：切管、组对、粘接，管道及管件安装，灌水试验等　　　　计量单位：10 m

定额编号			2-10-375	2-10-376	2-10-377	2-10-378	2-10-379	2-10-380
项目名称			室内塑料排水管（粘接）					
			外径（mm 以内）					
			50	75	110	160	200	250
基价/元			203.31	273.52	307.24	452.04	633.90	715.79
其中	人工费/元		200.58	268.61	299.35	422.13	591.50	648.32
	其中	定额人工费/元	167.15	223.85	249.46	351.78	492.91	540.27
		规费/元	33.43	44.76	49.89	70.35	98.59	108.05
	材料费/元		2.70	4.88	7.84	9.35	9.16	11.32
	机械费/元		0.03	0.03	0.05	20.56	33.24	56.15
	名称	单位	单价/元	数量				
人工	综合工日 13	工日	160.08	1.253	1.678	1.870	2.637	3.695	4.050
	室内塑料排水管粘接管件			6.90	8.85	11.56	5.95	5.11	2.35
	室内塑料排水管			10.12	9.80	9.50	9.50	9.50	10.05

定额应套用 2-10-377，室内塑料排水管（粘接）外径（mm 以内）110。基价 307.24 元/10 m。

（1）人工费：299.35 元/10 m=29.94 元/m，其中定额人工费 249.460 元/10 m，规费 49.89 元/10 m，则定额人工费为：249.46 元 0/10 m=24.95 元/m。

（2）材料费：

计价材：7.84 元/10 m=0.78 元/m

未计价材：（9.5×19.80+11.56×18）/10 m=396.18 元/10 m=39.62 元/m

合计：0.78+39.62=40.40 元/m

（3）机械费：0.05/10 m≈0.01 元/m

（4）管理费和利润（注：根据云建标函〔2018〕47 号定额人工费调整的相关规定，调整的人工费用差额不作为计取其他费用的基础，仅计算税金）：

（24.95+0.01×8%）/ m×（17.84%+11.90%）=7.42 元/m

2）外径 110 mm UPVC 管成品管卡

成品管卡安装定额项目见表 4-23。

表 4-23　成品管卡安装

工作内容：定位、打眼、固定管卡等。　　　　　　　　　　　　　　　　计量单位：个

定额编号				2-10-2091	2-10-2092	2-10-2093	2-10-2094
项目名称				成品管卡安装			
				公称直径（mm 以内）			
				80	100	125	150
基价/元				3.64	4.61	4.93	5.41
其中	其中	人工费/元		2.72	3.04	3.36	3.84
		定额人工费/元		2.27	2.53	2.80	3.20
		规费/元		0.45	0.51	0.56	0.64
	材料费/元			0.92	1.57	1.57	1.57
	机械费/元			—	—	—	—
名称		单位	单价/元	数量			
人工	综合工日 13	工日	160.08	0.017	0.019	0.021	0.024
材料	成品管卡	套		（1.050）	（1.050）	（1.050）	（1.050）

定额套用 2-10-2092，成品管卡安装　公称直径 100（mm 以内）。基价 4.61 元/个。

根据《云南省通用安装工程计价标准》（DBJ 53/T-63—2020）第十册《给排水、采暖、燃气安装工程》附录五成品管卡参考用量表 DN100 塑料排水管立管：5 个/10 m=0.5 个/m

（1）人工费：3.04 元/个，其中定额人工费 2.53 元/个，规费 0.51 元/个。

（2）材料费：

计价材：1.57 元/个

未计价材：（1.05×3.5）元/个=3.68 元/个

合计：1.57+3.68=5.25 元/个

（4）管理费和利润（注：根据云建标函〔2018〕47 号定额人工费调整的相关规定，调整的人工费用差额不作为计取其他费用的基础，仅计算税金）：

2.53 元/个×0.5 个/m×（17.84%+11.90%）=0.38 元/m

3）外径 110 mm UPVC 排水管的综合单价=（29.94+0.5×3.04）+（40.4+0.5×5.25）+（0.01）+（7.42+0.38）=82.30 元/m

分部分项清单与计价表见表 4-24。综合单价计算表见表 4-25。

表 4-24　分部分项清单与计价表（DN100 UPVC 排水管）

项目编码	项目名称	项目特征	计量单位	工程量	综合单价	合价	定额人工费	规费	机械费
							金额/元		
							其中		
							人工费		
031001006002	塑料管	1.安装部位：室内 2.介质：排水 3.材质、规格：UPVC DN100 4.连接形式：粘接 5.阻火圈设计要求：无 6.压力试验及吹、洗设计要求：按规范进行	m	50.00	82.30	4115.50	1311.00	262.50	0.50

表 4-25 综合单价计算表

清单综合单价组成明细

序号	项目编号	项目名称	计量单位	定额编号	定额名称	定额单位	数量	清单单价/元 人工费 定额人工费	规费	材料费	机械费	合价/元 人工费 定额人工费	规费	材料费	机械费	管理费	利润	风险费	综合单价/元
1	031001006001	塑料管	m	2-10-333	室内塑料给水管（热熔连接）外径（mm 以内）20	10 m	0.1	135.40	27.08	52.92	0.15	13.54	2.71	5.29	0.02	2.94	1.96		31.90
				2-10-2087	成品管卡安装 公称直径（mm 以内）20	个	1.66667	1.47	0.29	1.14		2.45	0.48	1.90					
				2-10-2212	管道消毒、冲洗 公称直径（mm 以内）15	100 m	0.01	49.09	9.82	0.70		0.49	0.10	0.01					
					小计							16.48	3.29	7.21	0.02				
2	031001006002	塑料管	m	2-10-377	室内塑料排水管（粘接）外径（mm 以内）110	10 m	0.1	249.46	49.89	407.73	0.05	24.95	4.99	40.40	0.01	4.68	3.12		82.31
				2-10-2092 换	成品管卡安装 公称直径（mm 以内）100[成品管卡 DN100]	个	0.5	2.53	0.51	2.83		1.27	0.26	2.63					
					小计							26.22	5.25	42.19	0.01				

2. 支架及其他

根据《通用安装工程工程量计算规范》（GB 50856—2013）的规定，支架及其他清单工程量项目设置及工程量计算规则详见表 4-26。

表 4-26　支架及其他（编码：031002）（表 K.2）

项目编码	项目名称	项目特征	计量单位	工程量计算规则	工作内容
0301002001	管道支架	1. 材质 2. 管架形式	1. kg 2. 套	1. 以千克计量，按设计图示质量计算 2. 以套计量，按设计图示数量计算	1. 制作 2. 安装
0301002002	设备支架	1. 材质 2. 形式			
0301002003	套管	1. 名称、类型 2. 材质 3. 规格 4. 填料材质	个	按设计图示数量计算	1. 制作 2. 安装 3. 除锈、刷油

编制工程量清单时注意：单件支架质量 100 kg 以上的管道支吊架执行设备支吊架制作安装；成品支吊架安装执行相应管道支吊架或设备支吊架项目，不再计取制作费，支吊架本身价值含在综合单价中；套管制作安装，适用于穿基础、墙、楼板等部位的防水套管、填料套管、无填料套管及防火套管等，应分别列项。

3. 管道附件

根据《通用安装工程工程量计算规范》（GB 50856—2013）的规定，管道附件清单工程量项目设置及工程量计算规则详见表 4-27。

表 4-27　管道附件（编码：031003）（表 K.3）

项目编码	项目名称	项目特征	计量单位	工程量计算规则	工作内容
031003001	螺纹阀门	1. 类型 2. 材质 3. 规格、压力等级 4. 连接形式 5. 焊接方法	个	按设计图示数量计算	安装
031003002	螺纹法兰阀门				
031003003	焊接法兰阀门				
031003004	带短管甲乙阀门	1. 材质 2. 规格、压力等级 3. 连接形式 4. 接口方式及材质			
031003005	塑料阀门	1. 规格 2. 连接形式			
031003011	法兰	1. 材质 2. 规格、压力等级 3. 连接形式	副（片）		
031003012	倒流防止器	1. 材质 2. 规格、压力等级 3. 连接形式	套		
031003013	水表	1. 安装部位（室内外） 2. 型号、规格 3. 连接形式 4. 附件配置	组（个）		组装
031003015	塑料排水管消声器	1. 规格 2. 连接形式	个		安装
031003016	浮标液面计		组		
031003017	浮漂水位标尺	1. 用途 2. 规格	套		

编制工程量清单时注意：法兰阀门安装包括法兰安装，不得另计法兰安装。阀门安装如仅为一侧法兰连接时，应在项目特征中描述。塑料阀门连接形式需注明热熔连接、粘接、热风焊接等方式。水表安装以"组"为计量单位，附件配置情况应按设计施工图在项目特征中描述清楚。

4. 卫生器具

根据《通用安装工程工程量计算规范》（GB 50856—2013）的规定，其清单工程量项目设置及工程量计算规则详见表 4-28。

表 4-28　卫生器具（编码：031004）（表 K.4）

项目编码	项目名称	项目特征	计量单位	工程量计算规则	工作内容
031004001	浴缸	1. 材质 2. 规格、类型 3. 组装形式 4. 附件名称、数量	组	按设计图示数量计算	1. 器具安装 2. 附件安装
031004002	净身盆				
031004003	洗脸盆				
031004004	洗涤盆				
031004005	化验盆				
031004006	大便器				
031004007	小便器				
031004008	其他成品卫生器具				
031004009	烘手器	1. 材质 2. 型号、规格	个		安装
031004010	淋浴器	1. 材质、规格 2. 组装形式 3. 附件名称、数量	套		1. 器具安装 2. 附件安装
031004011	淋浴间				
031004012	桑拿浴房				
031004013	大、小便槽自动冲洗水箱	1. 材质、类型 2. 规格 3. 水箱配件 4. 支架形式及做法 5. 器具及支架除锈、刷油设计要求	套		1. 制作 2. 安装 3. 支架制作、安装 4. 除锈、刷油
031004014	给、排水附（配）件	1. 材质 2. 型号、规格 3. 安装方式	个（组）		安装
031004015	小便槽冲洗管	1. 材质 2. 规格	m		1. 制作 2. 安装
031004016	蒸汽-水加热器	1. 类型 2. 型号、规格 3. 安装方式	套		安装
031004017	冷热水混合器				
031004018	饮水器				
031004019	隔油器	1. 类型 2. 型号、规格 3. 安装方式			安装

编制工程量清单时注意：

（1）成品卫生器具项目中的附件安装，主要指给水附件包括水嘴、阀门、喷头等，排水配件包括存水弯、排水栓、下水口等以及配备的连接管。

（2）浴缸支座和浴缸周边的砌砖、瓷砖粘贴，应按现行国家标准《房屋建筑与装饰工程工程量计算规范》（GB 50854—2013）相关项目编码列项；功能性浴缸不含电机接线和调试，应按《通用安装工程工程量计算规范》（GB 50856—2013）附录 D 电气设备安装工程相关项目编码列项。

（3）洗脸盆安装方式适用于洗脸盆、洗发盆、洗手盆安装。

（4）器具安装中若采用混凝土或砖基础，应按按现行国家标准《房屋建筑与装饰工程工程量计算规范》（GB 50854—2013）相关项目编码列项。

（5）给、排水附（配）件是指独立安装的水嘴、地漏、地面扫出口等。

计价时应注意卫生器具成套产品包含器具及其附件，计算未计价材料费时应以成套产品的价格计入，见表 4-29。

表 4-29　卫浴成套产品示意

序号	产品名称	产品型号	数量	图片	技术图
1	蹲便器	ALD-5070C	1 个		
2	水箱	AS-108A	1 套		
3	角式截止阀进水管	AS02	1 套		
低水箱蹲式大便器成套产品价格包含蹲式大便器、水箱、角式截止阀及进水管					

序号	产品名称	产品型号	数量	图　片	技术图
1	台下盆	AP-406A	1	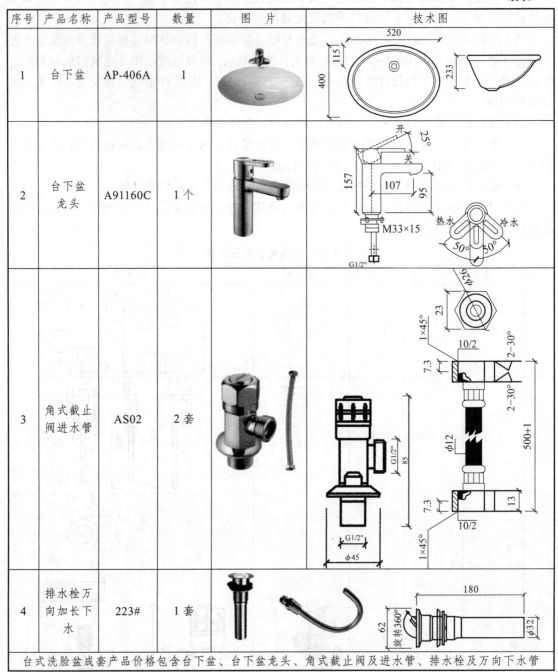	
2	台下盆龙头	A91160C	1个		
3	角式截止阀进水管	AS02	2套		
4	排水栓万向加长下水	223#	1套		

台式洗脸盆成套产品价格包含台下盆、台下盆龙头、角式截止阀及进水管、排水栓及万向下水管

5. 给排水设备

给排水主要设备为生活给水设备和水箱等，按《通用安装工程工程量计算规范》（GB 50856—2013）附录 K.6 采暖、给排水设备相关项目编码列项。

根据《通用安装工程工程量计算规范》（GB 50856—2013）的规定，生活给水设备和水箱清单工程量项目设置及工程量计算规则见表 4-30。

表 4-30　采暖、给排水设备（节选）（编码：031006）（表 K.6）

项目编码	项目名称	项目特征	计量单位	工程量计算规则	工作内容
031006001	变频给水设备	1.设备名称	套	按设计图示数量计算	设备安装 附件安装 调试 减震装置制作、安装
031006002	稳压给水设备	2.型号、规格			
031006003	无负压给水设备	3.水泵主要技术参数 4.附件名称、规格、数量 5.减震装置形式			
031006005	太阳能集热装置	1.设备名称 2.型号、规格 3.附件名称、规格、数量			安装 附件安装
031006015	水箱	1. 材质、类型 2. 型号、规格	台		1. 制作 2. 安装

4.4　计价实例

【例 4-8】某办公楼卫生间给排水工程计价实例

本工程为云南省昆明市某办公楼卫生间给排水工程，共两层，层高均为 3.6 m，如图 4-27 所示。

1. 设计说明：

（1）给水采用钢塑复合管，螺纹连接。

（2）排水采用 UPVC 排水塑料管，零件粘接。

（3）给水管道系统安装完毕，按规范要求应进行水压试验；系统投入使用前必须进行消毒冲洗。

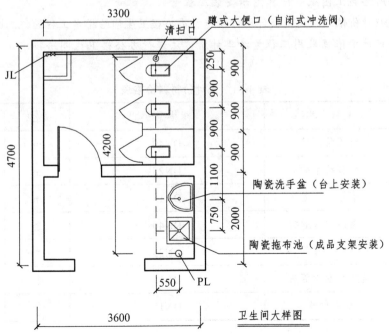

卫生间大样图

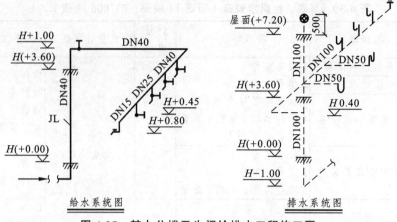

给水系统图　　　　　　　　　排水系统图

图 4-27　某办公楼卫生间给排水工程施工图

（4）排水管道穿楼板须预埋钢套管，套管的规格大于被套管2号。系统安装完毕，按规范要求进行闭水试验和通球试验。

（5）卫生器具：自闭式冲洗阀蹲式大便器、陶瓷台式洗手盆、陶瓷拖布池。

（6）图中所注尺寸除标高以 m 计外，其余均以 mm 计。

2. 计算说明：

排水立管算至-1.00 m，给水立管从±0.00 m 开始起算，管道井内 DN40 钢塑复合管水平方向的工程量按 0.35 m 考虑，钢套管按 0.3 m/个考虑，钢塑复合管 DN15 成品管卡 3 个，钢塑复合管 DN25 成品管卡 3 个，钢塑复合管 DN40 成品管卡 7 个，排水 UPVC 管 DN50 成品管卡 3 个，排水 UPVC 管 DN100 成品管卡 7 个。根据当地造价管理部门发布的信息价，未计价材料价格按表 4-31 执行。

3. 问题：

（1）根据所给施工图纸，计算图示安装工程量。

（2）按现行计价依据采用定额计价方法进行办公楼卫生间给排水工程的施工图预算编制。

（3）按现行计价依据采用工程量清单计价方法进行办公楼卫生间给排水工程的招标控制价编制。

表 4-31　未计价材料价格表

序号	材料名称	规格型号	单位	单价/元
1	钢塑给水管	DN40	m	41.8
2	钢塑给水管	DN25	m	27.3
3	钢塑给水管	DN15	m	16.5
4	钢塑给水管管件	DN40	个	19
5	钢塑给水管管件	DN25	个	11
6	钢塑给水管管件	DN15	个	6.3
7	成品管卡	DN15	个	0.3

序号	材料名称	规格型号	单位	单价/元
8	成品管卡	DN25	个	0.4
9	成品管卡	DN40	个	0.5
10	成品管卡	DN50	个	1
11	成品管卡	DN100	个	1.5
12	钢管	DN150	t	4480
13	电焊条	J422ϕ3.2	kg	6
14	螺纹管件	DN15	个	1.2
15	黑玛钢活接头	DN40	个	1.2
16	黑玛钢六角内接头	DN40	个	1.5
17	UPVC 排水管	DN50	m	6.5
18	UPVC 排水管	DN100	m	22
19	UPVC 排水管件	DN50	个	4.9
20	UPVC 排水管件	DN100	个	18.9
21	蹲式大便器	延时自闭冲洗阀, 含成套产品附件	套	260
22	陶瓷洗手盆	台上安装, 冷水, 含成套产品附件	套	430
23	陶瓷拖布池	单嘴, 含成套产品附件	套	120
24	螺纹铜截止阀	DN40	个	85
25	地面扫除口	DN100	个	14

1. 某办公楼卫生间给排水工程工程量计算

依据该工程设计施工图、《通用安装工程工程量计算规范》(GB 50856—2013)、《云南省通用安装工程计价标准》(DBJ 53/T-63—2020), 该工程的工程量计算见表 4-32。

表 4-32　工程量计算表

工程名称: 办公楼卫生间给排水工程

序号	项目名称	规格型号	计量单位	工程量	计算式
1	钢塑复合管 (管道井内)	DN40	m	4.95	水平: 0.35 m 立管: 3.6+1=4.6 m 合计: 0.35+4.6=4.95 m
2	钢塑复合管	DN40	m	4.1	水平: 3.3-0.35+0.25+0.9=4.1 m
3	钢塑复合管	DN25	m	2	水平: 0.9+1.1=2 m
4	钢塑复合管	DN15	m	1.5	水平: 0.75 m 垂直: (1-0.45) + (1-0.8) =0.75 m 合计: 0.75+0.75=1.5 m

序号	项目名称	规格型号	计量单位	工程量	计算式
5	塑料排水管	UPVC DN100	m	15.05	卫生间支管水平：0.55+4.2=4.75 m 垂直：0.4×4=1.6 m 立管：7.2+0.5+1=8.7 m 合计：4.75+1.6+8.7=15.05 m
6	塑料排水管	UPVC DN50	m	1.9	水平：0.55×2=1.1 m 垂直：0.4×2=0.8 m 合计：1.1+0.8=1.9 m
7	钢套管	DN150	个	3	3
8	截止阀（管道井内）	DN40	个	1	1
9	清扫口	DN100	个	1	1
10	蹲式大便器	延时自闭阀冲洗	套	3	3
11	洗手盆	台上安装冷水	套	1	1
12	拖布池	冷水	套	1	1

2. 某办公楼卫生间给排水工程定额计价

根据《云南省通用安装工程消耗量定额》（2013版计价依据）及其配套计价文件，某办公楼卫生间给排水工程定额计价文件如下：

1）封面

工程预（结）算书			
建设单位：		建筑面积（建设规模）：	
工程名称：	办公楼给排水工程	预（结）算造价：	5 981.65 元
结构类型：	层数：	单位造价：	0.00 元
编制单位（公章）：		审核单位（公章）：	
编制人（签字盖执、从业专用章）：		编制人（签字盖执、从业专用章）：	
审核人（签字盖执业专业章）：		审核人（签字盖执业专业章）：	
年 月 日		年 月 日	

2）建筑安装工程费用汇总表（表 4-33）

表 4-33　建筑安装工程费用汇总表

工程名称：办公楼给排水工程

序号	项目名称	取费说明	费率	金额/元
1	直接工程费	人工费+材料费+设备费+机械费		4 780.43
1.1	人工费	定额人工费+规费		1 591.05
1.1.1	定额人工费	预算书定额人工费		1 325.82
1.1.2	规费	预算书人工规费		265.23
1.2	材料费	计价材料费+未计价材料费		3 168.63
1.3	设备费	设备费		
1.4	机械费	预算书定额机械费		20.75
2	措施项目	技术措施项目费+施工组织措施项目费		246.16
2.1	技术措施项目费	人工费+材料费+机械费		79.56
2.1.1	人工费	定额人工费+规费		19.89
2.1.1.1	定额人工费	单价措施定额人工费		16.58
2.1.1.2	规费	单价措施人工规费		3.31
2.1.2	材料费	单价措施项目未计价材料费+单价措施项目计价材料费+单价措施项目设备费		39.78
2.1.3	机械费	单价措施定额机械费		19.89
2.2	施工组织措施项目费	总价措施项目合计		166.6
2.2.1	绿色施工及安全文明施工措施费	绿色施工及安全文明施工措施费		129.32
2.2.1.1	安全文明施工及环境保护费	安全文明及环境保护费		90.02
2.2.1.2	临时设施费	临时设施费		21.4
2.2.1.3	绿色施工措施费	绿色施工措施费		17.9
2.2.2	冬雨季施工增加费、工程定位复测、工程点交、场地清理费	冬雨季增加等四项费用		33.24
2.2.3	夜间施工增加费	夜间施工增加费		4.04
3	其他项目	其他项目合计		
3.1	暂列金额	暂列金额		
3.2	暂估价	专业工程暂估价+专项技术措施暂估价		
3.3	计日工	计日工		
3.4	总承包服务费	总承包服务费		

序号	项目名称	取费说明	费率	金额/元
3.5	其他	优质工程增加费+提前竣工增加费+人工费调整+机械燃料费价差		
4	管理费	预算书定额人工费+单价措施定额人工费+（预算书定额机械费+单价措施定额机械费）×8%	17.84	240.06
5	利润	预算书定额人工费+单价措施定额人工费+（预算书定额机械费+单价措施定额机械费）×8%	11.9	160.13
6	其他规费	工伤保险+环境保护税+工程排污费		6.71
6.1	工伤保险	预算书定额人工费+单价措施定额人工费	0.5	6.71
6.2	环境保护税			
6.3	工程排污费			
7	税金	直接工程费+措施项目+其他项目+管理费+利润+其他规费	10.08	547.74
8	建安工程造价	直接工程费+措施项目+其他项目+管理费+利润+其他规费+税金		5981.65
9	设备购置费			
10	总造价	建安工程造价+设备购置费		5981.65

3）建筑安装工程直接工程费计算表（表4-34）

表 4-34 建筑安装工程直接工程费计算表

工程名称：办公楼给排水工程　　　　　　　　　　　　　　　　

序号	编码	名称	单位	工程量	单价/元						合价/元					
					人工费	材料费	机械费	未计价	设备	合计	人工费	材料费	机械费	未计价	设备	合计
1	2-10-441 R×1.16	给排水工程 室内钢塑复合管（螺纹连接） 公称直径（mm以内）40 人工×1.16	10 m	0.5	434.15	579.42	11.53			1025.1	214.9	286.81	5.71			507.42
	未计价材	钢塑复合管 DN40	m	4.96				41.8						207.32		
	未计价材	钢塑复合管管件 DN40	个	3.89				19						73.92		
	未计价材	低碳钢焊条	kg	0				6						0.01		
2	2-10-441	给排水工程 室内钢塑复合管（螺纹连接） 公称直径（mm以内）40	10 m	0.41	374.27	579.42	11.53			965.22	153.45	237.56	4.73			395.74
	未计价材	钢塑复合管 DN40	m	4.11				41.8						171.72		
	未计价材	钢塑复合管管件 DN40	个	3.22				19						61.23		
	未计价材	低碳钢焊条	kg	0				6								
3	2-10-439	给排水工程 室内钢塑复合管（螺纹连接） 公称直径（mm以内）25	10 m	0.2	341.61	406.02	7.55			755.18	68.32	81.2	1.51			151.03
	未计价材	钢塑复合管 DN25	m	1.98				27.3						54.11		
	未计价材	钢塑复合管管件 DN25	个	2.28				11						25.08		
	未计价材	低碳钢焊条	kg	0				6								
4	2-10-437	给排水工程 室内钢塑复合管（螺纹连接） 公称直径（mm以内）15	10 m	0.15	270.86	261.98	3.71			536.55	40.63	39.29	0.56			80.48
	未计价材	钢塑复合管 DN15	m	1.49				16.5						24.53		
	未计价材	钢塑复合管管件 DN15	个	2.17				6.3						13.69		
	未计价材	低碳钢焊条	kg	0				6								
5	2-10-2089	成品管卡安装 公称直径（mm以内）40 DN40	个	7	2.08	1.24				3.32	14.56	8.68				23.24
	未计价材	成品管卡 DN40	套	7.35				0.6						4.41		
6	2-10-2088	成品管卡安装 公称直径（mm以内）32	个	3	1.92	0.99				2.91	5.76	2.97				8.73
	未计价材	成品管卡安装 公称直径（mm以内）DN25	套	3.15				0.36						1.13		
7	2-10-2087	成品管卡安装 公称直径（mm以内）20	个	3	1.76	0.91				2.67	5.28	2.73				8.01
	未计价材	成品管卡安装 公称直径 DN15	套	3.15				0.29						0.91		
8	2-10-2092	成品管卡安装 公称直径（mm以内）100 DN100	个	7	3.04	3.15				6.19	21.28	22.05				43.33
	未计价材	成品管卡 DN100	套	7.35				1.5						11.03		

序号	编码	名称	单位	工程量	单价/元 人工费	单价/元 材料费	单价/元 机械费	单价/元 设备	单价/元 未计价	单价/元 合计	合价/元 人工费	合价/元 材料费	合价/元 机械费	合价/元 未计价	合价/元 设备	合价/元 合计
9	2-10-2090	成品管卡安装 公称直径（mm 以内）50	个	3	2.4	1.95				4.35	7.2	5.85				13.05
	未计价材	成品管卡 DN50	套	3.15					1					3.15		7.49
10	2-10-2216	管道消毒 冲洗 公称直径（mm 以内）40	100 m	0.09	78.6	4.16				82.76	7.11	0.38				
11	2-10-2214	管道消毒 冲洗 公称直径（mm 以内）25	100 m	0.02	68.51	1.86				70.37	1.37	0.04				1.41
12	2-10-2212	管道消毒 冲洗 公称直径（mm 以内）15	100 m	0.02	58.91	0.7				59.61	0.88	0.01				0.89
13	2-10-377	给排水工程室内塑料排水管（粘接）外径（mm 以内）110	10 m	1.51	299.35	435.32	0.05			734.72	450.52	655.16	0.08			1105.76
	未计价材	UPVC 排水管 DN100	m	14.3					22					314.55		
	未计价材	UPVC 排水管件 DN100	个	17.4					18.9					328.82		
14	2-10-376	给排水工程室内塑料排水管（粘接）外径（mm 以内）75	10 m	0.19	268.61	111.95	0.03			380.59	51.04	21.27				72.32
	未计价材	UPVC 排水管 DN50	m	1.86					6.5					12.1		
	未计价材	UPVC 排水管件 DN50	个	1.68					4.9					8.24		
15	2-10-2106	一般钢套管制作安装 介质管道公称直径（mm 以内）100	个	3	53.79	53.57	1.92			109.28	161.37	160.71	5.76			327.84
	未计价材	焊接钢管 DN150	m	0.95					75.2					71.74		
	未计价材	低碳钢焊条	kg	0.09					6					0.52		
16	2-10-988	蹲式大便器安装 手动开关	10 套	0.3	779.59	3202.19				3981.78	233.88	960.66				1194.54
	未计价材	瓷蹲式大便器带自闭式冲洗阀、冲洗管	套	3.03					260					787.8		
17	2-10-976	洗涤盆	10 套	0.1	512.26	4439.04				4951.3	51.23	443.9				495.13
	未计价材	单嘴	个	1.01					430					434.3		
18	2-10-1002	成品拖布池安装	10 套	0.1	512.26	1307.39				1819.65	51.23	130.74				181.97
	未计价材	成品拖布池	套	1.01					120					121.2		
19	2-10-489 R×1.16	螺纹阀门安装 公称直径（mm 以内）40 人工×1.16	个	1	36.77	94.31	2.39			133.47	36.77	94.31	2.39			133.47
	未计价材	螺纹阀门	个	1.01					85					85.85		
	未计价材	黑玛钢活接头	个	1.01					1.2					1.21		
	未计价材	黑玛钢六角内接头	个	0.81					1.5					1.21		
	未计价材	低碳钢焊条	kg	0.09					6					0.53		
20	2-10-1048	地面扫除口安装 公称直径（mm 以内）100	10 个	0.1	142.47	143.05				285.52	14.25	14.31				28.56
	未计价材	地面扫除口	个	1.01					14					14.14		
		合计	元								1591.03	3168.63	20.75			4780.41

4）措施项目费用计算表

（1）施工组织措施项目计算表（表 4-35）。

表 4-35　施工组织措施项目计算表

工程名称：办公楼给排水工程

序号	项目编号	项目名称	计算基础	费率/%	金额/元
1		绿色施工及安全文明施工措施费			129.32
1.1	1.1	安全文明施工及环境保护费	定额人工费+定额机械费×8%	6.69	90.02
1.2	1.2	临时设施费	定额人工费+定额机械费×8%	1.59	21.4
1.3	1.3	绿色施工措施费	定额人工费+定额机械费×8%	1.33	17.9
2	2	冬雨季施工增加费、工程定位复测、工程点交、场地清理费	定额人工费+定额机械费×8%	2.47	33.24
3	3	夜间施工增加费	定额人工费+定额机械费×8%	0.3	4.04
4	4	特殊地区施工增加费	定额人工费+定额机械费×8%	0	
5	5	压缩工期增加费	定额人工费+定额机械费	0	
6	6	行车、行人干扰增加费	定额人工费+定额机械费×8%	0	
7	7	已完工程及设备保护费		0	
8	8	其他施工组织措施项目费		0	
合　　计					166.6

（2）施工技术项目计算表（表 4-36）。

表 4-36　施工技术项目计算表

工程名称：办公楼给排水工程　　　　　　　　　　　第 1 页　　共 1 页

序号	定额编号	项目名称	单位	工程量	单价/元				合价/元			
					人工费	材料费	机械费	小计	人工费	材料费	机械费	合计
	一	脚手架搭拆	项									
1	BM8	脚手架搭拆费（第十册 给排水、采暖、燃气工程）	元	1	19.89	39.78	19.89	79.56	19.89	39.78	19.89	79.56
		脚手架搭拆分部小计			19.89	39.78	19.89		19.89	39.78	19.89	79.56
		合计			19.89	39.78	19.89	79.56	19.89	39.78	19.89	79.56

5）其他项目费计算表（表 4-37）

表 4-37 其他项目费计算表

工程名称：办公楼给排水工程   第 1 页   共 1 页

序号	项目名称	金额/元	结算金额/元	备注
1	暂列金额			详见明细表
2	暂估价			详见明细表
2.1	材料（设备）暂估价			详见明细表
2.2	专业工程暂估价			详见明细表
2.3	专项技术措施暂估价		—	
3	计日工			详见明细表
4	总承包服务费			
5	索赔与现场签证	—		
6	优质工程增加费			
7	提前竣工增加费			
8	人工费调整			
9	机械燃料动力费价差			
	合 计	0.00		—

6）规费、税金项目计价表（表 4-38）

表 4-38 规费、税金项目计价表

工程名称：办公楼给排水工程   标段：   第 1 页   共 1 页

序号	项目名称	计算基础	计算基数	计算费率/%	金额/元
1	其他规费	工伤保险+环境保护税+工程排污费	6.71		6.71
1.1	工伤保险	预算书定额人工费+单价措施定额人工费	1342.4	0.5	6.71
1.2	环境保护税				
1.3	工程排污费				
2	税金	直接工程费+措施项目+其他项目+管理费+利润+其他规费	5433.49	10.08	547.7
	合计				554.41

编制人（造价人员）：   复核人（造价工程师）：

7）主要材料价格表（表 4-39）

表 4-39　主要材料价格表

工程名称：办公楼卫生间给排水　　　　　　　　　　　　　　　第 1 页　共 1 页

序号	材料名称	规格、型号等特殊要求	单位	数量	单价/元	合价/元
1	低碳钢焊条	J422 φ3.2	kg	0.1785	6	1.07
2	焊接钢管 DN150	DN150	m	0.954	75.2	71.74
3	塑料排水管 φ110		m	14.2975	22	314.55
4	钢塑复合管 DN40		m	9.0681	41.8	379.05
5	钢塑复合管 DN25		m	1.982	27.3	54.11
6	钢塑复合管 DN15		m	1.4865	16.5	24.53
7	黑玛钢活接头		个	1.01	1.2	1.21
8	黑玛钢六角内接头		个	0.808	1.5	1.21
9	塑料排水管管件 φ110		个	17.3978	18.9	328.82
10	钢塑复合管管件 DN40		个	7.1133	19	135.15
11	钢塑复合管管件 DN25		个	2.28	11	25.08
12	钢塑复合管管件 DN15		个	2.1735	6.3	13.69
13	成品管卡 DN40		套	7.35	0.6	4.41
14	成品管卡 DN25		套	3.15	0.36	1.13
15	成品管卡 DN15		套	3.15	0.29	0.91
16	地面扫除口		个	1.01	14	14.14
17	螺纹阀门		个	1.01	85	85.85
18	成品拖布池		套	1.01	120	121.2
19	瓷蹲式大便器带自闭式冲洗阀、冲洗管		套	3.03	260	787.8
20	洗手盆		套	1.01	430	434.3
21	塑料排水管 φ63		m	1.862	6.5	12.1
22	塑料排水管管件 φ63		个	1.6815	4.9	8.24
23	成品管卡 DN100		套	7.35	1.5	11.03
24	成品管卡 DN50		套	3.15	1	3.15

3. 某办公楼卫生间给排水工程清单计价

根据《建设工程工程量清单计价规范》（GB 50500—2013）、《通用安装工程工程量计算规范》（GB 50856—2013）、《云南省通用安装工程消耗量定额》（2013 版计价依据）及其配套计价文件，某办公楼卫生间给排水工程清单计价文件如下：

1 封面、2 扉页、3 说明（略）。

1）单位工程费用汇总表（表 4-40）

表 4-40　单位工程费用汇总表

工程名称：办公楼卫生间给排水　　　　　　　　　　　　　　　　　　第 1 页　共 1 页

	项目名称	计算方法	金额/元
1	分部分项工程费	Σ（分部分项工程量×清单综合单价）	5175.62
1.1	人工费	<1.1.1>+<1.1.2>	1591.32
1.1.1	定额人工费	Σ（定额人工费）	1326.03
1.1.2	规费	Σ（规费）	265.29
1.2	材料费	Σ（材料费）	3168.68
1.3	设备费	Σ（设备费）	
1.4	机械费	Σ（机械费）	20.79
1.5	管理费	Σ（管理费）	236.85
1.6	利润	Σ（利润）	157.99
1.7	风险费	Σ（风险费）	
2	措施项目费	（<2.1>+<2.2>）	251.58
2.1	技术措施项目费	Σ（技术措施项目清单工程量×清单综合单价）	84.96
2.1.1	人工费	<2.1.1.1>+<2.1.1.2>	19.89
2.1.1.1	定额人工费	Σ（定额人工费）	16.58
2.1.1.2	规费	Σ（规费）	3.31
2.1.2	材料费	Σ（材料费）	39.78
2.1.3	机械费	Σ（机械费）	19.89
2.1.4	管理费	Σ（管理费）	3.24
2.1.5	利润	Σ（利润）	2.16
2.2	施工组织措施项目费	Σ（组织措施项目费）	166.62
2.2.1	绿色施工及安全文明施工措施费		129.34
2.2.1.1	安全文明施工及环境保护费		90.04
2.2.1.2	临时设施		21.4
2.2.1.3	绿色施工措施费		17.9
2.2.2	冬雨季施工增加费、工程定位复测、工程点交、场地清理费		33.24
2.2.3	夜间施工增加费		4.04
3	其他项目费	Σ（其他项目费）	
3.1	暂列金额		
3.2	暂估价		
3.3	计日工		
3.4	总承包服务费		
3.5	其他		
4	其他规费	<4.1>+<4.2>+<4.3>	6.71
4.1	工伤保险费	Σ（定额人工费）×费率	6.71
4.2	环境保护税	按有关规定计算	
4.3	工程排污费	按有关规定计算	
5	税前工程造价	（<1>+<2>+<3>+<4>）	5433.91
6	税金	（<1>+<2>+<3>+<4>）×税率	547.74
7	单位工程造价	（<5>+<6>）	5981.65

2）分部分项工程清单与计价表

（1）分部分项工程清单与计价表（表4-41）。

表4-41 分部分项工程清单与计价表

工程名称：办公楼卫生间给排水

序号	项目编码	项目名称	项目特征	计量单位	工程量	金额/元					
						综合单价	合价	其中			暂估价
								人工费（定额人工费）	规费	机械费	
1	031001007001	复合管	1. 安装部位：管道井内 2. 介质：给水 3. 材质、规格：钢塑复合管 DN40 4. 连接形式：螺纹连接 5. 压力试验及吹、洗设计要求：管道消毒、冲洗	m	4.95	117.42	581.23	189.29	37.87	5.69	
2	031001007002	复合管	1. 安装部位：室内 2. 介质：给水 3. 材质、规格：钢塑复合管 DN40 4. 连接形式：螺纹连接 5. 压力试验及吹、洗设计要求：管道消毒、冲洗	m	4.1	109.67	449.65	135.79	27.18	4.72	
3	031001007003	复合管	1. 安装部位：室内 2. 介质：给水 3. 材质、规格：钢塑复合管 DN25 4. 连接形式：螺纹连接 5. 压力试验及吹、洗设计要求：管道消毒、冲洗	m	2	89.96	179.92	62.88	12.56	1.52	
4	031001007004	复合管	1. 安装部位：室内 2. 介质：给水 3. 材质、规格：钢塑复合管 DN15 4. 连接形式：螺纹连接 5. 压力试验及吹、洗设计要求：管道消毒、冲洗	m	1.5	67.34	101.01	39	7.8	0.56	
5	031001006001	塑料管	1. 安装部位：室内 2. 介质：排水 3. 材质、规格：UPVC DN100 4. 连接形式：粘接 5. 压力试验及吹、洗设计要求：按规范要求	m	15.05	84.14	1266.31	393.26	78.71	0.15	

续表

序号	项目编码	项目名称	项目特征	计量单位	工程量	综合单价	合价	金额/元 其中 人工费 定额人工费	规费	机械费	暂估价
6	031001006002	塑料管	1. 安装部位：室内 2. 介质：排水 3. 材质、规格：UPVC DN50 4. 连接形式：粘接 5. 压力试验及吹、洗设计要求：按规范要求	m	1.9	52.54	99.83	48.55	9.71		
7	031002003001	套管	1. 名称、类型：一般穿套管 2. 材质：碳钢 3. 规格：介质管道 DN100 4. 填料材质：油麻	个	3	122.65	367.95	134.46	26.91	5.76	
8	031004006001	大便器	1. 材质：陶瓷 2. 规格、类型：D-9002 蹲式大便器 3. 组装形式：自闭式冲洗阀 4. 附件名称、数量：见标准图集	组	3	417.5	1252.5	194.91	38.97		
9	031004003001	洗脸盆	1. 材质：陶瓷 2. 规格、类型：P-2003 洗手盆 3. 组装形式：冷水 4. 附件名称、数量：见标准图集	套	1	507.83	507.83	42.69	8.54		
10	031004004001	拖布池	1. 材质：陶瓷 2. 规格、类型：T-7019 拖布池 3. 组装形式：单嘴 4. 附件名称、数量：不锈钢水龙头 1 个	套	1	194.67	194.67	42.69	8.54		
11	031003001001	螺纹阀门	1. 类型、材质：铜 2. 规格、压力等级：DN40 3. 连接形式：螺纹连接 4. 部位：截止阀（管道井内）	个	1	142.64	142.64	30.64	6.13	2.39	
12	031004014001	地面扫除口	1. 材质、规格形式：UPVC 2. 型号、规格：DN100	个	1	32.08	32.08	11.87	2.37		
合计							5175.62	1326.03	265.29	20.79	

（2）综合单价计算表（表4-42）。

表4-42 综合单价计算表

清单综合单价组成明细

序号	项目编码	项目名称	计量单位	定额编号	定额名称	定额单位	数量	单价/元				合价/元				管理费 17.84%	利润 11.9%	风险费 0%	综合单价（元）
								人工费		材料费	机械费	人工费		材料费	机械费				
								定额人工费	规费			定额人工费	规费						
1	031001007001	复合管	m	2-10-441 R×1.16	给排水工程室内钢塑复合管（螺纹连接）公称直径40（mm以内）人工×1.16	10 m	0.1	361.79	72.36	579.4	11.53	36.18	7.24	57.94	1.15	6.84	4.56		117.42
				2-10-2089	成品管卡（mm以内）公称直径40	个	0.808	1.73	0.35	1.24		1.4	0.28	1					
				2-10-2216	管道消毒、冲洗（mm以内）公称直径40	100 m	0.01	65.5	13.1	4.16		0.66	0.13	0.04					
					小计							38.24	7.65	58.98	1.15				
2	031001007002	复合管	m	2-10-441	给排水工程室内钢塑复合管（螺纹连接）公称直径40（mm以内）	10 m	0.1	311.89	62.38	579.4	11.53	31.19	6.24	57.94	1.15	5.93	3.95		109.67
				2-10-2089	成品管卡（mm以内）公称直径40	个	0.732	1.73	0.35	1.24		1.27	0.26	0.91					
				2-10-2216	管道消毒、冲洗（mm以内）公称直径40	100 m	0.01	65.5	13.1	4.16		0.66	0.13	0.04					
					小计							33.12	6.63	58.89	1.15				

清单综合单价组成明细

序号	项目编码	项目名称	计量单位	定额编号	定额名称	定额单位	数量	单价/元 人工费 定额人工费	单价/元 规费	单价/元 材料费	单价/元 机械费	合价/元 人工费 定额人工费	合价/元 规费	合价/元 材料费	合价/元 机械费	管理费 17.84%	利润 11.9%	风险费 0%	综合单价(元)
3	031001007003	复合管	m	2-10-439	给排水工程室内钢塑复合管(螺纹连接)公称直径(mm以内)25	10 m	0.1	284.68	56.93	406	7.55	28.47	5.69	40.6	0.76	5.62	3.75		89.96
				2-10-2088	成品直径(mm以内)32	个	1.5	1.6	0.32	0.99		2.4	0.48	1.49					
				2-10-2214	管道消毒、冲洗 公称直径(mm以内)25	100 m	0.01	57.1	11.41	1.86		0.57	0.11	0.02					
						小计						31.44	6.28	42.11	0.76				
4	031001007004	复合管	m	2-10-437	给排水工程室内钢塑复合管(螺纹连接)公称直径(mm以内)15	10 m	0.1	225.71	45.15	262	3.71	22.57	4.52	26.2	0.37	4.64	3.1		67.34
				2-10-2087	成品直径(mm以内)20	个	2	1.47	0.29	0.91		2.94	0.58	1.82					
				2-10-2212	管道消毒、冲洗 公称直径(mm以内)15	100 m	0.01	49.09	9.82	0.7		0.49	0.1	0.01					
						小计						26	5.2	28.03	0.37				
5	031001006001	塑料管	m	2-10-377	给排水工程室内塑料排水管(粘接)外径(mm以内)110	10 m	0.465	249.46	49.89	435.3	0.05	24.95	4.99	43.53	0.01	4.66	3.11		84.14
				2-10-2092	成品直径(mm以内)100	个		2.53	0.51	3.15		1.18	0.24	1.47					
						小计						26.13	5.23	45	0.01				

清单综合单价组成明细

序号	项目编码	项目名称	计量单位	定额编号	定额名称	定额单位	数量	单价/元				合价/元				管理费 17.84%	利润 11.9%	风险费 0%	综合单价（元）
								定额人工费	规费	材料费	机械费	定额人工费	规费	材料费	机械费				
6	031001006002	塑料管	m	2-10-376	给排水工程室内塑料排水管（粘接）外径（mm以内）75	10 m	0.1	223.85	44.76	112	0.03	22.39	4.48	11.2		4.56	3.04		52.54
				2-10-2090	成品管卡管径（mm以内）50	个	1.579	2	0.4	1.95		3.16	0.63	3.08					
					小计							25.55	5.11	14.28					
7	031002003001	套管	个	2-10-2106	一般钢套管制作安装公称质管道径（mm以内）100	个	1	44.82	8.97	53.57	1.92	44.82	8.97	53.57	1.92	8.02	5.35		122.65
					小计							44.82	8.97	53.57	1.92				
8	031004006001	大便器	组	2-10-988	蹲式大便器手动开关安装	10套	0.1	649.66	129.9	3202		64.97	12.99	320.2		11.59	7.73		417.5
					小计							64.97	12.99	320.2					
9	031004003001	洗脸盆	套	2-10-976	洗脸盆单嘴	10组	0.1	426.88	85.38	4439		42.69	8.54	443.9		7.62	5.08		507.83
					小计							42.69	8.54	443.9					
10	031004004001	洗涤盆	套	2-10-1002	成品拖布池安装	10套	0.1	426.88	85.38	1307		42.69	8.54	130.7		7.62	5.08		194.67
					小计							42.69	8.54	130.7					
11	031003001001	螺纹阀门	个	2-10-489 R×1.16	螺纹阀门安装公称直径（mm以内）40 人工×1.16	个	1	30.64	6.13	94.31	2.39	30.64	6.13	94.31	2.39	5.5	3.67		142.64
					小计							30.64	6.13	94.31	2.39				
12	031004014001	地面扫除口	个	2-10-1048	地面扫除口安装公称直径（mm以内）100	10个	0.1	118.73	23.74	143.1		11.87	2.37	14.31		2.12	1.41		32.08
					小计							11.87	2.37	14.31					

3）措施项目计算表

（1）施工技术措施项目清单与计价表（表 4-43）。

表 4-43 施工技术措施项目清单与计价表

工程名称：办公楼卫生间给排水

序号	项目编码	项目名称	项目特征描述	计量单位	工程量	金额/元						备注
						综合单价	合价	其中				
								人工费		机械费	暂估价	
								定额人工费	规费			
1	031301017001	脚手架搭拆		项	1	84.96	84.96	16.58	3.31	19.89		
		合计					84.96	16.58	3.31	19.89		

（2）施工技术措施项目综合单价计算表（表 4-44）。

工程名称：办公楼卫生间给排水

表 4-44 施工技术措施项目综合单价计算表

序号	项目编码	项目名称	计量单位	定额编号	定额名称	定额单位	数量	清单综合单价组成明细									管理费 17.84%	利润 11.9%	综合单价
								单价/元				合价/元							
								人工费		材料费	机械费	人工费		材料费	机械费				
								定额人工费	规费			定额人工费	规费						
1	031301017001	脚手架搭拆	项	BM8	脚手架搭拆费（第十册 给排水、采暖、燃气工程）	元	1	16.58	3.31	39.78	19.89	16.58	3.31	39.78	19.89	3.24	2.16	84.96
					小计							16.58	3.31	39.78	19.89			

（3）施工组织措施项目清单与计价表（表 4-45）。

表 4-45　施工组织措施项目清单与计价表

工程名称：办公楼卫生间给排水　　　　　　　　　　　　　　　　第 1 页　共 1 页

序号	项目编号	项目名称	计算基础	费率/%	金额/元
1		绿色施工及安全文明施工措施费			129.34
1.1	031302001001	安全文明施工及环境保护费	定额人工费+定额机械费×8%	6.69	90.04
1.2	031302001002	临时设施费	定额人工费+定额机械费×8%	1.59	21.4
1.3	03B001	绿色施工措施费	定额人工费+定额机械费×8%	1.33	17.9
2	031302005001	冬雨季施工增加费、工程定位复测、工程点交、场地清理费	定额人工费+定额机械费×8%	2.47	33.24
3	031302002001	夜间施工增加费	定额人工费+定额机械费×8%	0.3	4.04
4	031301009001	特殊地区施工增加费	定额人工费+定额机械费×8%	0	
5	03B002	压缩工期增加费	定额人工费+定额机械费	0	
6	03B003	行车、行人干扰增加费	定额人工费+定额机械费×8%	0	
7	031302006001	已完工程及设备保护费		0	
8	03B004	其他施工组织措施项目费		0	
		合　　计			166.62

4）其他项目清单计价汇总表（表 4-46）

表 4-46　其他项目清单计价汇总表

工程名称：办公楼卫生间给排水　　　　　　　　　　　　　　　　第 1 页　共 1 页

序号	项目名称	金额/元	结算金额/元	备注
1	暂列金额			详见明细表
2	暂估价			详见明细表
2.1	材料（设备）暂估价			详见明细表
2.2	专业工程暂估价			详见明细表
2.3	专项技术措施暂估价		—	
3	计日工			详见明细表
4	总承包服务费			
5	索赔与现场签证		—	
6	优质工程增加费			
7	提前竣工增加费			
8	人工费调整			
9	机械燃料动力费价差			
	合　　计	0.00		—

5）规费、税金项目计价表（表4-47）

表4-47　规费、税金项目计价表

工程名称：办公楼卫生间给排水

序号	项目名称	计算基础	计算基数	计算费率/%	金额/元
1	其他规费	工伤保险费+环境保护税+工程排污费	6.71		6.71
1.1	工伤保险费	分部分项定额人工费+单价措施定额人工费	1342.61	0.5	6.71
1.2	环境保护税				
1.3	工程排污费				
2	税金	税前工程造价	5433.91	10.08	547.74
		合计			554.45

编制人（造价人员）：　　　　　　　　　　　　　　　复核人（造价工程师）：

6）主要材料价格表（表4-48）

表4-48　主要材料价格表

工程名称：办公楼卫生间给排水

序号	材料名称	规格、型号等特殊要求	单位	数量	单价/元	合价/元
1	低碳钢焊条	J422 ϕ3.2	kg	0.1785	6	1.07
2	焊接钢管 DN150	DN150	m	0.954	75.2	71.74
3	塑料排水管 ϕ110		m	14.2975	22	314.55
4	钢塑复合管 DN40		m	9.0681	41.8	379.05
5	钢塑复合管 DN25		m	1.982	27.3	54.11
6	钢塑复合管 DN15		m	1.4865	16.5	24.53
7	黑玛钢活接头		个	1.01	1.2	1.21
8	黑玛钢六角内接头		个	0.808	1.5	1.21
9	塑料排水管管件 ϕ110		个	17.3978	18.9	328.82
10	钢塑复合管管件 DN40		个	7.1133	19	135.15
11	钢塑复合管管件 DN25		个	2.28	11	25.08
12	钢塑复合管管件 DN15		个	2.1735	6.3	13.69
13	成品管卡 DN40		套	7.35	0.6	4.41
14	成品管卡 DN25		套	3.15	0.36	1.13
15	成品管卡 DN15		套	3.15	0.29	0.91
16	地面扫除口		个	1.01	14	14.14
17	螺纹阀门		个	1.01	85	85.85
18	成品拖布池		套	1.01	120	121.2
19	瓷蹲式大便器带自闭式冲洗阀、冲洗管		套	3.03	260	787.8
20	洗手盆		套	1.01	430	434.3
21	塑料排水管 ϕ63		m	1.862	6.5	12.1
22	塑料排水管管件 ϕ63		个	1.6815	4.9	8.24
23	成品管卡 DN100		套	7.35	1.5	11.03
24	成品管卡 DN50		套	3.15	1	3.15

7) 招标控制价公布表（表 4-49）

表 4-49 招标控制价公布表

工程名称：办公楼卫生间给排水　　　　　　　　　　　　　　　　时间：　年　月　日

序号	名称	金额/元	
		小写	大写
1	分部分项工程费	5 175.62	伍仟壹佰柒拾伍元陆角贰分
2	措施费	251.58	贰佰伍拾壹元伍角捌分
2.1	环境保护、临时设施、安全文明施工费合计	111.44	壹佰壹拾壹元肆角肆分
2.2	脚手架、模板、垂直运输、大机进出场及安拆费的合计	84.96	捌拾肆元玖角陆分
2.3	其他措施费	55.18	伍拾伍元壹角捌分
3	其他项目费	0.00	零元整
4	其他规费	6.71	陆元柒角壹分
5	税金	547.74	伍佰肆拾柒元柒角肆分
6	其他		
7	招标控制价总价	5981.65	伍仟玖佰捌拾壹元陆角伍分
8	备注		

编制单位：　　（公章）　　　　　　　　　　　　　　　　招标人：（公章）

造价工程师（签字并盖注册章）：

【思考与练习题】

1. 简述建筑给排水系统组成。

2. 简述建筑给排水常用管材、适用范围及其连接形式。

3. 简述《云南省通用安装工程计价标准》（DBJ 53/T-63—2020）第十册《给排水、采暖、燃气工程》的适用范围。

4. 给排水室内外管道的界限、室外管道与市政管道的界限是如何划分的？

5. 简述管道工程量的计算规则。在执行定额时应注意哪些问题？

6. 简述法兰水表安装定额的工作内容。

7. 简述洗脸盆成套产品的内容。

8. 给排水系统中的水箱、水泵安装应执行哪册定额？

9. 根据《建设工程工程量清单计价规范》（GB 50500—2013），建筑给排水清单编制时应注意哪些问题？

10. 图 4-28、图 4-29 所示为云南省某栋住宅的卫生间和厨房的给排水施工图（平面图和系统图）。

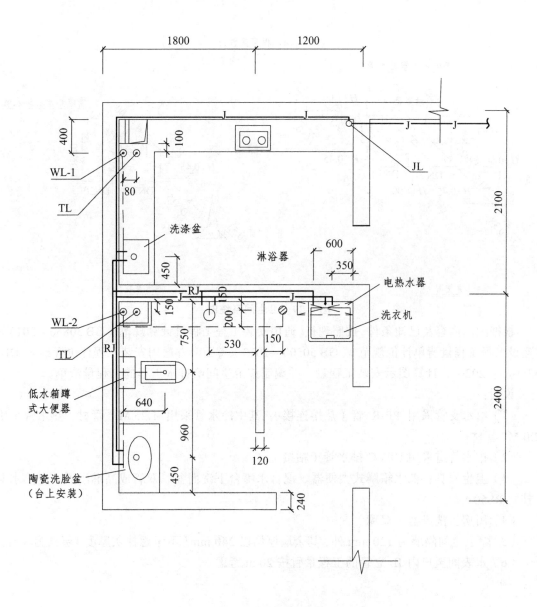

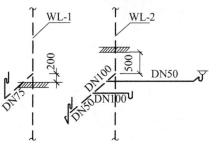

卫生间平面图

图 4-28　卫生间平面布置图

排水系统图

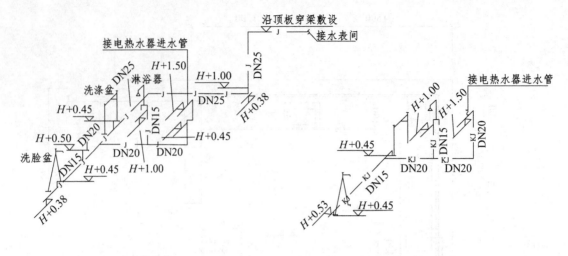

冷水系统图   热水系统图

图 4-29　卫生间系统图

根据图示内容及已知条件,按照现行《通用安装工程工程量计算规范》(GB 50856—2013)、《建设工程工程量清单计价规范》(GB 50500—2013)、《云南省通用安装工程计价标准》(DBJ 53/T-63—2020),计算图示安装工程量,并编制该卫生间给排水工程的工程量清单。

说明:

(1)给水支管采用 PP-R 管(热熔连接),其中冷水管采用 1.25 MP 管材,热水管采用 2.0 MP 管材。

(2)排水管道采用 UPVC 排水管(粘接)。

(3)卫生器具:低水箱蹲式大便器、混合水嘴台下洗面盆、双管成品淋浴器、电热水器(挂式 RS50)。

(4)厨房:洗涤盆(双嘴)。

(5)除卫生间隔墙为 120 mm 外,其余墙厚均以 240 mm(不考虑抹灰厚度)层高为 3 m。

(6)水表间至户内 JL 立管的工程量暂按 20 m 考虑。

第 5 章

电气设备安装工程

随着人类社会的不断进步与发展，人们的生活已离不开电力系统。电力系统是由各种电压等级的电力线路将发电厂、电力网、变电所和电力用户联系起来的一个发电、输电、配电和用电的整体，如图 5-1。

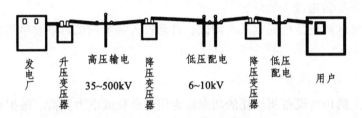

图 5-1 电力系统示意

从配电到用电的设备及其线路的安装工程称为电气设备安装工程。在工业与民用建筑中，电气设备安装工程作为重要的使用设备满足了人们生活和工作的需要。

本章主要介绍民用建筑电气设备安装工程的计量与计价。

5.1 基础知识

5.1.1 电气设备安装工程概述

1. 电气设备安装工程的组成

民用建筑电气设备安装工程的组成：变配电设备、控制设备及低压电器、电缆、配管配线、照明器具、防雷及接地装置、电气调整试验等。

（1）变配电设备是用来变换电压和分配电能的电气装置。它由变压器、高低压开关设备、保护电器、测量仪表、母线、蓄电池等组成，一般由供电部门施工安装。本章对变配电设备不作具体介绍。

（2）控制设备及低压电器包括电气控制设备、低压电器、成套配电箱、照明开关、插座、插座箱及控制箱等。

（3）电缆按照功能和用途，可分为电力电缆、控制电缆，按绝缘材料可分为纸绝缘电缆、橡皮绝缘电缆、塑料绝缘电缆、矿物绝缘电缆，按导电材料可分为铜芯电缆和铝芯电缆，按照线芯数分为单芯、双芯、3芯、4芯和多芯电缆。

电缆敷设方式有埋地敷设、沿电缆沟敷设、穿保护管敷设及在电缆桥架上敷设四种方式，主要用于供电干线线路敷设。

（4）配管配线指配电线路保护管和线路的敷设，一般是指由配电箱到用电器具的供电和控制线路安装。

常用的导管有水煤气管、薄壁钢管、硬塑料管、半硬质塑料管和金属软管等，分明配和暗配两种方式。

导线按绝缘材料分为聚氯乙烯绝缘导线和橡胶绝缘导线，按材质分为铜芯和铝芯。常见的配线方式有管内穿线、线槽配线、塑料槽板配线等。

（5）照明器具是人类生活和工作，保证良好视觉环境的重要组成部分，包括普通灯具、装饰灯具、荧光灯、工厂灯具、医院灯具等，按用途分为工作照明和事故照明。

（6）防雷及接地装置由接闪器、引下线、接地装置、避雷器、电涌保护器等组成，以保证建筑物和设备不受雷电侵入的危害。

（7）电气调整试验包括送配电系统调试、自动投入装置调试、事故照明切换装置调试、接地装置调试等。

2. 电力负荷分级及供电要求

在电力系统上的用电设备所消耗的功率称为用电负荷或电力负荷。根据对供电可靠性的要求及中断供电在政治、经济上所造成的损失或影响的程度，电力负荷分为三级。

1）一级负荷

一级负荷要求有两个电源供电，一用一备，当一个电源发生故障时，另一个电源应不致同时受到损坏。一级负荷中的特别重要负荷，除上述两个电源外，还必须增设应急电源。为保证对特别重要负荷的供电，禁止将其他负荷接入应急供电系统。

2）二级负荷

二级负荷要求采用两个电源供电，一用一备，两个电源应做到当发生电力变压器故障或线路常见故障时，不至于中断供电（或中断供电后能迅速恢复）。在负荷较小或地区供电条件困难时，二级负荷可由一路 6 kV 及以上的专用架空线供电。

3）三级负荷

凡不属于一级和二级负荷的一般电力负荷均为三级负荷。三级负荷对供电无特殊要求，一般都为单回线路供电，但在可能情况下也应尽量提高供电的可靠性。

建筑物中的用电设备，可能含有几种级别的负荷。某些设备需要双电源供电，某些设备只需要单电源供电。

3. 配电系统的基本形式

负荷等级、容量大小、线路配置等诸多因素不同，可组成不同形式的配电系统。其基本形式有以下三种，如图 5-2：

1）放射式

放射式配电系统的特点是线路与配电箱（盘）一一对应，供电可靠性高，但系统的灵活性较差，线缆消耗较多。

2）树干式

树干式配电系统的特点是从供电点引出的每条配电线路上采用链式连接数个配电箱，可减少线缆的消耗量，但供电的可靠性差。

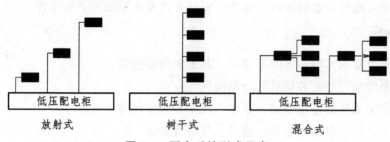

图 5-2　配电系统形式示意

3）混合式

混合式配电系统是放射式与树干式相结合的方式，系统的灵活性与可靠性均可得到保证，在高层建筑中，混合式是最常见和最实用的供电方式。

5.1.2　施工图的识读

阅读施工图、理解施工图是工程准确计量计价的基础。

电气设备安装工程施工图主要由图纸目录、设计说明、主要设备材料表、平面图、系统图、详图和标准图组成。

1. 图纸目录

图纸目录的作用是将全部施工图进行分类编号，作为施工图的首页，以便查阅施工图。

2. 设计施工说明

设计说明用于说明电气工程的概况和设计者的意图，用于表达图形、符号难以表达清楚的设计内容，要求内容简单明了、通俗易懂，语言不能有歧义。其主要内容包括供电方式、电压等级、主要线路敷设方式、防雷、接地及图中不能表达的各种电气安装高度、工程主要技术数据、施工验收要求以及有关事项等。

3. 材料设备表

材料设备表列出电气工程所需的主要设备、管材、导线、开关、插座等的名称、型号、规格、数量等。材料设备表上所列主要材料的数量，由于与工程量的计算方法和要求不同，不能作为工程量编制预算依据，只能作为参考数量。

4. 平面图

电气平面图分为动力平面图、照明平面图及防雷、接地平面图等。其主要内容包括：

（1）各种变、配电设备的型号、名称，各种用电设备的名称、型号以及在平面图上的位置。

（2）各种配电线路的起点、敷设方式、型号、规格、数量以及在建筑物中的走向、平面和垂直位置。

（3）建筑物和电气设备的防雷、接地的安装方式及在平面图上的位置。

5. 系统图

系统图是整个建筑配电系统的原理图。其主要内容包括：

（1）配电系统和设施在各楼层的分布情况。

（2）整个配电系统的连接方式，从主干线至各分支回路数量。

（3）主要变、配电设备的名称、型号、规格及数量。

（4）主干线路及主要分支线路的敷设方式、型号、规格。

6. 标准图及详图

标准图是施工图的一种，一般在设计说明中会注明标准图图号，作为预算和施工的重要依据。电气工程详图指局部节点需放大比例才能反映清楚的图。

阅读电气设备安装工程施工图时应注意以下事项：

（1）必须熟悉电气施工图的图例、符号、标注及画法。

（2）必须具有相关电气安装与应用的知识。识读平面图时，按进线→总配电箱→干线→支干线→分配电箱→用电设备的顺序进行。

（3）能建立空间思维，正确确定线路走向。

（4）平面图与系统图对照识读。

（5）明确施工图识读的目的，善于发现图中的问题，准确计算工程量。

5.2　定额应用及工程量计算

5.2.1　定额的内容及使用定额的规定

1. 定额的适用范围及内容

《云南省通用安装工程计价标准》（DBJ 53/T-63—2020）第四册《电气设备与线缆安装工程》适用于云南省辖区内工业与民用建筑及构筑物的新建、改（扩）建项目中的电压等级小于或等于 10 kV 变配电设备及线路安装工程、车间动力电气设备及电气照明器具、防雷及接地装置安装、配管配线、电气调整试验等的安装工程。

本节主要介绍民用建筑电气设备安装工程的相关内容，见表 5-1。

表 5-1　第四册《电气设备安装工程》定额中与民用建筑电气设备安装工程有关的内容

章节	各章内容
第二章	配电装置安装工程
第四章	配电控制、保护、直流装置安装工程
第七章	金属构件、穿墙套板安装工程
第九章	配电、输电电缆敷设工程
第十章	防雷及接地装置
第十二章	配管工程
第十三章	配线工程
第十四章	照明器具安装工程
第十七章	电气设备调试工程

2. 该册定额各项费用的规定

（1）脚手架搭拆费按人工费（电气设备调试、装饰灯具安装、10 kV 及以下架空输电线路不单独计算脚手架费用）5%计算，其费用中人工费占 40%，材料费占 53%，机械费占 7%。

（2）操作高度增加费：安装高度距离楼面或地面大于 5 m 时，超过部分工程量按表 4-4 中的系数计算（已考虑了超高因素的定额项目除外，如小区路灯、投光灯、氙气灯、烟囱或水塔指示灯、装饰灯具），电缆敷设工程、电压等级小于或等于 10 kV 架空输电线路工程不执行本条规定。

（3）建筑物超高增加费：在建筑物层数大于 6 层或建筑物高度大于 20 m 的工业与民用建筑物上进行安装时，按表 4-5 中的百分比计算建筑物超高增加的费用。当建筑高度超过定额规定 20 m 或 6 层时，应以整个工程全部工程量（含地下部分）为基数计算建筑物超高增加费。

（4）在地下室内（含地下车库）、暗室内、净高小于 1.6 m 楼层、断面小于 4 m² 且大于 2 m² 的隧道或洞内进行安装的工程，人工乘以系数 1.12。

（5）在管井内、竖井内、断面小于或等于 2 m² 的隧道或洞内、封闭吊顶天棚内进行安装的工程，人工乘以系数 1.16。

（6）凡定额的材料栏内未具体标注的未计价材。按该定额下脚标注的材料执行第四册《电气设备与线缆安装工程》册说明中的损耗率。

5.2.2　工程量计算及定额应用

1. 配电装置安装工程

1）项目设置

配电装置项目包括断路器、隔离开关、负荷开关、互感器、熔断器、避雷器、电抗器、电容器、交流滤波装置组架（TJL 系列）、开闭所成套配电装置、成套配电柜、成套配电箱、组合式成套箱式变电站、配电智能设备安装及单体调试、电动汽车充电设备等内容。

常见的成套配电柜和成套配电箱如图 5-3、图 5-4 所示。

图 5-3　成套配电柜

图 5-4　成套配电箱

2）工程量计算规则

（1）成套配电柜安装，根据设备功能，按照设计安装数量以"台"为计量单位。成套配电箱安装，根据箱体半周长，按照设计安装数量以"台"为计量单位。以上设备安装均未包括基础槽钢、角钢的制作安装，其工程量应按相应定额另行计算。

成套安装的配电箱不区分动力箱和照明箱，只区别箱体的安装方式、半周长套用相应定额。

【例 5-1】控制设备定额应用

云南省某电气设备安装工程中共设有 6 台成套配电箱，其中：总配电箱 1 台（盘面尺寸为 1000 mm×800 mm），落地安装；楼层配电箱 2 台（盘面尺寸为 800 mm×500 mm），办公室配电箱 3 台（盘面尺寸为 500 mm×300 mm），均为距地 1.5 m 嵌入式安装。试套用定额。

【解】根据《云南省通用安装工程计价标准》（DBJ 53/T-63—2020）第四册《电气设备与线缆安装工程》相关定额，总配电箱 1 台，套用 2-4-122 定额子目（落地式成套配电箱）；楼层配电箱 2 台（盘面尺寸为 800 mm×500 mm），半周长为 1.3 m，套用 2-4-125 定额子目（悬挂嵌入式成套配电箱，半周长 1.5 m）；办公室配电箱 3 台（盘面尺寸为 500 mm×300 mm），半周长为 0.8 m，套用 2-4-124 定额子目（悬挂嵌入式成套配电箱，半周长 1.0 m）。定额套用见表 5-2。

表 5-2　配电箱定额套用

定额编号	项目名称	计量单位	工程量	基价/元	其中/元			未计价材费
					人工费	材料费	机械费	
2-4-122	落地式配电箱	台	1	455.15	330.41	27.46	97.28	
设备	成套配电箱 1000 mm×800 mm	台	1					
未计价材	电焊条	kg	0.18					
2-4-125	悬挂嵌入式成套配电箱，半周长 1.5 m	台	2	235.86	210.35	25.51		
设备	楼层配电箱 800 mm ×500 mm	台	2					
2-4-124	悬挂嵌入式成套配电箱，半周长 1.0 m	台	3	187	163.76	23.24		
设备	楼层配电箱 500 mm ×300 mm	台	3					

（2）基础槽钢和角钢制作安装工程量计算：

按照设计施工图，配电柜、箱为落地安装的，还应计算基础型钢制作安装的工程量，另套相应定额。基础型钢计算方法如图 5-5。

A—各柜（箱）边长之和；*B*—柜（箱）之宽。

图 5-5　配电箱角钢、槽钢基座示意

$$L=2（A+B）$$

其中：L——基础槽钢或角钢设计长度（m）；

　　　A——单列屏（柜）总长度（m）；

　　　B——屏（柜）深（或厚）度（m）。

【例 5-2】基础型钢工程量计算与定额应用

云南省某工程共有 4 台低压配电柜（柜宽 800 mm，深 1200 mm），如图 5-6，安装在同一角钢（L50×5）基础上，计算基础型钢的长度并套用定额。

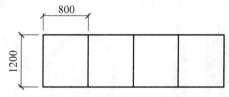

图 5-6　低压配电柜角钢基座示意

【解】基础角钢的工程量为：

　　　$L=（0.8×4+1.2）×2=8.8$ m

注意计算未计价材的工程量时还应考虑定额规定的施工损耗率。定额中型钢的损耗率为1%，L50×5 角钢的理论质量为 3.77 kg/m，则未计价材角钢的工程量=8.8×3.77×1.01=33.51 kg；电焊条的工程量=8.8×0.055=0.484 kg。

定额套用见表5-3。

表 5-3　基础角钢定额套用

定额编号	项目名称	计量单位	工程量	基价/元	其中/元			未计价材费
					人工费	材料费	机械费	
2-4-598	基础角钢制作、安装	m	8.8	18.14	13.93	2.32	3.26	
未计价材	角钢 L50×5	kg	33.51					
未计价材	电焊条	kg	0.484					

（3）端子板外部接配线根据设备外部接线图，按照设计图示接线数量以"个"为计量单位。

需要注意的是，各种配电箱、盘安装均未包括端子板的外部接线和焊压接线端子的工作内容，应根据外部接线图（系统图）上端子的规格、数量，另套相应定额。

端子板外部接线分有端子和无端子两种情况，适用于截面积在 6 mm² 以下的导线。有端子定额已包括焊（压）端子工作内容，适用于软线或多股线；无端子定额适用于独股硬线。

焊压接线端子是指截面积在 6 mm² 以上的多股单芯导线与设备或电源连接时必须加装的接线端子，按材质分为铜接线端了和铝接线端子。铜接线端子有焊接和压接两种形式，铝接线端子只有压接形式。定额只适用于导线，电力电缆终端头制作安装定额中已包括压接线端子，控制电缆终端头制作安装定额包括终端头制作及接线至端子板，不得重复计算。

3）相关说明

设备安装定额未包括的工作内容：

（1）端子箱安装，控制箱安装。

（2）设备支架制作及安装。

（3）基础槽（角）钢安装。

（4）配电设备端子板外部接线。

（5）预埋地脚螺栓、二次灌浆。

2. 电缆敷设工程

本章的电缆敷设定额适用于 10 kV 以下的电力电缆和控制电缆敷设。电缆如图 5-7 所示。

图 5-7　电缆

1）项目设置

电缆工程项目包括直埋电缆辅助设施、电缆保护管铺设、电缆桥架与槽盒安装、电力电缆敷设、电力电缆头制作与安装、控制电缆敷设、控制电缆头制作与安装、电缆防火设施等内容。

2）工程量计算规则

（1）直埋电缆沟槽挖填根据电缆敷设路径，除特殊要求外，按照表 5-4 的规定以"m³"为计量单位。沟槽开挖长度按照电缆敷设路径长度计算。需要单独计算余土（余石）外运工程量时按照直埋电缆沟槽挖填量的 12.5%计算。

表 5-4 直埋电缆沟槽土石方挖填计算

项目	电缆根数	
	1～2 根	每增一根
每米沟长挖方量/m³	0.45	0.153

注：① 2 根以内的电缆沟，按照上口宽度 600 mm、下口宽度 400 mm、深度 900 mm 计算常规土方量（深度按规范的最低标准计取）。

② 每增加 1 根电缆，其宽度增加 170 mm。

③ 土石方量从自然地坪起，若挖深大于 900 mm，则按照开挖尺寸另行计算。

④ 挖淤泥、流沙按照本表中数量乘以系数 1.5。

电缆埋设示意如图 5-8。

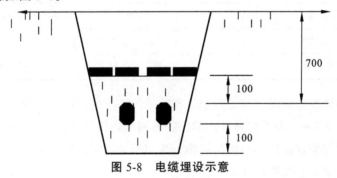

图 5-8 电缆埋设示意

【例 5-3】电缆沟土方工程量计算

云南省某工程直埋电缆共 3 根，长度为 100 m，求电缆沟挖填土方的工程量。

【解】根据定额工程量计算规则，两根以内的电缆敷设，电缆沟每米的挖方量为 0.45 m³，每增加一根电缆沟每米的挖方量增加 0.153 m³，则挖方量=（0.45+0.153）×100=60.3 m³。

（2）电缆沟揭、盖、移动盖板根据施工组织设计，以揭一次与盖一次或者移除一次与移回一次为计算基础，按照实际揭与盖或移除与移回的次数乘以其长度，以"米"为计量单位。电缆沟如图 5-9 所示。

图 5-9　电缆沟

（3）电缆保护管铺设根据电缆敷设路径，应区分不同敷设方式、敷设位置、管材材质、规格，按照设计图示敷设数量以"m"为计量单位。计算保护管长度时，设计无规定者按照表5-5的规定增加保护管长度。

表 5-5　保护管增加长度

部位	增加长度
横穿马路	按路基宽度两端各增加 2 m
保护管出地面	弯头管口距地面增加 2 m
穿过建（构）筑物外墙	从基础外缘起增加 1 m
穿过沟（隧）道	从沟（隧）道壁外缘起增加 1 m

（4）电缆保护管埋地敷设，其土方量凡有施工图注明的，按施工图计算；施工图没有注明的，一般沟深按 0.9 m、沟宽按最外边的保护管两侧边缘外各增加 0.3 m 工作面计算。

（5）电缆桥架安装根据桥架材质与规格，按照设计图示安装数量以"m"为计量单位。

（6）组合式桥架安装按照设计图示安装数量以"片"为计量单位，复合支架安装按照设计图示安装数量以"副"为计量单位。

（7）电缆敷设根据电缆敷设环境与规格，按照设计图示单根敷设数量以"m"为计量单位。不计算电缆敷设损耗量。

① 竖井通道内敷设电缆长度按照电缆敷设在竖井通道垂直高度上以延长米计算工程量。

② 预制分支电缆敷设长度按照敷设主电缆长度计算工程量。

③ 计算电缆敷设长度时，应考虑因波形敷设、弛度、电缆绕梁（柱）所增加的长度以及电缆与设备连接、电缆接头等必要的预留长度。预留长度按照设计规定计算，设计无规定时按照表 5-6 的规定计算。

表 5-6　电缆敷设预留及附加长度

序号	项目	预留（附加）长度	说明
1	电缆敷设弛度、波形弯度、交叉	2.50%	按电缆全长计算
2	电缆进入建筑物	2.0 m	规范规定最小值
3	电缆进入沟内或吊架时引上（下）预留	1.5 m	规范规定最小值
4	变电所进线、出线	1.5 m	规范规定最小值
5	电力电缆终端头	1.5 m	检修余量最小值
6	电缆中间接头盒	两端各留 2.0 m	检修余量最小值
7	电缆进控制、保护屏及模拟盘、配电箱等	高+宽	按盘面尺寸
8	高压开关柜及低压配电盘、箱	2.0 m	盘下进出线
9	电缆至电动机	0.5 m	从电动机接线盒起算
10	厂用变压器	3.0 m	从地坪起算
11	电缆绕过梁柱等增加长度	按实计算	按被绕物的断面情况计算增加长度
12	电梯电缆与电缆架固定点	每处 0.5 m	规范规定最小值

计算电缆敷设工程量时应注意，定额没有考虑电缆敷设弛度、波形弯度、交叉、电缆接头以及按规范规定必要的预留长度，因此这些长度也是电缆敷设长度的组成部分，如图 5-10。

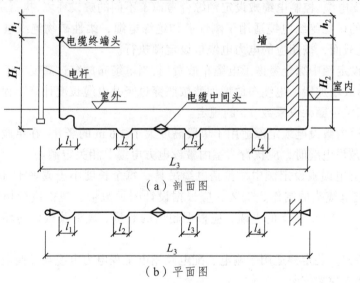

（a）剖面图

（b）平面图

图 5-10　电缆敷设长度组成示意

每条电缆敷设长度=（水平长度+垂直长度+预留长度）×（1+2.5%）

式中　2.5%——考虑电缆敷设弛度、波形弯度、交叉的系数。

（7）电力电缆和控制电缆均按照一根电缆有两个终端头计算。

（8）电力电缆中间头按照设计规定计算，设计没有规定的以单根长度 400 m 为标准，每增加 400 m 计算一个中间头，增加长度小于 400 m 时计算一个中间头。

3）相关说明

（1）电缆在一般山地、丘陵地区敷设时，其定额人工乘以系数1.3。该地段所需的施工材料（如固定桩、夹具等）应根据施工组织设计另行计算。

（2）电缆头制作安装定额中包括镀锡裸铜线、扎索管、接线端子、压接管、螺栓等消耗性材料。定额不包括终端盒、中间盒、保护盒、插接式成品头、铅套管主材及支架安装。

（3）电力电缆敷设定额是按照三芯（包括三芯连地）编制的，电缆每增加一芯，相应定额增加15%。

（4）单芯电力电缆敷设按同截面电缆定额乘以0.7。截面积在400 mm² 以上至800 mm² 的单芯电力电缆敷设按400 mm² 电力电缆敷设定额乘以系数1.35。截面积在800～1600 mm² 的单芯电力电缆敷设按400 mm² 电力电缆定额乘以系数1.85。

（5）电缆沟挖填方定额亦适用于电气管道沟、超深接地母线沟等的挖填方工作。

（6）电缆敷设系综合定额，已将裸包电缆、铠装电缆、屏蔽电缆等因素考虑在内，凡10 kV以下的电力电缆和控制电缆均不分结构形式和型号，一律按相应的电缆截面和芯数执行定额。

① 输电电力电缆敷设环境分为直埋式、电缆沟（隧）道内、排管内、街码金具上。输电电力电缆起点为电源点或变（配）电站，终点为用户端配电站。

② 配电电力电缆敷设环境分为室内、竖井通道内。配电电力电缆起点为用户端配电站，终点为用电设备。室内敷设电力电缆定额综合考虑了用户区内室外电缆沟、室内电缆沟、室内桥架、室内支架、室内线槽、室内管道等不同环境敷设，执行定额时不作调整。

③ 预制分支电缆、控制电缆敷设定额综合考虑了不同的敷设环境，执行定额时不作调整。

④ 定额中的矿物绝缘电缆适用于刚性矿物绝缘电缆，柔性矿物绝缘电力电缆根据电缆敷设环境与电缆截面，按相应的电力电缆敷设定额执行。

⑤ 电缆敷设定额中综合考虑了电缆布放费用，当电缆布放穿过高度大于20 m的竖井时，需要计算电缆布放增加费。电缆布放增加费按照穿过竖井电缆长度计算工程量，执行竖井通道内敷设电缆相关定额乘以系数0.3的规定。

⑥ 竖井通道内敷设电缆定额适用于单段高度大于3.6 m的竖井。在单段高度小于或等于3.6 m的竖井内敷设电缆时，应执行"室内敷设电方电缆"相关定额。

⑦ 预制分支电缆敷设定额中，包括电缆吊具、每个长度小于或等于10 m分支电缆安装；不包括分支电缆头的制作、安装，应根据设计图示数量、规格执行相应的电缆接头定额。每条长度大于10 m分支的电缆，应根据超出的数量、规格及敷设的环境执行相应的电缆敷设定额。

（7）电缆桥架安装定额适用于输电、配电及用电工程电力电缆与控制电缆的桥架安装。定额不包括桥架支撑架安装。

（8）电缆保护管铺设定额分地下铺设和地上铺设两部分。入室后需要敷设电缆保护管时，执行本册定额"配管工程"相关定额。

【例5-4】电缆工程量计算与定额应用

如图5-11，云南省某建筑物内某低压配电柜与配电箱之间的水平距离为50 m，配电线路采用YJV-1 kV-3×50+2×25 mm² 的5芯电力电缆穿保护管沿地、沿墙暗敷，电缆穿DN80钢管保护管，埋地深度为0.1 m。配电柜（宽×高×深：850 mm×2000 mm×600 mm）为落地式，配电箱（宽×高×深：800 mm×600 mm×220 mm）为嵌入式，底边距地1.6 m，电缆头按热缩式现场制作考虑。试计算电缆工程量并套用定额。

图 5-11　电缆工程量计算示意

【解】1. 电缆钢管保护管 DN80 工程量：

（1）水平长度：50 m。

（2）垂直长度：0.1（保护管埋深）×2+1.6（配电箱高度）=1.8 m。

合计：50+1.8=51.8 m。

2. 电缆敷设工程量：

电缆工程量根据施工图计算水平长度、垂直长度，并考虑电缆的预留长度和附加长度。电力电缆 YJV-1 kV-3×50+2×25 mm² 工程量计算如下：

（1）水平长度：50 m。

（2）垂直长度：0.1（保护管埋深）×2+1.6（配电箱高度）=1.8 m。

（3）预留长度：

① 配电柜盘下进出线预留量：2 m。

② 电力电缆终端头预留量：1.5×2=3 m。

③ 配电箱预留量（高+宽）：0.8+0.6=1.4 m。

预留长度合计：2+3+1.4=6.4 m。

YJV-1 kV-3+50+2×25 mm² 电缆工程量：

L=（水平长度+垂直长度+预留长度）×（1+2.5%）=（50+1.8+6.4）×（1+2.5%）=59.66 m

3. 电缆 YJV-1 kV-3×50+2×25 mm² 终端头：2 个

定额套用：

（1）室内电缆保护管执行第十二章配管工程相关定额，则钢管 DN80 暗敷定额套用 2-4-1564（镀锌钢管砖、混凝土结构暗配 DN80），定额的计量单位为 10 m，钢管消耗量为 10.3 m。则未计价材工程量为：51.8×10.3/10=53.35 m。

（2）电力电缆定额套用应注意电缆敷设环境、材质、芯数及电压。YJV-1 kV-3×50+2×25 mm² 电力电缆定额套用 2-4-849（室内铜芯电力电缆敷设，电缆截面积≤50 mm²），5 芯电缆按 3 芯电缆相对应定额乘以系数 1.3。套用定额时按单芯最大截面计算，不得将所有芯数截面积相加计算。计算未计价材的工程量时应包括定额所给施工损耗，电缆敷设定额的计量单位为 10 m，电缆消耗量为 10.1 m，则未计价材工程量为：59.66/10×10.1=60.26 m。

（3）电缆终端头定额套用应注意类型、材质、电压等级。YJV-1 kV-3×50+2×25 mm² 电力电缆终端头定额套用 2-4-955（1 kV 室内热缩式铜芯电力电缆终端头，电缆截面积≤50 mm²）。电缆终端头计算未计价材料时应包括定额消耗量 1.02 个，则未计价材工程量为：2×1.02=2.04 个。

电缆定额套用见表 5-7。

表 5-7　电缆定额套用

定额编号	项目名称	计量单位	工程量	基价/元	其中/元			未计价材费
					人工费	材料费	机械费	
2-4-1564	电缆保护管暗敷	10 m	5.18	410.54	341.93	66.91	1.7	
未计价材	钢管 SC80	m	53.35					
2-4-849×1.3	室内铜芯电力电缆敷设，电缆截面≤50 mm²	10 m	5.966	118.68×1.3	86.44×1.3	239.27×1.3	91.47×1.3	
未计价材	铜芯电力电缆 YJV-1 kV-3×50+2×25 mm²	m	60.26					
2-4-955	1 kV 室内热缩式铜芯电力电缆终端头，电缆截面积≤50 mm²	个	2	194.07	85.64	108.43	0.00	
未计价材	铜芯电力电缆终端头 YJV-1 kV-3×50+2×25 mm²	个	2.04					

3. 配管、配线工程

配管、配线工程是指电气设备安装工程中配电线路保护管和线路的敷设。

1）配管

配管如图 5-12 ~ 图 5-14 所示。

图 5-12　电线管

图 5-13　塑料阻燃管

图 5-14　线管预埋

（1）项目设置。

配管工程项目包括套接紧定式镀锌钢导管（JDG）、镀锌钢管、防爆钢管、可挠金属套管、塑料管、金属软管、金属线槽的敷设等内容。

（2）工程量计算规则。

① 配管敷设根据配管材质与直径，区别敷设位置、敷设方式，按照设计图示安装数量以"m"为计量单位。计算长度时，不计算安装损耗量，不扣除管路中间的接线箱、接线盒、灯

头盒、开关盒、插座盒、管件等所占的长度。

② 金属软管敷设根据金属管直径及每根长度，按照设计图示安装数量以"m"为计量单位。计算长度时，不计算安装损耗量。

③ 线槽敷设根据线槽材质与规格，按照设计图示安装数量以"m"为计量单位。计算长度时，不计算安装损耗量，不扣除管路中间的接线箱、接线盒、灯头盒、开关盒、插座盒、管件等所占长度。

④ 混凝土地面刨沟根据直径，按照设计图示长度以"m"为计量单位。

⑤ 砖墙面剔槽根据直径，按照设计图示长度以"m"为计量单位。

（3）有关说明。

① 配管定额中钢管材质是按照镀锌钢管考虑的，定额不包括采用焊接钢管刷油漆、刷防火漆或防火涂料、管外壁防腐保护以及接线箱、接线盒、支架的制作与安装。焊接钢管刷油漆、刷防火漆或涂防火涂料、管外壁防腐保护执行第十二册《防腐蚀、绝热工程》相应项目；接线箱、接线盒安装执行本册第十三章配线工程相关定额；支架的制作与安装执行本册第七章金属构件、穿墙套板安装工程相关定额。

② 工程采用镀锌电线管或焊接钢管时，执行镀锌钢管定额计算安装费；镀锌电线管或焊接钢管主材费按照镀锌钢管用量另行计算。

③ 工程采用扣压式薄壁钢导管（KBG）时，执行套接紧定式镀锌钢导管（JDG）定额计算安装费；扣压式薄壁钢导管（KBG）主材费按照镀锌钢管用量另行计算。计算其管主材费时，应包括管件费用。

④ 定额中刚性阻燃管为刚性 PVC 难燃线管，管材长度一般为 4 m/根，管材连接采用专用接头插入法连接，接口密封；半硬质塑料管为阻燃聚乙烯软管，管材连接采用专用接头抹塑料胶后粘接。工程实际安装与定额不同时，执行定额不作调整。

⑤ 定额中可挠金属套管是指普利卡金属管（PULLKA），主要应用于混凝土内埋管及低压室外电气配线管。

⑥ 配管定额是按照各专业间配合施工考虑的。

⑦ 室外埋设配线管的土石方施工，参照第九章中"电缆沟沟槽挖填"定额执行。室内埋设配线管的土石方原则上不单独计算。

⑧ 吊顶天棚板内敷设电线管根据管材材质执行"砖、混凝土结构明配"相关定额。

⑨ 防爆钢管敷设（箱罐容器内照明配管），执行防爆钢管敷设（钢结构支架配管）相关定额。

配管工程量一般从配电箱开始起算，按其出线的各个回路进行计算；或按建筑物自然层划分计算，最后汇总工程量。

水平方向敷设的线管应以施工平面图管线走向、敷设部位及设备安装位置为依据，并用平面图所示墙、柱轴线尺寸或比例尺量取尺寸进行计算。

如图 5-15，当线管沿墙明敷时，应按相关墙面净空长度计算其配管长度（如 N_1 回路）；当线管沿墙暗敷时，应按图示尺寸计算其配管长度（如 N_2 回路）。

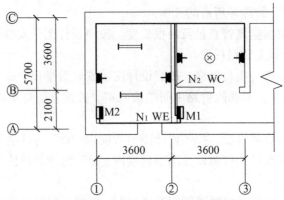

N₁ 回路：BV-0.75V-3×6 mm² SC20 WE；N₂ 回路：BV-0.75V-3×4 mm² PC20 WC。

图 5-15　线管水平长度计算示意

　　垂直方向沿墙沿顶（棚）敷设的线管，无论是明装或是暗装，其长度均应与楼层的高度及配电箱（柜）、开关等设备的安装高度有关，如图 5-16。计算垂直方向线管时应以设计施工图及相关规范为准。

　　垂直方向沿墙沿地敷设的线管，当配管埋地敷设时，水平方向仍按墙、柱轴线尺寸及设备定位尺寸进行计算。穿出地面至墙上用电设备或地面设备的配管，应考虑配管的埋设深度和由地面引上至设备的高度进行计算。

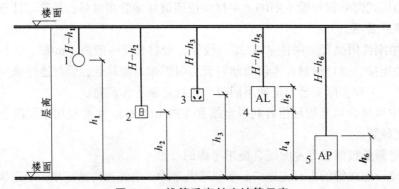

图 5-16　线管垂直长度计算示意

　　如图 5-17 为插座回路配管埋地敷设示意，设图中配电箱距地高度为 1.5 m，插座距地为 0.3 m，配管埋地深度为 0.1 m。水平方向的配管长度为 $l_1 + l_2 + l_3$，可用比例尺在图上量出。垂直方向的配管长度为（1.5+0.1）m 配电箱引下部分+（0.1+0.3）m 埋地配管至插座+（0.3+0.1）m 插座至埋地配管+0.4 m+0.4 m+0.4 m。

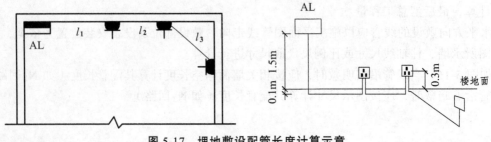

图 5-17　埋地敷设配管长度计算示意

2）配线

（1）项目设置。

配线项目包括管内穿线、绝缘子配线、线槽配线、塑料护套线明敷设、绝缘导线明敷设、车间配线、接线箱安装、接线盒安装、盘（柜、箱、板）配线等内容。电线如图 5-18 所示。本节主要介绍电气照明系统中常用的管内穿线和线槽配线方式。

图 5-18　电线

（2）工程量计算规则。

①管内穿线根据导线材质与截面积，区别照明线与动力线，按照设计图示安装数量以"10 m"为计量单位；管内穿多芯软导线根据软导线芯数与单芯软导线截面积，按照设计图示安装数量以"10 m"为计量单位。管内穿线的线路分支接头线长度已综合考虑在定额中，不得另行计算。

管内穿线长度=（配管长度+导线预留长度）×同截面导线根数

计算时需注意的问题：线路分支接头线的长度已综合考虑在定额中，不得另行计算；照明开关、插座、按钮等的预留线，已分别综合在相应定额内，不另行计算；但配线进入各种箱、柜、盘、板的预留长度，定额没有包括，应按相关规定另行计算。

②线槽配线根据导线截面积，按照设计图示安装数量以"10 m"为计量单位。

当导线敷设在线槽或桥架内时，配线就应按线槽配线定额执行。

③塑料护套线明敷设根据导线芯数与单芯导线截面积，区别导线敷设位置（如木结构、砖混凝土结构、沿钢索），按照设计图示安装数量以"10 m"为计量单位。

④盘、柜、箱、板配线根据导线截面积，按照设计图示配线数量以"10 m"为计量单位。配线进入盘、柜、箱、板时每根线的预留长度按照设计规定计算，设计无规定时按照表 5-8 的规定计算。图 5-19 为连接设备导线预留长度示意。

表 5-8　连接设备导线预留长度（每根线）

序号	项　目	预留长度/m	说明
1	各种开关、柜、板	高+宽	盘面尺寸
2	单独安装（无箱、盘）的铁壳开关、闸刀开关、启动器、母线槽进出线盒	0.3	从安装对象中心起算
3	由地面管出口引至动力接线箱	1	从管口计算
4	电源与管内导线连接 （管内穿线与软、硬母线接点）	1.5	从管口计算
5	出户线	1.5	从管口计算

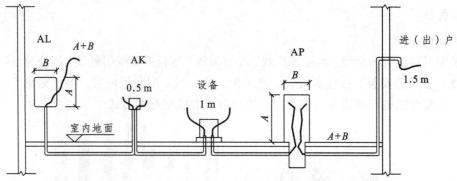

图 5-19　连接设备导线预留长度示意

⑤ 灯具、开关、插座、按钮等预留线，已分别综合在相应项目内，不另行计算。

（3）相关说明。

① 管内穿线定额包括扫管、穿线、焊接包头；绝缘子配线定额包括埋螺钉、钉木楞、埋穿墙管、安装绝缘子、配线、焊接包头；线槽配线定额包括清扫线槽、布线、焊接包头；导线明敷设定额包括埋穿墙管、安装瓷通、安装街码、上卡子、配线、焊接包头。

② 照明线路中导线截面积大于 6 mm² 时，执行"穿动力线"相关定额。

③ 接线箱、接线盒安装及盘柜配线定额适用于电压等级小于或等于 380V 的用电系统。定额不包括接线箱、接线盒费用及导线与接线端子材料费。

④ 暗装接线箱、接线盒定额中槽孔按照事先预留考虑，不计算开槽、开孔费用。

3）接线箱、盒安装

（1）工程量计算规则。

① 接线箱安装根据安装形式（明装、暗装）及接线箱半周长，按照设计图示安装数量以"个"为计量单位。

② 接线盒安装根据安装形式（明装、暗装）及接线盒类型，按照设计图示安装数量以"个"为计量单位。

（2）说明。

配管工程均未包括接线箱、盒的安装。接线盒一般设置在管线分支或转弯处，暗装的开关、插座应设置开关、插座接线盒，暗配管线在灯具处应有灯头接线盒，如图 5-20 所示。

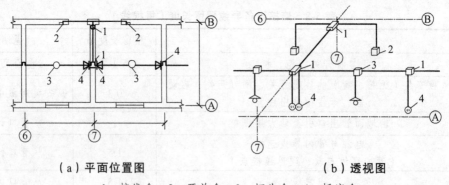

（a）平面位置图　　　　　　　　（b）透视图

1—接线盒；2—开关盒；3—灯头盒；4—插座盒。

图 5-20　接线盒位置

当线管敷设长度超过下列情况之一时，中间应加接线盒：管长度每超过 30 m，无弯曲；管长度每超过 20 m，有 1 个弯曲；管长度每超过 15 m，有 2 个弯曲；管长度每超过 8 m，有 3 个弯曲。

【例 5-5】配管配线工程量计算与定额应用

云南省某值班室的电气照明系统如图 5-21、图 5-22 所示，值班室的层高为 2.8 m，墙体厚度为 240 mm。其中 MX 配电箱（盘面尺寸为 400 mm×200 mm）的安装高度为底边距地 1.6 m，开关距地 1.4 m，插座距地 0.3 m，插座配管埋地深度按 0.1 m 考虑。试计算该工程的配管配线工程量，并套用定额。

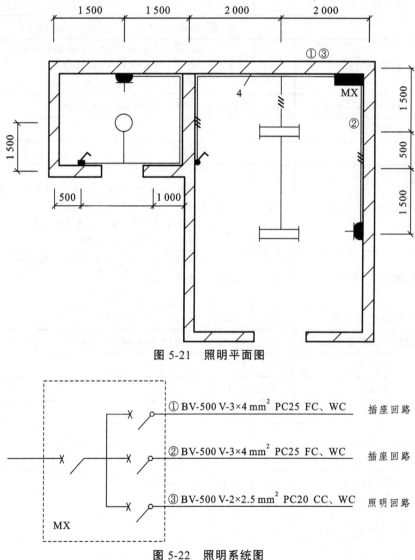

图 5-21　照明平面图

图 5-22　照明系统图

① BV-500 V-3×4 mm^2 PC25 FC、WC　　插座回路

② BV-500 V-3×4 mm^2 PC25 FC、WC　　插座回路

③ BV-500 V-2×2.5 mm^2 PC20 CC、WC　　照明回路

【解】（1）工程量计算（表 5-9）。

表 5-9　工程量计算

序号	项目名称	单位	工程量	计算式
	MX 配电箱出线			
1	① 回路			
	配管 PC25	m	7.28	水平：2-0.12-0.4/2+2+1.5=5.18 垂直：1.6+0.1+0.3+0.1=2.1 合计：5.18+2.1=7.28
	配线 BV-500 V-4 mm²	m	23.64	（7.28+0.4+0.2）×3=23.64
	插座接线盒	个	1	1
2	② 回路			
	配管 PC25	m	5.68	水平：1.5-0.12+0.4/2+0.5+1.5=3.58 垂直：1.6+0.1+0.3+0.1=2.1 合计：3.58+2.1=5.68
	配线 BV-500 V-4 mm²	m	18.84	（5.58+0.4+0.2）×3=18.84
	插座接线盒	个	1	1
3	③ 回路			
	配管 PC20（穿二线）	m	11.84	水平： 2-0.12-0.4/2+1.5+0.5+0.24+1.5+0.5-0.24+1.5-0.12+1.5-0.5+1.5-0.12=9.44 垂直：2.8-1.6-0.2+2.8-1.4=2.4 合计：9.44+2.4=11.84
	配管 PC20（穿三线）	m	4.54	水平：1.5-0.12+1.5+0.5-0.24=3.14 垂直：2.8-1.4=1.4 合计：3.14+1.4=4.54
	配管 PC20（穿四线）	m	1.88	水平：2-0.12=1.88
	配线 BV-500 V-2.5 mm²	m	46.02	11.84×2+4.54×3+1.88×4+（0.4+0.2）×2=46.02
	灯头盒	个	3	3
	接线盒	个	3	3（分支处）
	插座盒	个	2	2
	开关盒	个	2	2
4	合　计			
	配管 PC20	m	18.26	11.84+4.54+1.88=18.26
	配管 PC25	m	12.96	7.28+5.68=12.96
	配线 BV-500 V-2.5 mm²	m	46.02	46.02
	配线 BV-500 V-4 mm²	m	42.48	23.64+18.84=42.48
	接线盒	个	6	3+3=6（灯头盒+管路分支接线盒）
	开关盒	个	4	4（插座盒+开关盒）

（2）定额套用（表5-10）。

表 5-10　配管配线定额套用

定额编号	项目名称	计量单位	工程量	基价/元	其中/元			未计价材料费
					人工费	材料费	机械费	
2-4-1675	半硬质塑料管暗敷外径20	10 m	0.1826	80.03	77.84	2.19	0.00	
未计价材	半硬质塑料管 ϕ20	m	19.36					
未计价材	套接管	m	0.17					
2-4-1676	半硬质塑料管暗敷外径25	10 m	0.1276	99.74	97.30	2.44	0.00	
未计价材	半硬质塑料管 ϕ25	m	13.53					
未计价材	套接管	m	0.15					
2-4-1750	管内穿线 2.5 mm^2	100 m	0.4602	14.80	12.97	1.83	0.00	
未计价材	BV-500 V-2.5 mm^2	m	53.38					
2-4-1751	管内穿线 4 mm^2	100 m	0.4188	10.44	8.64	1.80	0.00	
未计价材	BV-500 V-4 mm^2	m	48.58					
2-4-1913	接线盒暗装	个	0.6	7.62	4.8	2.82	0.00	
未计价材	接线盒	个	6.12					
2-4-1912	开关盒暗装	个	0.4	6.16	5.28	0.88	0.00	
未计价材	开关盒	个	4.08					

4. 照明器具及路灯工程

1）项目设置

照明器具及路灯工程按灯具种类及其安装形式进行划分，包括普通灯具、装饰灯具、荧光灯具、嵌入式地灯、工厂灯、医院灯具、霓虹灯、小区路灯、景观灯的安装，开关、按钮、插座的安装，艺术喷泉照明系统的安装等内容。

2）工程量计算规则

（1）普通灯具（图5-23、图5-24）。

普通灯具包括圆球吸顶灯、方形吸顶灯、软线吊灯、座灯头、吊链灯、防水吊灯、一般弯脖灯、一般墙壁灯、软线吊灯头、声光控座灯头等。

普通灯具安装根据灯具种类、规格，按照设计图示安装数量以"套"为计量单位。

图 5-23　圆球吸顶灯

图 5-24　壁灯

（2）装饰灯具（图5-25、图5-26）。

装饰灯具包括吊式艺术装饰灯、吸顶式艺术装饰灯、荧光艺术装饰灯、几何形组合艺术装饰灯、标志灯、诱导装饰灯、水下艺术装饰灯、点光源艺术装饰灯、草坪灯具、歌舞厅灯具等。

图5-25　吊式艺术装饰灯

图5-26　筒灯

① 吊式艺术装饰灯具的工程量，区别不同装饰物以及灯体直径和灯体垂吊长度，按照设计图示安装数量以"套"为计量单位计算。灯体直径为装饰物的最大外缘直径，灯体垂吊长度为灯座底部到灯梢之间的总长度。

② 吸顶式艺术装饰灯具安装的工程量，区别不同装饰物、吸盘的几何形状、灯体直径、灯体周长和灯体垂吊长度，按照设计图示安装数量以"套"为计量单位计算。灯体直径为吸盘最大外缘直径；灯体半周长为矩形吸盘的半周长；吸顶式艺术装饰灯具的灯体垂吊长度为吸盘到灯梢之间的总长度。

③ 荧光艺术装饰灯具安装的工程量，区别不同安装形式和计量单位计算。

④ 组合荧光灯带安装根据灯管数量，按照设计图示安装数量以灯带"m"为计量单位。

⑤ 内藏组合式灯安装根据灯具组合形式，按照设计图示安装数量以"m"为计量单位。

⑥ 发光棚荧光灯安装按照设计图示发光棚数量以"m²"为计量单位。灯具主材根据实际安装数量加损耗量以"套"另行计算。

⑦ 立体广告灯箱、天棚荧光灯带安装按照设计图示安装数量以"m"为计量单位。

⑧ 几何形状组合艺术灯具安装根据装饰灯具示意图所示，区别不同安装形式及灯具形式，按照设计图示安装数量以"套"为计量单位。

⑨ 标志、诱导装饰灯具安装根据装饰灯具示意图所示，区别不同的安装形式，按照设计图示安装数量以"套"为计量单位。

⑩ 水下艺术装饰灯具安装，区别不同安装形式，按照设计图示安装数量以"套"为计量单位。

⑪点光源艺术装饰灯具安装，区别不同安装形式、不同灯具直径，按照设计图示安装数量以"套"为计量单位。

⑫ 草坪灯其安装，区别不同安装形式，按照设计图示安装数量以"套"为计量单位。

⑬ 歌舞厅灯具安装，区别不同安装形式，按照设计图示安装数量以"套"或"m"或"台"为计量单位。

（3）荧光灯。

成套荧光灯包括单管、双管、三管、四管、吊链式、吊管式、吸顶式、嵌入式、成套独立荧光灯等。

荧光灯具安装根据灯具安装形式、灯具种类、灯管数量，按照设计图示安装数量以"套"为计量单位。

（4）工厂灯（图 5-27）。

工厂灯包括直杆工厂灯、吊链式工厂灯、吸顶式工厂灯、弯杆式工厂灯、悬挂式工厂灯、防水防尘灯、防潮灯、腰形船顶灯、管形氙气灯、投光灯等。

图 5-27　工厂罩灯

① 工厂灯及防水防尘灯安装根据灯具安装形式，按照设计图示安装数量以"套"为计量单位。

② 工厂其他灯具安装根据灯具类型、安装形式、安装高度，按照设计图示安装数量以"套"或"个"为计量单位。

（5）医院灯具。

医院灯具包括病房指示灯、病房暗脚灯、紫外线杀菌灯、无影灯等。

医院灯具安装根据灯具类型，按照设计图示安装数量以"套"为计量单位。

（6）路灯。

路灯包括单臂挑灯、双臂挑灯、高杆灯灯架路灯、大马路弯灯、庭院小区路灯、桥栏杆灯等。

小区路灯安装根据灯杆形式、臂长、灯数，按照设计图示安装数量以"套"为计量单位。

（7）开关、按钮安装根据安装形式与种类、开关极数及单控与双控，按照设计图示安装数量以"套"为计量单位。

（8）声控（红外线感应）延时开关、柜门触动开关安装，按照设计图示安装数量以"套"为计量单位。

（9）插座安装根据电源数、额定电流、插座安装形式，按照设计图示安装数量以"套"为计量单位。

3）相关说明

（1）灯具引导线是指灯具吸盘到灯头的连线，除注明者外，均按照灯具自备考虑。如引导线需要另行配置时，其安装费不变，主材费另行计算。

（2）小区路灯、投光灯、氙气灯、烟囱或水塔指示灯的安装定额，考虑了超高安装（操作超高）因素，其他照明器具的安装高度大于 5 m 时，按照第四册《电气设备与线缆安装工程》册说明中的规定另行计算超高安装增加费。

（3）装饰灯具安装定额考虑了超高安装因素，并包括脚手架搭拆费用。

（4）照明灯具安装除特殊说明外，均不包括支架制作与安装。工程实际发生时，执行本册定额第七章金属构件、穿墙套板安装工程相关定额。

（5）定额包括灯具组装、安装、利用摇表测量绝缘及一般灯具的试亮工作。

（6）小区路灯安装定额包括灯柱、灯架、灯具安装；成品小区路灯基础安装包括基础土方施工，现浇混凝土小区路灯基础及土方施工执行《云南省建筑工程计价标准》（DBJ53/T-61—2020）中的相应项目。

（7）组合荧光灯带、内藏组合式灯、发光棚荧光灯、立体广告灯箱、天棚荧光灯带的灯具设计用量与定额不同时，成套灯具根据设计数量加损耗量计算主材费，安装费不作调整。

（8）荧光灯具安装定额按照成套型荧光灯考虑，工程实际采用组合式荧光灯时，执行相应的成套型荧光灯安装定额乘以系数 1.1。

（9）工厂厂区内、住宅小区内路灯的安装执行本册定额。小区路灯安装定额中不包括小区路灯杆接地，接地参照"10 kV 输电电杆接地"定额执行。

（10）LED 灯安装根据其结构、形式、安装地点，执行相应的灯具安装定额。

（11）灯具安装定额中灯槽、灯孔按照事先预留考虑，不计算开孔费用。

（12）插座箱安装执行相应的成品配电箱定额。

（13）楼宇亮化灯具控制器、小区路灯集中控制器安装执行"艺术喷泉照明系统安装"相关定额。

（14）太阳能路灯均考虑了一般工程的高空作业因素。

（15）太阳能路灯已经包括太阳能光伏板电池和蓄电池、风叶等部件的安装。

【例 5-6】照明器具定额应用

云南省某工程需安装双光荧光灯（2×28 W 吸顶式 成套型）12 套，走道半圆球吸顶灯（节能型 1×22 W 灯罩直径 300 mm）10 套、卫生间镜前灯（1×20 W 镜上安装）2套、单向疏散指示灯（LED 1×8 W 应急时间 30 min 墙壁式 距地高度 0.3 m）3 套、会议室灯带 15 m（嵌入式 单管 T5 管 1×28 W），试套用定额。（未计价材暂不考虑）

【解】根据《云南省通用安装工程计价标准》（DBJ 53/T-63—2020）第四册《电气设备与线缆安装工程》第十四章照明器具安装工程相关项目，会议室灯带定额套用时以"10 m"为计量单位，未计价材费计算时以"套"为计量单位，其余灯具均以"10 套"为计量单位，计算未计价材费时应包含定额所给消耗量。定额套用见表 5-11。

表 5-11 灯具定额套用

定额编号	项目名称	计量单位	工程量	基价/元	其中/元			未计价材费
					人工费	材料费	机械费	
2-4-2153	双管荧光灯 成套型 吸顶式	套	1.2	31.35	27.85	3.5	0	
未计价材	双管荧光灯 2×28 W	套	12.12					
2-4-1930	半圆球吸顶灯（灯罩周长≤ 1100 mm）	套	1	25.94	22.09	3.85	0	
未计价材	半圆球吸顶灯 1×22 W 节能型	套	10.1					
2-4-1936	普通壁灯	套	0.2	23.56	20.65	2.91	0	
未计价材	镜前灯 1×20 W	套	2.02					
2-4-2084	标志诱导装饰灯 墙壁式	套	0.3	31.79	26.57	5.22	0	
未计价材	单向疏散指示灯 LED 1×8 W 应急时间 30 min	套	3.03					
2-4-2052	组合荧光灯光带 嵌入式	m	1.5	54.01	35.86	18.15	0	
未计价材	灯带 T5 管 1×28 W	套	12.12					

5. 防雷及接地装置

防雷接地装置组成如图 5-28。

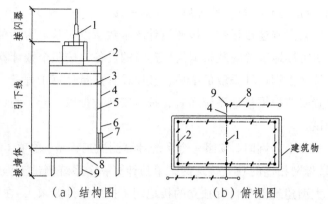

（a）结构图　　　　（b）俯视图

1—避雷针；2—避雷网；3—均压环；4—引下线（沿建筑物引下）；
5—引下线卡子；6—断接卡；7—引下线保护管；
8—接地母线；9—接地极。

图 5-28　建筑物防雷接地装置示意

1）项目设置

防雷及接地装置项目包括避雷针制作与安装、避雷引下线敷设、避雷网安装、接地极（板）制作与安装、接地母线敷设、接地跨接线安装、桩承台接地、设备防雷装置安装、阴极保护接地、等电位装置安装及接地系统测试等内容。

2）工程量计算规则

（1）避雷针制作根据材质及针长，按照设计图示安装成品数量以"根"为计量单位。

（2）避雷针、避雷小短针安装根据安装地点及针长，按照设计图示安装成品数量以"根"为计量单位。

（3）独立避雷针安装根据安装高度，按照设计图示安装成品数量以"基"为计量单位。

（4）避雷引下线敷设根据引下线采取的方式，按照设计图示敷设数量以"m"为计量单位。

（5）断接卡子制作与安装按照设计规定装设的断接卡子数量以"套"为计量单位。检查井内接地的断接卡子安装按照每井一套计算。

（6）均压环敷设长度按照设计需要作为均压接地梁的中心线长度以"m"为计量单位。

（7）接地极制作安装根据材质与土质，按照设计图示安装数量以"根"为计量单位，其长度按设计长度计算，设计无规定时，每根长度按 2.5 m 计算。

（8）接地母线、避雷网敷设按照设计图示敷设数量以"m"为计量单位计算，其长度按设计图示水平和垂直规定长度再加总长的3.9%（附加长度，包括转弯、上下波动、避绕障碍物、搭接头所占长度）计算。当设计有规定时，按照设计规定计算。

接地母线敷设长度=施工图设计长度（m）×（1+3.9%）

避雷网敷设长度=施工图设计长度（m）×（1+3.9%）

（9）接地跨接线安装根据跨接线位置，结合规程规定，按照设计图示跨接数量以"处"为计量单位。户外配电装置构架按照设计要求需要接地时，每组构架计算一处；钢窗、铝合金窗按照设计要求需要接地时，每一樘金属窗计算一处。

（10）桩承台接地根据桩连接根数，按照设计图示数量以"基"为计量单位。

（11）电子设备防雷接地装置安装根据需要避雷的设备，按照个数计算工程量。

（12）阴极保护接地根据设计采取的措施，按照设计用量计算工程量。

（13）等电位装置安装根据接地系统布置，按照安装数量以"套"为计量单位。

（14）接地网测试。

① 工程项目连成一个母网时，按照一个系统计算测试工程量；单项工程或单位工程自成母网、不与工程项目母网相连的独立接地网，单独计算一个系统测试工程量。

② 厂、车间、大型建筑群各自有独立的接地网（按照设计要求），在最后将各接地网连在一起时，需要根据具体的测试情况计算系统测试工程量。

3）相关说明

（1）本章定额适用于建筑物与构筑物的防雷接地、变配电系统接地、设备接地以及避雷针（塔）接地等装置安装。

（2）接地极安装与接地母线敷设定额不包括采用爆破法施工、接地电阻率高的土质换土、接地电阻测定工作。工程实际发生时，执行相关定额。

（3）避雷针制作、安装定额不包括避雷针底座及埋件的制作与安装。工程实际发生时，应根据设计划分，分别执行相关定额。

（4）避雷针安装定额综合考虑了高空作业因素，执行定额时不作调整。避雷针安装在木杆和水泥杆上时，包括了其避雷引下线安装。

（5）独立避雷针安装包括避雷针塔架、避雷引下线安装，不包括基础浇筑。避雷针塔架制作执行第三册《静置设备与工艺金属结构制作安装工程》中的相关定额，避雷针塔架防腐执行第十二册《防腐蚀、绝热工程》定额。

（6）利用建筑结构钢筋作为接地引下线安装定额是按照每根柱子内焊接两根主筋编制的，当焊接主筋超过两根时，可按照比例调整定额安装费。防雷均压环是利用建筑物梁内主筋作为防雷接地连接线考虑的，每一梁内按焊接两根主筋编制，当焊接主筋数超过两根时，可按比例调整定额安装费。如果采用单独扁钢或圆钢明敷设作为均压环时，可执行户内接地母线敷设相关定额。

（7）利用铜绞线作为接地引下线时，其配管、穿铜绞线执行同规格相关定额。

（8）高层建筑物屋顶防雷接地装置安装应执行避雷网安装定额（避雷网安装采用避雷导电块的执行避雷网安装沿混凝土块敷设定额，避雷导电块主材另计）。避雷网安装沿折板支架敷设定额包括了支架制作与安装，不得另行计算。电缆支架的接地线安装执行户内接地母线敷设定额。

（9）利用基础梁内两根主筋焊接连通作为接地母线时，执行均压环敷设定额。

（10）户外接地母线敷设定额是按照室外整平标高和一般土质综合编制的，包括地沟挖填土和夯实，执行定额时不再计算土方工程量。户外接地沟挖深为 0.75 m，每米沟长土方量为 0.34 m³。如设计要求埋设深度与定额不同时，应按照实际土方量调整。如遇有石方、矿渣、积水、障碍物等情况时应另行计算。

（11）利用建（构）筑物梁、柱、桩承台等接地时，柱内主筋与梁、柱内主筋与桩承台跨接不另行计算，其工作量已经综合在相应项目中。

（12）阴极保护接地等定额适用于接地电阻率高的土质地区接地施工，包括挖接地井、安装接地电极、安装接地模块、换填降阻剂、安装电解质离子接地极等。

（13）防雷接地设施所用的预制混凝土块制作执行本章相关定额，混凝土块的安装费用已包含在沿混凝土块敷设定额的避雷网安装中。

（14）随土建大开挖时进行的接地母线安装（不单独发生接地沟土方开挖），执行户外接地母线敷设（不含接地沟土方）定额。

（15）锌包钢、铅包钢、铜包钢成套接地极（套）安装，不包含接地极坑开挖的工作内容。

（16）沿电缆沟电缆支架敷设的接地母线，执行户内接地母线敷设定额。

（17）接闪器可参照避雷针定额执行。

【例 5-7】防雷及接地装置工程量计算与定额应用

昆明市某办公楼屋面防雷接地工程如图 5-29 所示。

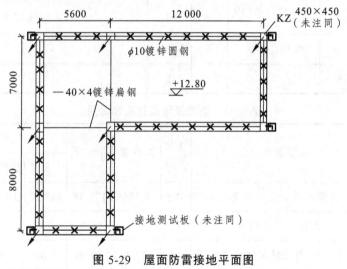

图 5-29　屋面防雷接地平面图

（1）避雷网采用 φ10 热镀锌圆钢沿屋面女儿墙敷设，女儿墙的高度为 0.9 m；屋面板上采用 -40×4 镀锌扁钢与避雷网连通。

（2）利用框架柱内的两根柱主筋（φ≥16）作引下线，柱子的高度为 14.4 m。

（3）利用基础梁钢筋作接地极，要求地梁内两根不小于 φ16 的主钢筋与各柱内引下线钢筋相互焊接连通。

（4）在室外地坪下 0.8 m 处每组引下线上焊接一根 -40×4 的热镀锌扁钢伸向室外距外墙皮 1 m，供补打人工接地极之用，并在建筑周边柱距地 0.5 m 处设钢质接地测试板。

试按工程量计算表列出该工程的所有分项工程名称，计算工程量并套用定额。

【解】防雷接地工程计量时，根据工程量计算规则与定额套用，按照系统组成接闪器、引下线、接地装置、接地调试的顺序进行计算，见表5-12。

定额套用见表5-13。接地测试板定额参套第四册《电气设备与线缆安装工程》断接卡子的定额项目，接地测试板主价材另行计算。

表5-12　工程量计算表

序号	项目名称	规格型号	计量单位	工程量	计算式
1	屋面避雷网（沿女儿墙敷设）	热镀锌圆钢ϕ10	m	67.74	（5.6+12+7+8）×2×1.039=67.74
2	户内接地母线（沿屋面板敷设）	热镀锌扁钢-40×4	m	16.83	[7+5.6+0.9×4（热镀锌扁钢与热镀锌圆钢连接的垂直段）]×1.039=16.83
3	引下线	2根≥ϕ16主筋	m	122.4	（柱子高度14.4+女儿墙高度0.9）×8=122.4
4	接地极（利用基础梁钢筋）	2根≥ϕ16主筋	m	65.2	（5.6+12+7+8）×2=65.2（按地梁外周中心线长）
5	柱主筋与地梁焊接	2根≥ϕ16主筋	处	8	8×1=8（每根柱子各有一处）
6	户外接地母线	热镀锌扁钢-40×4	m	8.31	1×8×1.039=8.31
7	钢质接地测试板	按规范要求	点	5	5
8	接地电阻测试		系统	1	1

表5-13　防雷接地装置定额套用

定额编号	项目名称	计量单位	工程量	基价/元	其中/元			未计价材费
					人工费	材料费	机械费	
2-4-1158	避雷网沿女儿墙敷设	10 m	6.774	177.38	147.27	19.15	10.96	
2-4-1173	户内接地母线敷设	m	16.83	15.03	13.13	1.47	0.43	
2-4-1151	避雷引下线 利用建筑物主筋引下	m	122.40	10.90	7.84	0.51	2.55	
2-4-1155	均压环敷设 利用圈梁钢筋	m	65.2	5.03	3.84	0.50	0.69	
2-4-1156	柱主筋与圈梁钢筋焊接	处	16.00	41.84	36.02	1.93	3.89	
2-4-1174	户外接地母线（含接地沟土方）	m	8.31	38.84	38.26	0.28	0.30	
2-4-1152	接地测试板制作安装	点	5	36.69	34.42	2.26	0.01	
2-4-1202	接地装置调试 接地网	系统	1.00	1132.38	875.48	24.27	232.63	

6. 电气调整试验

1）项目设置

电气调整试验项目包括电气设备的本体试验和主要设备的分系统调试。电气设备安装工程施工完毕交付使用前，必须进行电气调整试验并达到施工验收规范要求。

本节主要介绍民用建筑常进行的输配电系统调试、事故照明切换装置调试等的电气调整试验。防雷接地系统调试在上一小节中已作了介绍。

2）工程量计算规则

（1）电气调试系统根据电气系统图，结合调试定额的工作内容划分，按照定额计量单位计算工程量。

（2）输配电设备系统调试是按照一侧有一台断路器考虑的，若两侧均有断路器时，则按照两个系统计算。

（3）事故照明、故障录波器系统调试根据设计标准，按照发电机组台数、独立变电站与配电室的座数计算工程量。

（4）在一般民用建筑电气工程中，配电室内带有调试元件的盘、箱、柜和带有调试元件的照明配电箱，应按照供电方式计算输配电设备系统调试数量。用户所用的配电箱供电不计算系统调试费。电量计量表一般是由供应单位经有关检验校验后进行安装，不计算调试费。

3）相关说明

输配电装置系统调试中电压等级小于或等于 1 kV 的定额适用于所有低压供电回路，如从低压配电装置至分配电箱的供电回路（包括照明供电回路）；从配电箱直接至电动机的供电回路已经包括在电动机的负载系统调试定额内。凡供电回路中带有仪表、继电器、电磁开关等调试元件的（不包括刀开关、保险器），均按照调试系统计算。移动电器和以插座连接的家电设备不计算调试费用。

输配电设备系统调试包括系统内的电缆试验、绝缘耐压试验等调试工作。桥形接线回路中的断路器、母线分股接线回路中的断路器均作为独立的供电系统计算。配电箱内只有开关、熔断器等不含调试元件的供电回路，不再作为调试系统计算。

5.3 工程量清单编制与计价

5.3.1 工程量清单的设置内容

1. 工程量清单项目设置内容

电气设备安装工程清单设置在《通用安装工程工程量计算规范》（GB 50856—2013）里附录 D 共分为 14 个分部，148 个分项工程项目（表 5-14）：

表 5-14　电气设备安装工程（附录 D）

030401001 ~ 030414015	电气设备安装工程
D.1	变压器安装
D.2	配电装置安装
D.3	母线安装
D.4	控制设备及低压电器安装
D.5	蓄电池安装
D.6	电机检查接线及调试
D.7	滑触线装置安装
D.8	电缆安装
D.9	防雷及接地装置
D.10	10 kV 以下架空配电线路
D.11	配管、配线
D.12	照明器具安装
D.13	附属工程
D.14	电气调整试验

2. 相关问题及说明

（1）电气设备安装工程适用于 10 kV 以下变配电设备及线路的安装工程、车间动力电气设备及电气照明、防雷及接地装置安装、配管配线、电气调试等。

（2）挖土、填土工程，应按现行国家标准《房屋建筑与装饰工程工程量计算规范》（GB 50854—2013）的相关项目编码列项。

（3）开挖路面，应按现行国家标准《市政工程工程量计算规范》（GB 50857—2013）的相关项目编码列项。

（4）过梁、墙、楼板的钢（塑料）套管，应按《通用安装工程工程量计算规范》（GB 50856—2013）附录 K 采暖、给排水、燃气工程相关项目编码列项。

（5）除锈、刷漆（补刷漆除外）、保护层安装，应按《通用安装工程工程量计算规范》（GB 50856—2013）附录 M 刷油、防腐蚀、绝热工程相关项目编码列项。

（6）由国家或地方检测部门进行的检测验收应按《通用安装工程工程量计算规范》（GB 50856—2013）附录 N 措施项目编码列项。

（7）该附录中的电预留长度及附加长度见本章定额计价相关内容。

5.3.2　工程量清单编制与计价

本节主要介绍民用建筑电气设备安装工程工程量清单编制与计价相关内容。

1. 控制设备

根据《通用安装工程工程量计算规范》(GB 50856—2013)的规定,控制设备清单工程量项目设置及工程量计算规则详见表 5-15。

表 5-15　控制设备及低压电器安装(编码:030404)(表 D.4)

项目编码	项目名称	项目特征	计量单位	工程量计算规则	工作内容
030404004	低压开关柜(屏)	1. 名称 2. 型号 3. 规格 4. 种类 5. 基础型钢形式、规格 6. 接线端子材质、规格 7. 端子板外部接线材质、规格 8. 小母线材质、规格 9. 屏边规格	台	按设计图示数量	1. 本体安装 2. 基础型钢制作、安装 3. 端子板安装 4. 焊、压接线端子 5. 盘柜配线、端子接线 6. 屏边安装 7. 补刷(喷)油漆 8. 接地
030404016	控制箱	1. 名称 2. 型号 3. 规格 4. 基础形式、材质、规格 5. 接线端子材质、规格 6. 端子板外部接线材质、规格 7. 安装方式	台		1. 本体安装 2. 基础型钢制作、安装 3. 焊、压接线端子 4. 补刷(喷)油漆 5. 接地
030404017	配电箱				
030404018	插座箱	1. 名称 2. 型号 3. 规格 4. 安装方式			1. 本体安装 2. 接地
030404031	小电器	1. 名称 2. 型号 3. 规格 4. 接线端子材质、规格	个(套、台)		1. 本体安装 2. 焊、压接线端子 3. 接线
030404033	风扇	1. 名称 2. 型号 3. 规格 4. 安装方式	台		1. 本体安装 2. 调速开关安装
030404034	照明开关	1. 名称 2. 材质 3. 规格 4. 安装方式	个		1. 开关安装 2. 接线
030404035	插座				1. 插座安装 2. 接线

编制工程量清单时注意:小电器包括按钮、电笛、电铃、水位电气信号装置、测量表计、继电器、屏上辅助设备、辅助电压互感器、小型安全变压器等。

在清单编制时,还应特别注意清单项目所包括的工作内容,准确和全面地描述项目特征,满足合理确定综合单价的需要。

【例 5-8】控制设备清单编制与综合单价计算

如图 5-30 所示为云南省某工程 1AL 配电箱系统图,配电箱为嵌入式(盘面尺寸为 800 mm ×600 mm),距地安装高度 1.5 m,主材价为 1 000 元/台。试编制该配电箱的工程量清单,并计算综合单价。

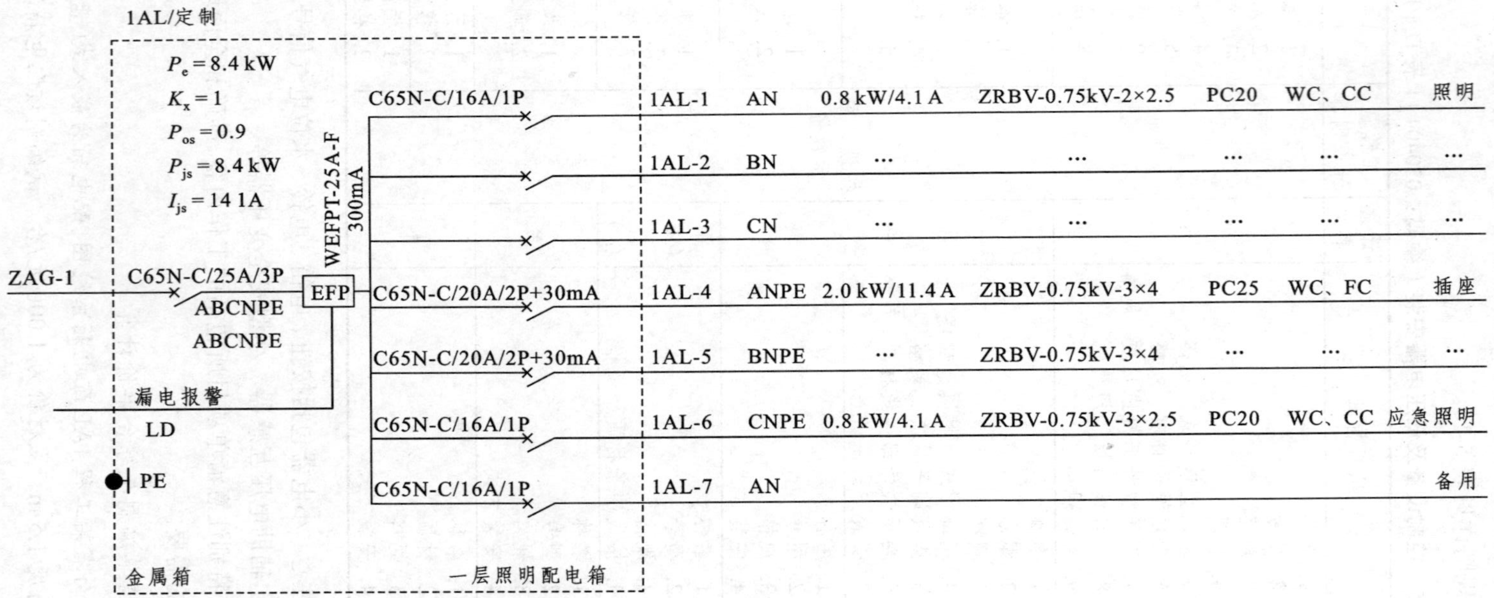

图 5-30 1AL 配电箱系统图

ZAG-1

1AL/定制

$P_e = 8.4\,\mathrm{kW}$
$K_x = 1$
$P_{os} = 0.9$
$P_{js} = 8.4\,\mathrm{kW}$
$I_{js} = 14\,1\,\mathrm{A}$

C65N-C/25A/3P
ABCNPE
ABCNPE

漏电报警
LD
PE

金属箱

WEFPT-25A-F
EFP
300mA

一层照明配电箱

C65N-C/16A/1P	1AL-1	AN	0.8 kW/4.1 A	ZRBV-0.75kV-2×2.5	PC20	WC、CC	照明
	1AL-2	BN	⋮	⋮	⋮	⋮	⋮
C65N-C/16A/1P	1AL-3	CN	⋮	⋮	⋮	⋮	⋮
C65N-C/20A/2P+30mA	1AL-4	ANPE	2.0 kW/11.4 A	ZRBV-0.75kV-3×4	PC25	WC、FC	插座
C65N-C/20A/2P+30mA	1AL-5	BNPE	⋮	ZRBV-0.75kV-3×4	⋮	⋮	⋮
C65N-C/16A/1P	1AL-6	CNPE	0.8 kW/4.1 A	ZRBV-0.75kV-3×2.5	PC20	WC、CC	应急照明
C65N-C/16A/1P	1AL-7	AN					备用

【解】根据系统图，按照工程量清单计量计价规范，结合《云南省通用安装工程计价标准》（DBJ 53/T-63—2020）第四册《电气设备与线缆安装工程》，该配电箱安装项目应包括本体安装及端子接线工作内容。

成套配电箱安装定额项目见表5-16。

表5-16　成套配电箱安装

工作内容：测定、打孔、固定、接线、开关及机构调整、接地　　　　　　计量单位：台

定额编号		2-4-122	2-4-123	2-4-124	2-4-125	2-4-126	2-4-127
项目名称		落地式	悬挂、嵌入式（半周长 m）				
			0.5	1.0	1.5	2.5	3.0
基价/元		455.15	127.79	187.00	235.86	296.69	361.83
其中	人工费/元	330.41	109.33	163.76	210.35	255.01	306.07
	定额人工费/元	275.34	91.11	136.47	175.29	212.51	255.06
	规费/元	55.07	18.22	27.29	35.06	42.50	51.01
	材料费/元	27.46	18.46	23.24	25.51	37.66	50.91
	机械费/元	97.28	—	—	—	4.02	4.85

端子箱、端子板安装及端子板外部接线定额项目见表5-17。

表5-17　端子箱、端子板安装及端子板外部接线

工作内容：开箱、检查、安装、表计拆装、试验、校线、套绝缘管、压焊端子、接线、补漆；送交试验　　　　　　计量单位：个

定额编号		2-4-378	2-4-379	2-4-380	2-4-381
项目名称		无端子外部接线/mm²		有端子外部接线/mm²	
		≤2.5	≤6	≤2.5	≤6
基价/元		3.34	4.14	5.69	7.52
其中	人工费/元	1.92	2.72	2.88	4.16
	定额人工费/元	1.60	2.27	2.40	3.47
	规费/元	0.32	0.45	0.48	0.69
	材料费/元	1.42	1.42	2.81	3.36
	机械费/元	—	—	—	—

综合单价计算如下：

1. 配电箱工程量1台，半周长1.4 m，嵌入式，定额套用2-4-125：

人工费：210.35元/台，其中定额人工费175.29元/台，规费35.06元/台

材料费：计价材为25.51元/台

未计价材为1 000元/台

管理费和利润：175.29×（17.84%+11.90%）=52.13元/台（注：人工费中规费不计管理费和利润）

2. 端子板外部接线，按照工程量计算规则，对于独股导线截面积在6 mm^{2}以内的应套用无端子外部接线子目。

（1）2.5 mm^{2}的端子为2×3+3=9个，定额套用2-4-378，计算单位为"个"。

人工费：1.92元/个，其中定额人工费1.60元/个，规费0.32元/个

材料费：计价材为1.42元/个

管理费和利润：1.60×（17.84%+11.90%）=0.48元/个（注：人工费中规费不计管理费和利润）

（2）6 mm^{2}的端子为2×3=6个，定额套用2-4-379，计算单位为"个"。

人工费：2.72元/个，其中定额人工费2.27元/个，规费0.45元/个

材料费：计价材为1.42元/个

管理费和利润：2.27×（17.84%+11.90%）=0.67元/个（注：人工费中规费不计管理费和利润）

3. 配电箱综合单价=人工费+材料费+机械费+管理费和利润=（210.35+1.92×9+2.72×6）+（25.51+1000+1.42×9+1.42×6）+（52.13+0.48×9+0.67×6）=1351.23元/台

配电箱工程量清单及综合单价见表5-18。

表5-18 分部分项清单与计价表

序号	项目编码	项目名称	项目特征描述	计量单位	工程量	综合单价	合价	人工费	机械费	暂估价
1	0304040 17001	配电箱	1. 名称：照明配电箱1AL 2. 规格：800mm×600mm 3. 端子板外部接线材质、规格：铜芯，2.5 mm^2，4 mm^2 4. 安装方式：距地1.5 m，嵌入式	台	1	1351.23	1351.23	243.95		

（表头：金额/元 — 综合单价、合价、其中（人工费、机械费、暂估价））

2. 电缆

根据《通用安装工程工程量计算规范》（GB 50856—2013）的规定，电缆清单工程量项目设置及工程量计算规则详见表5-19。

表 5-19　电缆安装（编码：030408）（表 D.8）

项目编码	项目名称	项目特征	计量单位	工程量计算规则	工作内容
030408001	电力电缆	1. 名称 2. 型号 3. 规格 4. 材质 5. 敷设方式、部位 6. 电压等级（kV） 7. 地形	m	按设计图示尺寸以长度计算（含预留长度及附加长度）	1. 电缆敷设 2. 揭（盖）盖板
030408002	控制电缆				
030408003	电缆保护管	1. 名称 2. 材质 3. 规格 4. 敷设方式	m	按设计图示尺寸以长度计算	保护管敷设
030408004	电缆槽盒	1. 名称 2. 材质 3. 规格 4. 型号			槽盒安装
030408005	铺砂、盖保护板（砖）	1. 种类 2. 规格			1. 铺砂 2. 盖板（砖）
030408006	电缆终端头	1. 名称 2. 型号 3. 规格 4. 材质、类型 5. 安装部位 6. 电压等级（kV）	个	按设计图示数量计算	1. 电缆终端头制作 2. 电缆终端头安装 3. 接地
030408007	控制电缆头	1. 名称 2. 型号 3. 规格 4. 材质、类型 5. 安装方式			
030408008	防火堵洞	1. 名称 2. 材质 3. 方式 4. 部位	处	按设计图示数量计算	安装
030408009	防火隔板		m²	按设计图示尺寸以面积计算	
030408010	防火涂料		kg	按设计图示尺寸以质量计算	
030408011	电缆分支箱	1. 名称 2. 型号 3. 规格 4. 基础形式、材质、规格	台	按设计图示数量计算	1. 本体安装 2. 基础制作、安装

编制工程量清单时注意：电缆穿刺线夹按电缆头编码列项。电缆井、电缆排管、顶管，应按现行国家标准《市政工程工程量计算规范》（GB 50857—2013）相关项目编码列项。

【例 5-9】电缆清单编制与综合单价计算

试编制【例 5-4】中 YJV-1 kV-3×50+2×25 mm² 电力电缆敷设的工程量清单，并计算综合单价。YJV-1 kV-3×50+2×25 mm² 电缆信息价为 165 元/m，终端头信息价为 85 元/套。

【解】先进行工程量清单编制，再计算综合单价。

工程量清单见表 5-20。

表 5-20　分部分项清单与计价表

序号	项目编码	项目名称	项目特征描述	计量单位	工程量	综合单价	合价	其中 人工费	其中 机械费
1	030408001001	电力电缆	1. 名称：铜芯电力电缆 2. 型号：YJV 3. 规格：3+50+2×25 mm² 4. 材质：铜芯 5. 敷设方式、部位：穿保护管暗敷 6. 电压等级（kV）：1 kV	m	59.66				
2	030408006001	电力电缆头	1. 名称：电力电缆终端头 2. 型号：YJV 3. 规格：3+50+2×25 mm² 4. 材质、类型：铜芯电缆、热缩式 5. 安装部位：配电柜、箱 6. 电压等级（kV）：1 kV	个	2				

1. 电力电缆 YJV-1 kV-3×50+2×25 mm² 综合单价计算过程：

铜芯电力电缆敷设定额项目见表 5-21。

表 5-21　铜芯电力电缆敷设

工作内容：开盘、检查、架线盘、敷设、锯断、排列、整理、固定、配合试验、收盘、临时封头、排牌、电缆敷设、辅助设施安装及拆除、绝缘电阻测试等。　　　　　计量单位：10 m

定额编号			2-4-846	2-4-847	2-4-848	2-4-849
项目名称			铜芯电力电缆敷设			
			电缆截面积/mm²			
			≤10	≤16	≤35	≤50
基价/元			62.18	76.79	99.13	118.68
其中	人工费/元		37.46	48.98	67.71	86.44
	其中	定额人工费/元	31.22	40.82	56.43	72.04
		规费/元	6.24	8.16	11.28	14.40
	材料费/元		15.05	18.14	21.75	22.57
	机械费/元		9.67	9.67	9.67	9.67
材料	名称	单位	单价	数量		
	电力电缆	m		10.1	10.1	10.1	10.1

定额套用 2-4-849，铜芯电力电缆（电缆截面积≤50 mm²）。5 芯电力电缆定额应乘以系数 1.3，计算电缆综合单价时按清单计量单位（1 m）进行计算：

（1）人工费：

定额人工费：72.04 元/10 m×1.3=93.65 元/10 m=9.37 元/m

规费：14.04 元/10 m×1.3=18.72 元/10 m=1.87 元/m

合计：11.24 元/m

（2）材料费：

计价材：22.57 元/10 m×1.3=29.34 元/10 m=2.93 元/m

未计价材：1×101×165/100=166.65 元/m

合计：2.93+166.65=169.58 元/m

（3）机械费：

9.67×1.3/10=1.26 元/m

（4）管理费和利润（注：人工费中规费不计管理费和利润）：

（9.37+1.26×8%）×（17.84%+11.90%）=2.82 元/m

（5）综合单价=人工费+材料费+机械费+管理费和利润=11.24+169.58+1.26+2.82=184.90 元/m

2. 电缆终端头综合单价计算过程：

铜芯电力电缆终端头定额项目见表5-22。

表 5-22 1 kV 室内热（冷）缩式铜芯电力电缆终端头

工作内容：定位、量尺寸、锯断、剥切清洗、内屏蔽层处理、焊接地线、压接线端子、装热缩管、加热成形、安装、接线　　　　　　　　　　计量单位：个

定额编号				2-4-952	2-4-953	2-4-954	2-4-955
项目名称				1 kV 室内热（冷）缩式铜芯电力电缆终端头			
				电缆截面积/mm²			
				≤10	≤16	≤35	≤50
基价/元				85.11	114.73	168.04	194.07
其中	其中	人工费/元		29.45	42.10	69.95	85.6
		定额人工费/元		24.55	35.08	58.30	71.37
		规费/元		4.90	7.02	11.65	14.27
	材料费/元			55.66	72.63	98.09	108.43
	机械费/元			—	—	—	—
	名称	单位	单价/元	数量			
材料	户内热缩式电缆终端头	套		（1.020）	（1.020）	（1.020）	（1.020）

定额套用 2-4-955，1 kV 室内热缩式铜芯电力电缆终端头（电缆截面积≤50 mm²）

（1）人工费：

定额人工费：71.37 元/个

规费：14.27 元/个

合计：85.64 元/个

（2）材料费：

计价材：108.43 元/个

未计价材：1.02×85=86.7 元/m

合计：108.43+86.7=195.13 元/m

（3）管理费和利润（注：人工费中规费不计管理费和利润）：

71.37×（17.84%+11.90%）=21.22 元/m

（4）综合单价=人工费+材料费+管理费和利润=85.64+195.13+21.22=301.99 元/m

综合单价计算表见表5-23。

表 5-23 综合单价计算表

清单综合单价组成明细

序号	项目编号	项目名称	计量单位	定额编号	定额名称	定额单位	数量	单价/元				合价/元							综合单价/元
								人工费 定额人工费	规费	材料费	机械费	人工费 定额人工费	规费	材料费	机械费	管理费 17.84%	利润 11.9%	风险费 %	
1	030408001001	电力电缆	m	2-4-849换	室内敷设电力电缆 铜芯电缆截面(mm²)≤50	10 m	0.1	93.65	18.72	1695.84	12.57	9.37	1.87	169.58	1.26	1.69	1.13		184.90
					小计							9.37	1.87	169.58	1.26				
2	030408006001	电力电缆头	个	2-4-955换	1 kV室内热(冷)缩式铜芯电力电缆终端头 电缆截面(mm²)≤50	个	1.	71.37	14.27	195.13		71.37	14.27	195.13		12.73	8.49		301.99
					小计							71.37	14.27	195.13					

3. 防雷接地

根据《通用安装工程工程量计算规范》（GB 50856—2013）的规定，防雷接地清单工程量项目设置及工程量计算规则详见表 5-24。

表 5-24　防雷及接地装置（编码：030409）（表 D.9）

项目编码	项目名称	项目特征	计量单位	工程量计算规则	工作内容
030409001	接地极	1. 名称 2. 材质 3. 规格 4. 土质 5. 基础接地形式	根（块）	按设计图示数量计算	1. 接地极（板、桩）制作、安装 2. 基础接地网安装 3. 补刷（喷）油漆
030409002	接地母线	1. 名称 2. 材质 3. 规格 4. 安装部位 5. 安装形式	m	按设计图示尺寸以长度计算（含附加长度）	1. 接地母线制作、安装 2. 补刷（喷）油漆
030409003	避雷引下线	1. 名称 2. 材质 3. 规格 4. 安装部位 5. 安装形式 6. 断接卡子、箱材质、规格			1. 避雷引下线制作、安装 2. 断接卡子、箱制作、安装 3. 利用主钢筋焊接 4. 补刷（喷）油漆
030409004	均压环	1. 名称 2. 材质 3. 规格 4. 安装形式			1. 均压环敷设 2. 钢铝窗接地 3. 柱主筋与圈梁焊接 4. 利用圈梁钢筋焊接 5. 补刷（喷）油漆
030409005	避雷网	1. 名称 2. 材质 3. 规格 4. 安装形式 5. 混凝土块强度等级	m		1. 避雷网制作、安装 2. 跨接 3. 混凝土块制作 4. 补刷（喷）油漆
030409006	避雷针	1. 名称 2. 材质 3. 规格 4. 安装形式、高度	根	按设计图示数量计算	1. 避雷针制作、安装 2. 跨接 3. 补刷（喷）油漆
030409007	半导体少长针消雷装置	1. 型号 2. 高度	套		本体安装
030409008	等电位端子箱测试板	1. 名称 2. 材质 3. 规格	台（块）	按设计图示尺寸以展开面积计算	
030409009	绝缘垫		m²		1. 制作 2. 安装
030409010	浪涌保护器	1. 名称 2. 规格 3. 安装形式 4. 防雷等级	个	按设计图示以质量计算	1. 本体安装 2. 接线 3. 接地
030409011	降阻剂	1. 名称 2. 类型	kg		1. 挖土 2. 施放降阻剂 3. 回填土 4. 运输

编制工程量清单时注意：

（1）利用桩基础作接地极，应描述桩台下需焊接柱筋根数，其工程量按柱引下线计算。

（2）利用基础钢筋作接地极按均压环项目编码列项。

（3）利用柱筋作引下线的，需描述柱筋焊接根数。

（4）利用圈梁作均压环的，需描述圈梁筋焊接根数。

【例5-10】防雷及接地装置清单编制与综合单价计算

（1）试列表完成【例5-7】中防雷接地工程的工程量清单编制。

（2）根据所给未计价材料表（表5-25），完成综合单价分析表编制。

表5-25　未计价材料表

序号	材料名称	规格、型号	单位	单价/元
1	钢质接地测试板	125×125 mm	块	15
2	热镀锌圆钢	$\phi10$	kg	5.5
3	热镀锌扁钢	−40×4	kg	5.4
4	电焊条	（综合）	kg	10

【解】（1）分部分项清单与计价表见表5-26。

表5-26　分部分项清单与计价表

序号	项目编码	项目名称	项目特征描述	计量单位	工程量	综合单价	合价	人工费	机械费	暂估价
								其中		
1	030409005001	避雷网	1. 名称：避雷网 2. 材质：热镀锌圆钢 3. 规格：$\phi10$ 4. 安装形式：沿女儿墙敷设	m	67.74					
2	030409002001	接地母线	1. 名称：户内接地母线 2. 材质：热镀锌扁钢 3. 规格：−40×4 4. 安装部位：屋面板敷设	m	16.83					
3	030409003001	避雷引下线	1. 名称：避雷引下线 2. 材质：钢筋 3. 规格：2根≥$\phi16$主筋 4. 安装形式：利用柱内主筋作引下线	m	122.4					
4	030409004001	均压环	1. 名称：接地极 2. 材质：钢筋 3. 规格：2根≥$\phi16$主筋 4. 安装形式：利用基础梁钢筋作接地极，且柱主筋与圈梁钢筋焊接连通	m	65.2					
5	030409002002	接地母线	1. 名称：户外接地母线 2. 材质：热镀锌扁钢 3. 规格：−40×4 4. 安装部位：室外地坪下 0.8 m（含接地沟土方）	m	8.31					
6	030409008001	等电位端子箱、测试板	1. 名称：接地测试板 2. 材质：镀锌 3. 规格：按规范要求	块	5					
7	030414011001	接地装置	1. 名称：接地电阻值测试	系统	1					

（2）综合单价分析表见表5-27。

表5-27 分部分项综合单价计算表

序号	项目编号	项目名称	计量单位	定额编号	定额名称	定额单位	数量	清单综合单价组成明细												综合单价/元
								单价/元				合价/元							
								人工费		材料费	机械费	人工费		材料费	机械费	管理费 17.84%	利润 11.9%	风险费 %	
								定额人工费	规费			定额人工费	规费						
1	030409005001	避雷网	m	2-4-1158	避雷网沿女儿墙敷设直径(mm以内)10	10m	0.1	122.73	24.54	92.99	10.96	12.27	2.45	9.30	1.10	2.20	1.47		28.79
					小计							12.27	2.45	9.30	1.10	2.20	1.47		
2	030409002001	接地母线	m	2-4-1173换	户内接地母线敷设镀锌扁钢-40×4	m	1.	10.94	2.19	8.82	0.43	10.94	2.19	8.82	0.43	1.96	1.31		25.65
					小计							10.94	2.19	8.82	0.43	1.96	1.31		
3	030409003001	避雷引下线	m	2-4-1151	利用建筑结构钢筋引下	m	1.	6.54	1.30	1.21	2.55	6.54	1.30	1.21	2.55	1.20	0.80		13.60
					小计							6.54	1.30	1.21	2.55	1.20	0.80		
4	030409004001	均压环	m	2-4-1155	避雷网安装均压环敷设利用圈梁钢筋	m	1.	3.20	0.64	0.83	0.69	3.20	0.64	0.83	0.69	0.58	0.39		6.33
					小计							3.20	0.64	0.83	0.69	0.58	0.39		
5	030409002002	接地母线	m	2-4-1174换	户外接地母线敷设镀锌扁钢-40×4	m	1.	31.88	6.38	17.86	0.30	31.88	6.38	17.86	0.30	5.69	3.80		65.91
					小计							31.88	6.38	17.86	0.30	5.69	3.80		
6	030409008001	等电位端子箱、测试板	块	2-4-1152换	断接卡子制作与安装[接地测试板]	套	1.	28.68	5.74	17.26	0.01	28.68	5.74	17.26	0.01	5.12	3.41		60.22
					小计							28.68	5.74	17.26	0.01	5.12	3.41		
7	030414011001	接地装置	系统	2-4-1202	接地系统接地网系统测试	系统	1.	729.56	145.92	24.27	232.63	729.56	145.92	24.27	232.63	133.47	89.03		1354.88
					小计							729.56	145.92	24.27	232.63	133.47	89.03		

4. 配管配线

根据《通用安装工程工程量计算规范》（GB 50856—2013）的规定，配管配线清单工程量项目设置及工程量计算规则详见表 5-28。

表 5-28　配管、配线（编码：030411）（表 D.11）

项目编码	项目名称	项目特征	计量单位	工程量计算规则	工作内容
030411001	配管	1. 名称 2. 材质 3. 规格 4. 配置形式 5. 接地要求 6. 钢索材质、规格	m	按设计图示尺寸以长度计算	1. 电线管路敷设 2. 钢索架设（拉紧装置安装） 3. 预留沟槽 4. 接地
030411002	线槽	1. 名称 2. 材质 3. 规格			1. 本体安装 2. 补刷（喷）油漆
030411003	桥架	1. 名称 2. 型号 3. 规格 4. 材质 5. 类型 6. 接地			1. 本体安装 2. 接地
030411004	配线	1. 名称 2. 配线形式 3. 型号 4. 规格 5. 材质 6. 配线部位 7. 配线线制 8. 钢索材质、规格	m	按设计图示尺寸以单线长度计算	1. 配线 2. 钢索架设（拉紧装置安装） 3. 支持体（夹板、绝缘子、槽板等）安装
030411005	接线箱	1. 名称 2. 材质 3. 规格 4. 安装形式	个	按设计图示数量计算	本体安装
030412006	接线盒				

编制工程量清单时注意：

（1）配管名称指电线管、钢管、防爆管、塑料管、软管、波纹管等。

（2）配管配置形式指明配、暗配、吊顶内、钢支架、钢索配管、埋地敷设、水下敷设、砌筑沟内敷设等。

（3）配线名称指管内穿线、瓷夹板配线、塑料夹板配线、绝缘子配线、槽板配线、塑料护套配线、线槽配线、车间带形母线等。

（4）配线形式指照明线路，动力线路，木结构，顶棚内，砖、混凝土结构，沿支架、钢索、屋架、梁、柱、墙，以及跨屋架、梁、柱。

【例 5-11】配管配线工程量清单编制

试列表完成【例 5-5】中配管配线工程的工程量清单编制。

【解】分部分项工程量清单见表 5-29。

表 5-29　分部分项工程量清单

序号	项目编码	项目名称	项目特征描述	计量单位	工程量
1	030411001001	配管	1. 名称：塑料管 2. 材质：半硬质 3. 规格：$\phi20$ 4. 配置形式：砖、混凝土暗敷	m	18.26
2	030411001002	配管	1. 名称：塑料管 2. 材质：半硬质 3. 规格：$\phi25$ 4. 配置形式：砖、混凝土暗敷	m	12.76
3	030411004001	配线	1. 名称：管内穿线 2. 配线形式：照明线路 3. 型号：ZR-BV 4. 规格：2.5 mm² 5. 材质：铜芯	m	46.02
4	030411004002	配线	1. 名称：管内穿线 2. 配线形式：照明线路 3. 型号：ZR-BV 4. 规格：4 mm² 5. 材质：铜芯	m	41.88
5	030411006001	接线盒	1. 名称：接线盒 2. 材质：塑料 3. 规格：86H 4. 安装形式：暗装	个	6
6	030411006002	接线盒	1. 名称：开关盒 2. 材质：塑料 3. 规格：86H 4. 安装形式：暗装	个	4

5. 照明器具

根据《通用安装工程工程量计算规范》（GB 50856—2013）的规定，照明器具清单工程量项目设置及工程量计算规则详见表 5-30。

表 5-30　照明灯具安装（编码：030412）（D.12）

项目编码	项目名称	项目特征	计量单位	工程量计算规则	工作内容
030412001	普通灯具	1. 名称 2. 型号 3. 规格 4. 类型	套	按设计图示数量计算	本体安装
030412002	工厂灯	1. 名称 2. 型号 3. 规格 4. 安装形式			

项目编码	项目名称	项目特征	计量单位	工程量计算规则	工作内容
030412003	高度标志（障碍）灯	1. 名称 2. 型号 3. 规格 4. 安装部位 5. 安装高度			
030412004	装饰灯	1. 名称 2. 型号 3. 规格 4. 安装形式			
030412005	荧光灯				
030412006	医疗专用灯	1. 名称 2. 型号 3. 规格			
030412007	一般路灯	1. 名称 2. 型号 3. 规格 4. 灯杆材质、规格 5. 灯架形式及臂长 6. 附件配置要求 7. 灯杆形式（单、双） 8. 基础形式、砂浆配合比 9. 杆座材质、规格 10. 接线端子材质、规格 11. 编号 12. 接地要求	套	按设计图示数量计算	1. 基础制作、安装 2. 立灯杆 3. 杆座安装 4. 灯架及灯具附件安装 5. 焊、压接线端子 6. 补刷（喷）油漆 7. 灯杆编号 8. 接地
030412008	中杆灯	1. 名称 2. 灯杆的材质及高度 3. 灯架的型号、规格 4. 附件配置 5. 光源数量 6. 基础形式、浇筑材质 7. 杆座材质、规格 8. 接线端子材质、规格 9. 铁构件规格 10. 编号 11. 灌浆配合比 12. 接地要求			1. 基础浇筑 2. 立灯杆 3. 杆座安装 4. 灯架及灯具附件安装 5. 焊、压接线端子 6. 铁构件安装 7. 补刷（喷）油漆 8. 灯杆编号 9. 接地
030412009	高杆灯	1. 名称 2. 灯杆高度 3. 灯架形式（成套或组装、固定或升降） 4. 附件配置 5. 光源数量 6. 基础形式、浇筑材质 7. 杆座材质、规格 8. 接线端子材质、规格 9. 铁构件规格 10. 编号 11. 灌浆配合比 12. 接地要求			1. 基础浇筑 2. 立灯杆 3. 杆座安装 4. 灯架及灯具附件安装 5. 焊、压接线端子 6. 铁构件安装 7. 补刷（喷）油漆 8. 灯杆编号 9. 升降机构接线调试 10. 接地
030412010	桥栏杆灯	1. 名称 2. 型号 3. 规格 4. 安装形式			1. 灯具安装 2. 补刷（喷）油漆
030412011	地道涵洞灯				

灯具的种类很多，编制灯具工程量清单时注意，一定要按照灯具的分类认真进行列项。灯具分类见表 5-31。

表 5-31　灯具分类

普通灯具	圆球吸顶灯、半球吸顶灯、方形吸顶灯、软线吊灯、座灯头、吊链灯、防水吊灯、壁灯等
工厂灯	工厂罩灯、防水灯、防尘灯、碘钨灯、投光灯、泛光灯、混光灯、密闭灯
高度标志（障碍）灯	烟囱标志灯、高塔标志灯、高层建筑屋顶障碍指示灯
装饰灯	吊式艺术装饰灯、吸顶式艺术装饰灯、荧光艺术装饰灯、几何形组合艺术装饰灯、标志灯、诱导装饰灯、水下（上）艺术装饰灯、点光源艺术灯、草坪灯具、歌舞厅灯具等
医疗专用灯	病房指示灯、病房暗脚灯、紫外线杀菌灯、无影灯
中杆灯	高度大小或等于 19 m 的灯杆上的照明器具
高杆灯	高度大于 19 m 的灯杆上的照明器具

【例 5-12】照明器具工程量清单编制

试列表完成【例 5-6】灯具安装工程的工程量清单编制。

【解】在编制灯具工程量清单时，注意一定要按照灯具的分类认真进行列项，项目特征描述时按照清单规范结合定额子目的设置情况，做到项目特征描述规范、清晰。

工程量清单见表 5-32。

表 5-32　分部分项工程量清单

序号	项目编码	项目名称	项目特征描述	计量单位	工程量
1	030412005001	荧光灯	1. 名称：双管荧光灯 2. 规格：2×28 W 成套型 3. 安装形式：吸顶式	套	12
2	030412001001	普通灯具	1. 名称：半圆球吸顶灯 2. 规格：灯罩直径 300 mm，1×28 W 3. 类型：节能型	套	10
3	030412001002	普通灯具	1. 名称：镜前灯 2. 规格：1×20 W	套	2
4	030412004001	装饰灯	1. 名称：单向疏散指示灯 2. 规格：LED 1×8 W，应急时间 30 min 3. 安装形式：墙壁式，距地高度 0.3 m	套	3
5	030412004002	装饰灯	1. 名称：组合荧光灯带 2. 规格：T5 管 1×28 W 3. 安装形式：嵌入式	套	12

6. 电气调整试验

根据《通用安装工程工程量计算规范》（GB 50856—2013）的规定，电气调整试验清单工程量项目设置及工程量计算规则详见附录 D 电气调整试验相关内容。这里主要介绍民用建筑电气设备安装工程常见的调试，见表 5-33。

表 5-33　电气调整试验（编码：030414）（表 D.14）

项目编码	项目名称	项目特征	计量单位	工程量计算规则	工作内容
030414002	送配电装置系统	1. 名称 2. 型号 3. 电压等级（kV） 4. 类型	系统	按设计图示系统计算	调试
030414006	事故照明切换装置	1. 名称 2. 类型	系统（台）		
030414011	接地装置	1. 名称 2. 类别	系统（组）		接地电阻测试

5.4　计价实例

【例 5-13】①本工程为云南省某办公楼一层电气设备安装工程，用电负荷等级为三级，层高为 3.6 m，如图 5-31 设备材料一览表、图 5-32 系统图、图 5-33 一层照明平面图、图 5-34 一层插座平面图所示。

图例	名称	规格
○	吸顶灯	XD1448
⊟	格栅型荧光灯盘	XD512-Y20×3
↗×2	单相单控双联暗开关	B32/1
↗×3	单相单控三联暗开关	B33/1
▲	单相三级暗插座	B4U
▬	层间配电箱	MX

图 5-31　设备材料一览表

图 5-32　系统图

---

① 注：此案例图引自《2013 建设工程计价计量规范辅导》P358～P360。

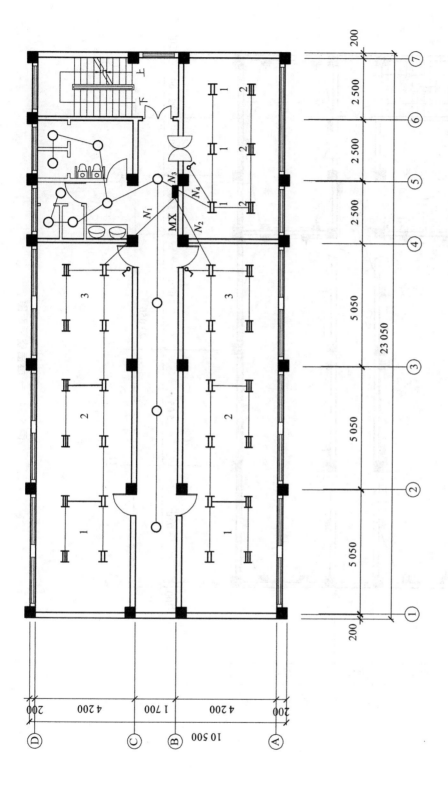

某工程一层照明平面图 1∶100

图 5-33 一层照明平面图

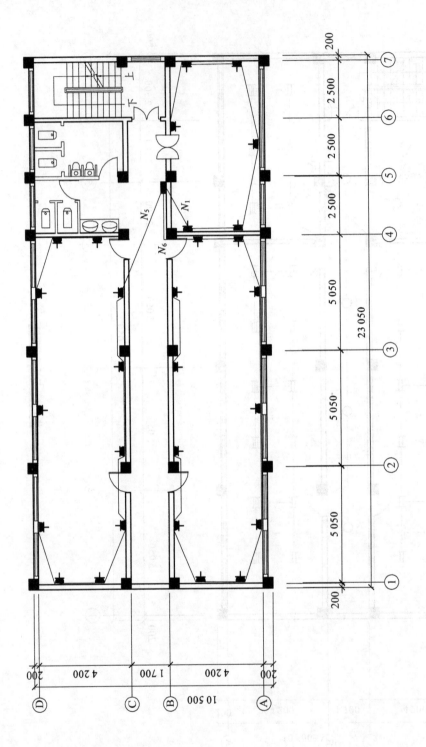

图 5-34　一层插座平面图

1. 设计说明：

（1）本层用电由层间 MX 配电箱采用阻燃铜芯塑料绝缘导线穿刚性阻燃塑料管方式供给。所有刚性阻燃塑料管均需配合土建预埋。

（2）MX 配电箱规格为 600 mm×400 mm，距地 1.6 m 暗装；板式开关距地 1.4 m 暗装，插座离楼地面 0.3 m 暗装，插座配管暗敷在同层地板内，插座埋地部分按 0.05 m 考虑；所有灯具均为吸顶安装。

2. 问题：

（1）根据所给背景资料，计算图示安装工程量。

（2）按现行计价依据采用定额计价方法进行电气设备安装工程的施工图预算编制。

（3）按现行计价依据采用工程量清单计价方法进行电气设备安装工程的计价文件编制。

【解】

1. 某办公楼一层电气设备安装工程

依据该工程设计施工图、《通用安装工程工程量计算规范》（GB 50856—2013）、《云南省通用安装工程计价标准》（DBJ 53/T-63—2020）及其配套计价文件，该工程的工程量计算见表 5-34。

表 5-34 工程量计算表

序号	项目名称	单位	工程量	计算式
	一层电气设备安装工程			
一	层间配电箱 MX	台	1	1
1	端子板外部接线　无端子 2.5 mm²	个	12	4×3=12
2	端子板外部接线　无端子 4 mm²	个	9	3×3=9
二				N1 回路
1	配管　PC20	m	24.2	水平段：4.6+（2.5+1.8）×3+2.5+2.6=22.6 垂直段：3.6-1.6-0.4=1.6 合计：22.6+1.6=24.2
2	配管　PC25（穿 4 线）	m	8.6	水平段：2.5+2.6+1.3=6.4 垂直段：3.6-1.4=2.2 合计：6.4+2.2=8.6
3	配管　PC25（穿 5 线）	m	2.5	水平段：2.5
4	配线　ZR-BV-0.75 kV-2.5 mm²	m	122.5	24.2×3+8.6×4+2.5×5+（0.6+0.4）×3=122.5
5	格栅型荧光灯盘　XD512-720×3	套	12	12
6	单相单控三联暗开关　B33/1	个	1	1
7	灯头盒	个	12	12
8	开关盒	个	1	1

序号	项目名称	单位	工程量	计算式
三				N2 回路
1	配管　PC20	m	23.3	水平段：3.7+（2.5+1.8）×3+2.5+2.6= 21.7 垂直段：3.6-1.6-0.4=1.6 合计：21.7+1.6=23.3
2	配管　PC25（穿4线）	m	8.6	水平段：2.5+2.6+1.3=6.4 垂直段：3.6-1.4=2.2 合计：6.4+2.2=8.6
3	配管　PC25（穿5线）	m	2.5	水平：2.5
4	配线　ZR-BV-0.75 kV-2.5 mm²	m	119.8	23.3×3+8.6×4+2.5×5+（0.6+0.4）×3=119.8
5	格栅型荧光灯盘　XD512-720×3	套	12	12
6	单相单控三联暗开关　B32/1	个	1	1
7	灯头盒	个	12	12
8	开关盒	个	1	1
四				N3 回路
1	配管　PC20	m	27.25	水平段： 1+5+5+5+1.6+1+1.35+2.7+1.7+1.3=25.65 垂直段：3.6-1.6-0.4=1.6 合计：25.65+1.6=27.25
2	配管　PC25（穿4线）	m	3.2	水平段：1 垂直段：3.6-1.4=2.2 合计：1+2.2=3.2
3	配管　PC25（穿5线）	m	2.4	水平段：2.4
4	配线　ZR-BV-0.75 kV-2.5 mm²	m	109.55	27.25×3+3.2×4+2.4×5+（0.6+0.4）×3=109.55
5	吸顶灯　XD1448 ϕ300 mm	套	11	11
6	单相单控三联暗开关　B33/1	个	1	1
7	灯头盒	个	11	11
8	开关盒	个	1	1
五				N4 回路
1	配管　PC20	m	19.7	水平段：1.6+2.2+1.7+2.6×4=15.9 垂直段：3.6-1.6-0.4+3.6-1.4=3.8 合计：15.9+3.8=19.7
2	配线　ZR-BV-0.75 kV-2.5 mm²	m	62.1	19.7×3+（0.6+0.4）×3=62.1
3	格栅型荧光灯盘　XD512-720×3	套	6	6

序号	项目名称	单位	工程量	计算式
4	单相单控双联暗开关 B32/1	个	1	1
5	灯头盒	个	6	6
6	开关盒	个	1	1
六				N5 回路
1	配管 PC25	m	46.2	水平段： 5+3.5+3.6+3.5+2.8+1.8+2.6+5+5+2.6+1.8 =37.2 垂直段：1.6+0.05+(0.3+0.05)×10×2 +(0.3+0.05)=9 合计：37.2+9=46.2
2	配线 ZR–BV–0.75 kV–4 mm²	m	141.6	46.2×3+(0.6+0.4)×3=141.6
3	单相二三极暗插座 B4U	套	11	11
4	插座盒	个	11	11
七				N6 回路
1	配管 PC25	m	45	水平段： 3.8+3.5+3.6+3.5+2.8+1.8+2.6+5+5+2.6+1.8=36 垂直段：1.6+0.05+(0.3+0.05)×10× 2+(0.3+0.05)=9 合计：36+9=45
2	配线 ZR–BV–0.75 kV–4 mm²	m	138	45×3+(0.6+0.4)×3=138
3	单相二三极暗插座 B4U	套	11	11
4	插座盒	个	11	11
八				N7 回路
1	配管 PC25	m	22.5	水平段：2+2.3+3.9+3.7+2.3+2.8=17 垂直段：1.6+0.05+(0.3+0.05)×5× 2+(0.3+0.05)=5.5 合计：17+5.5=22.5
2	配线 ZR–BV–0.75 kV–4 mm²	m	70.5	22.5×3+（0.6+0.4）×3=70.5
3	单相二三极暗插座 B4U	套	6	6
4	插座盒	个	6	6
九	送配电系统调试	系统	1	1
十				工程量汇总
1	层间配电箱 MX	台	1	1
2	端子板外部接线 2.5 mm²	个	12	4×3=12
3	端子板外部接线 4 mm²	个	9	3×3=9

序号	项目名称	单位	工程量	计算式
4	配管　PC20	m	94.45	19.7＋27.25+23.3+24.2=94.45
5	配管　PC25	m	141.5	8.6+2.5+8.6+2.5+3.2+2.4+46.2+45+22.5=141.5
6	配线　ZR-BV-0.75 kV-2.5 mm²	m	404.35	122.5+119.8+109.55+52.5=404.35
7	配线　ZR-BV-0.75 kV-4 mm²	m	350.1	141.6+138+70.5=350.1
8	格栅型荧光灯盘　XD512-720×3	套	30	12+12+6=30
9	吸顶灯　XD1448　ϕ300 mm	套	11	11
10	单相单控双联暗开关　B32/1	套	1	1
11	单相单控三联暗开关　B33/1	个	3	1+1+1=3
12	单相二三极暗插座　B4U	个	28	11+11+6=28
13	灯头盒	个	41	12+12+11+6=41
14	开关盒	个	32	1+3+28=32
15	送配电系统调试	系统	1	1

2. 某办公楼一层电气设备安装工程定额计价

根据《云南省通用安装工程计价标准》（DBJ 53/T-63—2020）及其配套计价文件，某办公楼一层电气设备安装工程定额计价文件如下：

1）封面

建设单位：　　　　　　　　　　　　建筑面积（建设规模）：

工程名称：　办公楼一层电气设备安装工程　　预（结）算造价：　　　　24425.63 元

结构类型：　　　　　层数：　　　　单位造价：　　　　　　　0.00 元

编制单位
（公章）：

审核单位（公章）：

编制人（签字盖执、从业专用章）：　　　　编制人（签字盖执、从业专用章）：

审核人（签字盖执业专业章）：　　　　　　审核人（签字盖执业专业章）：

　　　　　　　　年　月　日　　　　　　　　　　　　年　月　日

2）建筑安装工程费用汇总表（表 5-35）

表 5-35　建筑安装工程费用汇总表

工程名称：电气设备安装工程

序号	项目名称	取费说明	费率	金额/元
1	直接工程费	人工费+材料费+设备费+机械费		20 055.94
1.1	人工费	定额人工费+规费		5 207.52
1.1.1	定额人工费	预算书定额人工费		4 339.66
1.1.2	规费	预算书人工规费		867.86
1.2	材料费	计价材料费+未计价材料费		14 806.01
1.3	设备费	设备费		
1.4	机械费	预算书定额机械费		42.41
2	措施项目	技术措施项目费+施工组织措施项目费		793.3
2.1	技术措施项目费	人工费+材料费+机械费		245.33
2.1.1	人工费	定额人工费+规费		98.13
2.1.1.1	定额人工费	单价措施定额人工费		81.78
2.1.1.2	规费	单价措施人工规费		16.35
2.1.2	材料费	单价措施项目未计价材料费+单价措施项目计价材料费+单价措施项目设备费		130.03
2.1.3	机械费	单价措施定额机械费		17.17
2.2	施工组织措施项目费	总价措施项目合计		547.97
2.2.1	绿色施工及安全文明施工措施费	绿色施工及安全文明施工措施费		425.36
2.2.1.1	安全文明施工及环境保护费	安全文明及环境保护费		296.11
2.2.1.2	临时设施费	临时设施费		70.38
2.2.1.3	绿色施工措施费	绿色施工措施费		58.87
2.2.2	冬雨季施工增加费、工程定位复测、工程点交、场地清理费	冬雨季增加等四项费用		109.33
2.2.3	夜间施工增加费	夜间施工增加费		13.28
3	其他项目	其他项目合计		
3.1	暂列金额	暂列金额		
3.2	暂估价	专业工程暂估价+专项技术措施暂估价		

序号	项目名称	取费说明	费率	金额/元
3.3	计日工	计日工		
3.4	总承包服务费	总承包服务费		
3.5	其他	优质工程增加费+提前竣工增加费+人工费调整+机械燃料费价差		
4	管理费	预算书定额人工费+单价措施定额人工费+（预算书定额机械费+单价措施定额机械费）×8%	17.84	789.64
5	利润	预算书定额人工费+单价措施定额人工费+（预算书定额机械费+单价措施定额机械费）×8%	11.9	527.99
6	其他规费	工伤保险+环境保护税+工程排污费		22.11
6.1	工伤保险	预算书定额人工费+单价措施定额人工费	0.5	22.11
6.2	环境保护税			
6.3	工程排污费			
7	税金	直接工程费+措施项目+其他项目+管理费+利润+其他规费	10.08	2236.65
8	建安工程造价	直接工程费+措施项目+其他项目+管理费+利润+其他规费+税金		24 424.23
9	设备购置费			
10	总造价	建安工程造价+设备购置费		24 425.63

3）建筑安装工程直接工程费计算表（表5-36）

表5-36 建筑安装工程直接工程费计算表

序号	编码	名称	单位	工程量	单价/元						合价/元				
					人工费	材料费	机械费	未计价	设备	合计	人工费	材料费	机械费	未计价 设备	合计
1	2-4-124	成套配电箱安装 悬挂、嵌入式(半周长≤1.0 m)	台	1	163.76	1523.24				1687	163.76	1523.24			1687
	未计价材	层间配电箱	台	1				1500		1500				1500	
2	2-4-378	无端子外部接线(mm²)≤2.5	个	12	1.92	1.42				3.34	23.04	17.04			40.08
3	2-4-379	无端子外部接线(mm²)≤6	个	9	2.72	1.42				4.14	24.48	12.78			37.26
4	2-4-1653	刚性阻燃管敷设 砖、混凝土结构暗配 外径(mm)20	10 m	9.45	83.4	20.82				104.22	787.71	196.64			984.35
	未计价材	刚性阻燃管 φ20	m	100.12				1.8						180.21	
5	2-4-1654	刚性阻燃管敷设 砖、混凝土结构暗配 外径(mm)25	10 m	14.15	87.57	26.69				114.26	1239.12	377.67			1616.79
	未计价材	刚性阻燃管 φ25	m	149.99				2.3						344.98	
6	2-4-1750	穿照明线 铜芯 绝缘电线 线截面(mm²)≤2.5	10 m	40.44	12.97	22.71				35.68	524.44	918.28			1442.72
	未计价材	ZR-BV-0.75kV-2.5 mm²	m	469.05				1.8						844.28	
7	2-4-1751	穿照明线 铜芯 绝缘电线 线截面(mm²)≤4	10 m	35.01	8.64	28.2				36.84	302.49	987.28			1289.77
	未计价材	ZR-BV-0.75kV-4 mm²	m	385.11				2.4						924.26	
8	2-4-1913	暗装 接线盒	个	41	4.8	4.35				9.15	196.8	178.35			375.15
	未计价材	接线盒	个	41.82				1.5						62.73	

序号	编码	名称	单位	工程量	单价/元						合价/元					
					人工费	材料费	机械费	未计价	设备	合计	人工费	材料费	机械费	未计价	设备	合计
9	2-4-1912	暗装开关（插座）盒	个	32	5.28	2.41				7.69	168.96	77.12				246.08
	未计材	开关盒	个	32.64				1.5						48.96		
10	2-4-1930	吸顶灯具安装 灯罩周长（mm）≤1100	套	11	22.09	94.75				116.84	242.99	1042.25				1285.24
	未计材	半圆球吸顶灯	套	11.11				90						999.9		
11	2-4-2154	荧光灯具安装 吸顶式 格栅荧光灯 三管	套	30	31.54	286.3				317.84	946.2	8589				9535.2
	未计材	格栅荧光灯	套	30.3				280						8484		
12	2-4-2344	普通开关、按钮安装 跷板暗开关（联）单控≤3	套	1	8.96	27.9				36.86	8.96	27.9				36.86
	未计材	单相单控双联开关	只	1.02				26						26.52		
13	2-4-2344	普通开关、按钮安装 跷板暗开关（联）单控≤3	套	3	8.96	37.08				46.04	26.88	111.24				138.12
	未计材	单相单控三联开关	只	3.06				35						107.1		
14	2-4-2358	单相 明插座 电流（A）≤15	套	28	8.96	26.62				35.58	250.88	745.36				996.24
	未计材	单相二三板插座	套	28.56				25						714		
15	2-4-2567	输配电装置系统调试 交流供电 ≤1kV	系统	1	300.81	1.86	42.41			345.08	300.81	1.86	42.41			345.08
		合计	元								5207.52	14806.01	42.41			20055.94

4）施工措施费用计算表

（1）施工组织措施项目计算表（表5-37）。

表 5-37　施工组织措施项目计算表

工程名称：电气设备安装工程

序号	项目名称	计算基础	费率/%	金额/元
1	绿色施工及安全文明施工措施费			425.36
1.1	安全文明施工及环境保护费	定额人工费+定额机械费×8%	6.69	296.11
1.2	临时设施费	定额人工费+定额机械费×8%	1.59	70.38
1.3	绿色施工措施费	定额人工费+定额机械费×8%	1.33	58.87
2	冬雨季施工增加费、工程定位复测、工程点交、场地清理费	定额人工费+定额机械费×8%	2.47	109.33
3	夜间施工增加费	定额人工费+定额机械费×8%	0.3	13.28
4	特殊地区施工增加费	定额人工费+定额机械费×8%	0	
5	压缩工期增加费	定额人工费+定额机械费	0	
6	行车、行人干扰增加费	定额人工费+定额机械费×8%	0	
7	已完工程及设备保护费		0	
8	其他施工组织措施项目费		0	
合　　计				547.97

（2）施工技术项目计算表（表5-38）。

表 5-38　施工技术项目计算表

序号	定额编号	项目名称	单位	工程量	单价/元				合价/元			
					人工费	材料费	机械费	小计	人工费	材料费	机械费	合计
—		脚手架搭拆	项									
1	BM3	脚手架搭拆费（第四册《电气设备与线缆安装工程》）	元	1	98.13	130.03	17.17	245.33	98.13	130.03	17.17	245.33
		脚手架搭拆分部小计			98.13	130.03	17.17		98.13	130.03	17.17	245.33
		合计			98.13	130.03	17.17	245.33	98.13	130.03	17.17	245.33

5）其他项目费计算表（表5-39）

表5-39　其他项目费计算表

序号	项目名称	金额/元	结算金额/元	备注
1	暂列金额			详见明细表
2	暂估价			
2.1	材料（设备）暂估价			详见明细表
2.2	专业工程暂估价			详见明细表
2.3	专项技术措施暂估价		—	详见明细表
3	计日工			详见明细表
4	总承包服务费			
5	索赔与现场签证		—	
6	优质工程增加费			
7	提前竣工增加费			
8	人工费调整			
9	机械燃料动力费价差			
	合　计	0.00		—

6）规费、税金项目计价表（表5-40）

表5-40　规费、税金项目计价表

序号	项目名称	计算基础	计算基数	计算费率/%	金额/元
1	其他规费	工伤保险+环境保护税+工程排污费	22.11		22.11
1.1	工伤保险	预算书定额人工费+单价措施定额人工费	4421.44	0.5	22.11
1.2	环境保护税				
1.3	工程排污费				
2	税金	直接工程费+措施项目+其他项目+管理费+利润+其他规费	22187.71	10.08	2236.52
		合计			2258.63

7）主要材料价格表（表 5-41）

表 5-41　主要材料价格表

序号	材料名称	规格、型号等特殊要求	单位	数量	单价/元	合价/元
1	半圆球吸顶灯		套	11.11	90	999.9
2	格栅荧光灯		套	30.3	280	8 484
3	单相单控双联开关		只	1.02	26	26.52
4	单相单控三联开关		只	3.06	35	107.1
5	单相二三极插座		套	28.56	25	714
6	绝缘电线	ZR-BV-0.75 kV-2.5 mm^2	m	469.046	1.8	844.28
7	绝缘电线	ZR-BV-0.75 kV-4 mm^2	m	385.11	2.4	924.26
8	刚性阻燃管	ϕ20	m	100.117	1.8	180.21
9	刚性阻燃管	ϕ25	m	149.99	2.3	344.98
10	接线盒		个	41.82	1.5	62.73
11	开关盒		个	32.64	1.5	48.96
12	层间配电箱		台	1	1 500	1 500

3. 某办公楼一层电气设备安装工程清单计价

根据《建设工程工程量清单计价规范》（GB 50500—2013）、《通用安装工程工程量计算规范》（GB 50856—2013）、《云南省通用安装工程计价标准》（DBJ 53/T-63—2020）及其配套计价文件，某办公楼一层电气设备安装工程清单计价文件如下：

1）单位工程费用汇总表（表 5-42）

表 5-42　单位工程费用汇总表

工程名称：电气设备安装工程　　　　　　标段：　　　　　　　　　　　　第1页　共1页

序号	项目名称	计算方法	金额/元
1	分部分项工程费	Σ（分部分项工程量×清单综合单价）	21 348.84
1.1	人工费	<1.1.1>+<1.1.2>	5 207.76
1.1.1	定额人工费	Σ（定额人工费）	4 339.68
1.1.2	规费	Σ（规费）	868.08
1.2	材料费	Σ（材料费）	14 805.56
1.3	设备费	Σ（设备费）	
1.4	机械费	Σ（机械费）	42.41
1.5	管理费	Σ（管理费）	773.57

序号	项目名称	计算方法	金额/元
1.6	利润	Σ（利润）	519.56
1.7	风险费	Σ（风险费）	
2	措施项目费	（<2.1>+<2.2>）	818.03
2.1	技术措施项目费	Σ（技术措施项目清单工程量×清单综合单价）	270.06
2.1.1	人工费	<2.1.1.1>+<2.1.1.2>	98.13
2.1.1.1	定额人工费	Σ（定额人工费）	81.78
2.1.1.2	规费	Σ（规费）	16.35
2.1.2	材料费	Σ（材料费）	130.03
2.1.3	机械费	Σ（机械费）	17.17
2.1.4	管理费	Σ（管理费）	14.83
2.1.5	利润	Σ（利润）	9.9
2.2	施工组织措施项目费	Σ（组织措施项目费）	547.97
2.2.1	绿色施工及安全文明施工措施费		425.36
2.2.1.1	安全文明施工及环境保护费		296.11
2.2.1.2	临时设施		70.38
2.2.1.3	绿色施工措施费		58.87
2.2.2	冬雨季施工增加费、工程定位复测、工程点交、场地清理费		109.33
2.2.3	夜间施工增加费		13.28
3	其他项目费	Σ（其他项目费）	
3.1	暂列金额		
3.2	暂估价		
3.3	计日工		
3.4	总承包服务费		
3.5	其他		
4	其他规费	<4.1>+<4.2>+<4.3>	22.11
4.1	工伤保险费	Σ（定额人工费）×费率	22.11
4.2	环境保护税	按有关规定计算	
4.3	工程排污费	按有关规定计算	
5	税前工程造价	（<1>+<2>+<3>+<4>）	22188.98
6	税金	（<1>+<2>+<3>+<4>）×税率10.08%	2236.65
7	单位工程造价	（<5>+<6>）	24425.63

2）分部分项工程清单与计价表

（1）分部分项工程清单与计价表（表5-43）。

工程名称：电气设备安装工程

表5-43 分部分项工程清单与计价表

序号	项目编码	项目名称	项目特征	计量单位	工程量	金额/元						
						综合单价	合价	其中				暂估价
								定额人工费	人工费	规费	机械费	
1	030404017001	配电箱	1. 名称：层间配电箱MX 2. 规格：600×400 3. 端子板外部接线材质、规格：铜芯，2.5 mm²、4 mm² 4. 安装方式：距地1.6 m暗装	台	1	1816.72	1816.72	176.1		35.18		
2	030411001001	配管	1. 名称：塑料管 2. 材质：半硬质阻燃管 3. 规格：φ20 4. 配置形式：暗敷	m	94.45	12.49	1179.68	656.43		131.29		
3	030411001002	配管	1. 名称：塑料管 2. 材质：半硬质阻燃管 3. 规格：φ25 4. 配置形式：暗敷	m	141.5	13.6	1924.4	1032.95		206.59		
4	030411004001	配线	1. 名称：管内穿线 2. 配线形式：照明线路 3. 型号：ZR-BV-0.75kV 4. 规格：2.5 mm² 5. 材质：铜芯	m	404.35	3.89	1572.92	436.7		88.96		
5	030411004002	配线	1. 名称：管内穿线 2. 配线形式：照明线路 3. 型号：ZR-BV-0.75kV 4. 规格：4 mm² 5. 材质：铜芯	m	350.1	3.9	1365.39	252.07		49.01		

序号	项目编码	项目名称	项目特征	计量单位	工程量	综合单价	合价	人工费 定额人工费	规费	机械费	暂估价
6	030411006002	接线盒	1. 名称：接线盒 2. 材质：塑料 3. 规格：86型 4. 安装形式：暗装	个	41	10.34	423.94	164	32.8		
7	030411006001	接线盒	1. 名称：开关盒 2. 材质：塑料 3. 规格：86型 4. 安装形式：暗装	个	32	8.99	287.68	140.8	28.16		
8	030412001001	普通灯具	1. 名称：半圆球吸顶灯 2. 型号：XD1448 3. 规格：350 mm 4. 类型：吸顶安装	套	11	122.31	1345.41	202.51	40.48		
9	030412005001	荧光灯	1. 名称：格栅荧光灯 2. 型号规格：XD512-Y20×3 3. 安装形式：吸顶式	套	30	325.66	9769.8	788.4	157.8		
10	030404034001	照明开关	1. 名称：单相单控双联开关 2. 规格：B32/1 3. 安装方式：暗装	个	1	39.08	39.08	7.47	1.49		
11	030404034002	照明开关	1. 名称：单相单控三联开关 2. 规格：B33/1 3. 安装方式：暗装	个	3	48.26	144.78	22.41	4.47		
12	030404035001	插座	1. 名称：单相二三极插座 2. 规格：B4U 3. 安装方式：暗装	个	28	37.8	1058.4	209.16	41.72		
13	030414002001	送配电装置系统	1. 名称：低压送配电系统调试 2. 电压等级（kV）：≤1kV 3. 类型：交流供电	系统	1	420.64	420.64	250.68	50.13	42.41	
		合计					21348.8	4339.68	868.08	42.41	

（2）综合单价计算表（表5-44）。

表5-44 综合单价计算表

工程名称：电气设备安装工程　　　　标段：

清单综合单价组成明细

序号	项目编码	项目名称	计量单位	定额编号	定额名称	定额单位	数量	单价/元 定额人工费	人工费 规费	材料费	机械费	合价/元 定额人工费	人工费 规费	材料费	机械费	管理费 17.84%	利润 11.9%	风险费 0%	综合单价/元
1	030404017001	配电箱	台	2-4-124	成套配电箱安装 悬挂、嵌入式(半周长 m) 1.0	台	1	136.47	27.29	1523		136.5	27.29	1523					
				2-4-378	无端子外部接线（mm²）≤2.5	个	12	1.6	0.32	1.42		19.2	3.84	17.04					
				2-4-379	无端子外部接线（mm²）≤6	个	9	2.27	0.45	1.42		20.43	4.05	12.78					
					小计							176.1	35.18	1553		31.42	20.96		1816.72
2	030411001001	配管	m	2-4-1653	刚性阻燃管敷设 砖、混凝土结构暗配 外径（mm）20	10 m	0.1	69.5	13.9	20.82		6.95	1.39	2.08					
					小计							6.95	1.39	2.08		1.24	0.83		12.49
3	030411001002	配管	m	2-4-1654	刚性阻燃管敷设 砖、混凝土结构暗配 外径（mm）25	10 m	0.1	72.97	14.6	26.69		7.3	1.46	2.67					
					小计							7.3	1.46	2.67		1.3	0.87		13.6
4	030411004001	配线	m	2-4-1750	穿照明线 铜芯导线（mm²）截面≤2.5	10 m	0.1	10.81	2.16	22.71		1.08	0.22	2.27					
					小计							1.08	0.22	2.27		0.19	0.13		3.89
5	030411004002	配线	m	2-4-1751	穿照明线 铜芯导线（mm²）截面≤4	10 m	0.1	7.2	1.44	28.2		0.72	0.14	2.82					
					小计							0.72	0.14	2.82		0.13	0.09		3.9

173

工程名称：电气设备安装工程　　　标段：

清单综合单价组成明细

序号	项目编码	项目名称	计量单位	定额编号	定额名称	定额单位	数量	单价/元				合价/元				管理费 17.84%	利润 11.9%	风险费 0%	综合单价/元
								人工费		材料费	机械费	人工费		材料费	机械费				
								定额人工费	规费			定额人工费	规费						
6	030411006002	接线盒	个	2-4-1913	暗装 接线盒	个	1	4	0.8	4.35		4	0.8	4.35		0.71	0.48		10.34
					小计														
7	030411006001	接线盒	个	2-4-1912	暗装开关（插座）盒	个	1	4.4	0.88	2.41		4.4	0.88	2.41		0.78	0.52		8.99
					小计														
8	030412001001	普通灯具	套	2-4-1930	吸顶灯具安装 灯罩周长（mm）≤1100	套	1	18.41	3.68	94.75		18.41	3.68	94.75		3.28	2.19		122.31
					小计														
9	030412005001	荧光灯	套	2-4-2154	荧光灯具安装 吸顶式 三管	套	1	26.28	5.26	286.3		26.28	5.26	286.3		4.69	3.13		325.66
					小计														
10	030404034001	照明开关	个	2-4-2344	普通开关、按钮安装 板暗开关（联）单控≤3	跃	1	7.47	1.49	27.9		7.47	1.49	27.9		1.33	0.89		39.08
					小计														
11	030404034002	照明开关	个	2-4-2344	普通开关、按钮安装 板暗开关（联）单控≤3	跃	1	7.47	1.49	37.08		7.47	1.49	37.08		1.33	0.89		48.26
					小计														
12	030404035001	插座	个	2-4-2358	单相 明插座电流（A）≤15	套	1	7.47	1.49	26.62		7.47	1.49	26.62		1.33	0.89		37.8
					小计														
13	030414002001	送配电装置系统	系统	2-4-2567	输配电装置系统调试 交流供电 ≤1kV	系统	1	250.68	50.13	1.86	42.41	250.7	50.13	1.86	42.41	45.33	30.23		420.64
					小计														

3）措施项目计算表

（1）施工技术措施项目清单与计价表（表5-45）。

表 5-45　施工技术措施项目清单与计价表

工程名称：电气设备安装工程　　　标段：　　　　　　　　　　第 1 页　共 1 页

序号	项目编码	项目名称	项目特征描述	计量单位	工程量	金额/元						备注
						综合单价	合价	其中				
								人工费		机械费	暂估价	
								定额人工费	规费			
1	031301017001	脚手架搭拆		项	1	270.06	270.06	81.78	16.35	17.17		
		合计					270.06	81.78	16.35	17.17		

（2）施工技术措施项目综合单价计算表（表5-46）。

表 5-46　施工技术措施项目综合单价计算表

工程名称：电气设备安装工程　　标段：　　　　　　　　第 1 页　共 1 页

序号	项目编码	项目名称	计量单位	清单综合单价组成明细												综合单价/元
				定额编号	定额名称	定额单位	数量	单价/元				合价/元				管理费 17.84%	利润 11.9%	
								人工费		材料费	机械费	人工费		材料费	机械费			
								定额人工费	规费			定额人工费	规费					
1	031301017001	脚手架搭拆	项	BM3	脚手架搭拆费（第四册《电气设备与线缆安装工程》）	元	1	81.78	16.35	130.03	17.17	81.78	16.35	130.03	17.17	14.83	9.9	270.06
					小计							81.78	16.35	130.03	17.17			

（3）施工组织措施项目清单与计价表（表5-47）。

表5-47 施工组织措施项目清单与计价表

工程名称：电气设备安装工程　　标段：

序号	项目名称	计算基础	费率/%	金额/元
1	绿色施工及安全文明施工措施费			425.36
1.1	安全文明施工及环境保护费	定额人工费+定额机械费×8%	6.69	296.11
1.2	临时设施费	定额人工费+定额机械费×8%	1.59	70.38
1.3	绿色施工措施费	定额人工费+定额机械费×8%	1.33	58.87
2	冬雨季施工增加费、工程定位复测、工程点交、场地清理费	定额人工费+定额机械费×8%	2.47	109.33
3	夜间施工增加费	定额人工费+定额机械费×8%	0.3	13.28
4	特殊地区施工增加费	定额人工费+定额机械费×8%	0	
5	压缩工期增加费	定额人工费+定额机械费	0	
6	行车、行人干扰增加费	定额人工费+定额机械费×8%	0	
7	已完工程及设备保护费		0	
8	其他施工组织措施项目费		0	
合　　计				547.97

4）其他项目清单计价汇总表（表5-48）

表5-48 其他项目清单计价汇总表

工程名称：电气设备安装工程　　标段：　　　　　　　　　　　　第 1 页 共 1 页

序号	项目名称	金额/元	结算金额/元	备注
1	暂列金额			详见明细表 F-21
2	暂估价			
2.1	材料（设备）暂估价			详见明细表 F-22
2.2	专业工程暂估价			详见明细表 F-23
2.3	专项技术措施暂估价		—	详见明细表 F-24
3	计日工			详见明细表 F-25
4	总承包服务费			详见明细表 F-26
5	索赔与现场签证			详见明细表 F-27
6	优质工程增加费			
7	提前竣工增加费			
8	人工费调整			
9	机械燃料动力费价差			
合　　计		0.00		—

5）规费、税金项目计价表（表5-49）

表5-49　规费、税金项目计价表

序号	项目名称	计算基础	计算基数	计算费率/%	金额/元
1	其他规费	工伤保险费+环境保护税+工程排污费	22.11		22.11
1.1	工伤保险费	分部分项定额人工费+单价措施定额人工费	4 421.46	0.5	22.11
1.2	环境保护税				
1.3	工程排污费				
2	税金	税前工程造价	22 188.98	10.08	2 236.65
		合计			2 258.76

编制人（造价人员）：　　　　　　　　　　　　复核人（造价工程师）：

6）主要材料价格表（表5-50）

表5-50　主要材料价格表

序号	材料编码	材料名称	规格、型号等特殊要求	单位	数量	单价/元	合价/元
1	2501002102@1	半圆球吸顶灯		套	11.11	90	999.9
2	2501002102@2	格栅荧光灯		套	30.3	280	8484
3	2605001100@1	单相单控双联开关		只	1.02	26	26.52
4	2605001100@2	单相单控三联开关		只	3.06	35	107.1
5	2641005100@1	单相二三极插座		套	28.56	25	714
6	2803005200@1	绝缘电线	ZR-BV-0.75 kV-2.5 mm²	m	469.046	1.8	844.28
7	2803005200@2	绝缘电线	ZR-BV-0.75 kV-4 mm²	m	385.11	2.4	924.26
8	2906999100@1	刚性阻燃管	$\phi20$	m	100.117	1.8	180.21
9	2906999100@2	刚性阻燃管	$\phi25$	m	149.99	2.3	344.98
10	2911013100	接线盒		个	41.82	1.5	62.73
11	2911013100@1	开关盒		个	32.64	1.5	48.96
12	补充未计价材料 001@1	层间配电箱		台	1	1500	1500

【思考与练习题】

1. 简述民用建筑电气设备安装工程的组成。

2. 电力负荷等级是如何划分的？对供电电源有何要求？

3. 配电系统有几种形式？分别有什么特点？

4. 简述阅读电气设计施工图的程序和方法。

5. 简述《云南省通用安装工程计价标准》(DBJ 53/T-63—2020)第四册《电气设备与线缆安装工程》定额的适用范围。

6. 成套配电箱应如何套用定额？计算工程量时应注意哪些问题？

7. 电力电缆工程量计算时应注意哪些问题？套用定额时应注意哪些问题？

8. 电气配管工程量计算时应注意哪些问题？套用定额时应注意哪些问题？

9. 管内穿线工程量计算时应注意哪些问题？套用定额时应注意哪些问题？

10. 防雷接地系统工程量计算时应注意哪些问题？

11. 如图 5-35 为云南省某单位变电所控制室内配电柜至现场配电室低压柜的电缆敷设工程示意，电缆敷设采用电缆沟铺砂盖砖直埋（普通土）方式，并列敷设 7 根 VV22-1 kV-3×95+2×50 mm²电力电缆。变电所室内部分电缆穿 DN80 钢管（明敷）做保护，共 8 m 长。室外电缆敷设共 250 m 长，在配电室内有 12 m 穿 DN80 钢管（明敷）做保护。

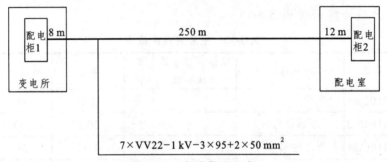

图 5-35　电缆敷设示意

（1）试计算该电力电缆敷设的工程量并写出套用的定额子目。

（2）若材料价格见表 5-51。

表 5-51　材料价格

序号	名称	单位	单价/元
1	VV22-1 kV-3×95+2×50 mm²电力电缆	m	310

试计算 VV22-1 kV-3×95+2×50 mm²电力电缆的综合单价。

第 6 章

消防工程

建筑消防工程包括水灭火系统、气体灭火系统、泡沫灭火系统、火灾自动报警系统。本章主要介绍消防水灭火系统工程和火灾自动报警系统工程的计量与计价。

6.1 基础知识

6.1.1 消火栓给水系统

1. 消火栓给水系统的组成

消火栓给水系统是目前应用最广泛的灭火系统。

消火栓给水系统一般由消火栓设备、消防管网、消防水池、高位水箱、水泵接合器及增压水泵等组成，如图 6-1。

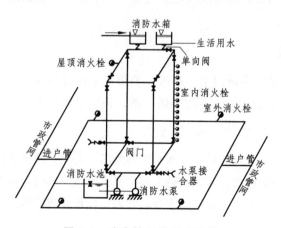

图 6-1 消火栓系统组成示意

1）消火栓设备

消火栓设备包括室内消火栓、室内消火栓组合卷盘、室外消火栓。室内消火栓由消火栓箱、水枪、水龙带、消火栓和消防按钮组成。室内消火栓组合卷盘由消火栓箱、水枪、水龙带、消火栓、消防按钮和消防软管卷盘组成。室外消火栓是设置在建筑物外面消防给水管网上的供水设施，主要供消防车从市政给水管网或室外消防给水管网取水实施灭火，也可以直接连接水带、水枪出水灭火，是扑救火灾的重要消防设施之一。

2）水泵接合器

水泵接合器是连接消防车向室内消防给水系统加压供水的装置，一端由消防给水管网水平干管引出，另一端设于消防车易于接近的地方。

3）消防管道

室内消防给水管网的引入管一般不应小于两条，当一条引入管发生故障时，其余引入管应仍能保证消防用水量和水压。为保证供水安全，管网布置一般采用环式管网供水，保证供水干管和每条消防立管都能做到双向供水。消防竖管布置：应保证同层相邻两个消火栓的水枪充实水柱能同时达到被保护范围内的任何部位。每根消防竖管的直径不小于 100 mm，安装室内消火栓时进水管的公称直径不小于 50 mm，在一般建筑物内，消火栓及消防给水管道均采用明装。

4）消防水池

消防水池用于在无室外消防水源或室外水源不能满足要求的情况下，储存火灾持续时间内室内外消防用水量，可设于室外地下或地面上，也可设在室内地下室中。

5）消防水箱

消防水箱对扑救初期火起着重要作用。为确保其自动供水的可靠性，消防水箱应采用重力自流供水方式；水箱的安装高度应满足室内最不利点消火栓所需的水压要求，且应储存有室内 10 min 的消防水量。

6）消防增压水泵

大多数消防水源提供的消防用水，都需要消防水泵进行加压，以满足灭火时对水压和水量的要求。消防水泵应采用一用一备或多用一备，备用泵应与工作泵的性能相同。

2. 室内消火栓给水系统的给水方式

消防水灭火给水系统，必须根据水压和水量的要求、室外管网所能提供的水量和水压情况、消防设备等用水点在建筑物内的分布以及供水安全要求等条件来确定其给水方式。不同的给水方式，计量的范围也不一样。室内消火栓给水方式常采用环状管网的形式，如图6-2所示。

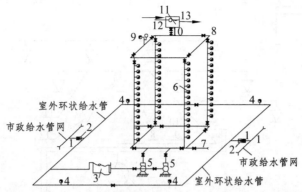

1—市政给水管网；2—水表；3—贮水池；4—室外消火栓；5—水泵；6—消防立管；7—水泵接合器；
8—室内消火栓；9—屋顶消火栓；10—止回阀；11—屋顶水箱；12—屋顶进水管；13—出水管。

图 6-2　环状管网消火栓给水方式

高层建筑通常采用竖向分区的方式，如图 6-3 所示。

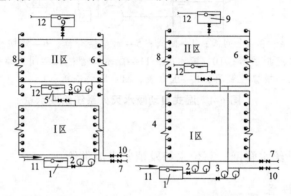

（a）并联分区供水方式　　　（b）串联分区供水方式

1—消防水池；2—Ⅰ区消防水泵；3—Ⅱ区消防水泵；4—Ⅰ区管网；5—Ⅱ区水箱；6—消火栓；
7—Ⅰ区水泵接合器；8—Ⅱ区管网；9—Ⅱ区水箱；10—Ⅱ区水泵接合器；
11—市政给水管网；12—屋顶进水管。

图 6-3　分区供水的室内消火栓系统

6.1.2　自动喷水灭火系统

1. 自动喷水灭火系统的组成

自动喷水灭火系统是指火灾发生时，喷头封闭元件能自动开启喷水灭火，同时发出报警信号的一种消防设施，是目前世界上公认的最有效的自救灭火方式。该系统具有安全可靠、经济实用、灭火成功率高等优点。自动喷水灭火系统扑灭初期火灾的效率在97%以上。

自动喷水灭火系统由水源、加压储水设备、管网、喷头、水流报警装置、末端试水装置、报警阀组等组成。

最常见的自动喷水灭火系统是湿式自动喷水灭火系统，如图 6-4。

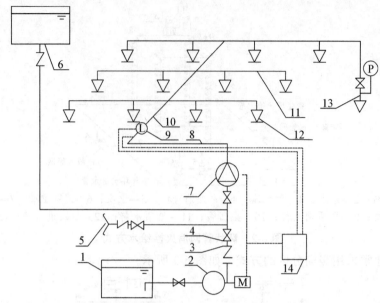

1—水池；2—消防水泵；3—止回阀；4—闸阀；5—水泵接合器；6—消防水箱；7—湿式报警阀组；8—配水干管；9—水流指示器；10—配水管；11—配水支管；12—闭式喷头；13—末端试水装置；14—报警控制器；P—压力表；M—驱动电机；L—水流指示器

图 6-4　湿式自动喷水灭火系统组成示意

1）消防水源

消防水源由室外给水管网、高位水箱及消防水池供给。

2）加压储水设备

加压储水设备包括水泵、水箱及水池。

3）自动喷水灭火系统管网

自动喷水灭火系统管网主要包括进水管、干管、立管及横支管。

4）喷头

喷头分为两类：闭式喷头、开式喷头，如图 6-5、图 6-6 所示。闭式喷头是带热敏感元件和自动密封组件的自动喷头，分为玻璃球封闭型和易熔合金锁片封闭型。自动喷水灭火系统常用闭式喷头。通常喷头下方的覆盖面积大约为 12 m²。各种喷淋头安装，应在管道系统完成试压、冲洗后进行。

安装自动喷水管装置，为防止管道工作时产生晃动，妨碍喷头喷水效果，应以支吊架进行固定。如设计无要求，可按下列要求敷设：

① 吊架与喷头的距离应不小于 300 mm，距末端喷头的距离不大于 750 mm。

② 吊架应设在相邻喷头间的管段上，相邻喷头间距不大于 3.6 m，可装设一个；小于 1.8 m 时，允许隔段设置。

图 6-5　闭式喷头

图 6-6　开式喷头

5）水流报警装置

水流报警装置主要有：水力警铃、水流指示器和压力开关。

水力警铃：主要用于湿式喷水灭火系统，宜装在报警阀附近（连接管不宜超过 6 m），当报警阀打开消防水源后，具有一定压力的水流冲动叶轮打铃报警，如图 6-7 所示。水力警铃不得由电动报警装置取代。

图 6-7　水力警铃

压力开关：在水力警铃报警的同时，依靠警铃管内水压的升高自动接通电触点，完成电动警铃报警，向消防控制室传送电信号或启动消防水泵，如图 6-8 所示。

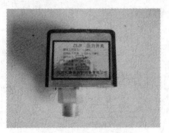

图 6-8　压力开关

水流指示器：某个喷头开启喷水或管网发生水量泄漏时，管道中的水产生流动，引起水流指示器中桨片随水流而动作，接通延时电路后，继电器触电吸合发出区域水流电信号，送至消防控制室，如图 6-9 所示。

图 6-9　水流指示器

6）末端试水装置

为了检测系统的可靠性和测试系统能否在开放一支喷头的最不利条件下可靠报警并正常启动，要求在每个报警阀的供水最不利处设置末端试水装置，如图 6-10 所示。末端试水装置测试的内容包括水流指示器、报警阀、压力开关、水力警铃的动作是否正常，配水管道是否通畅，以及最不利点处的喷头工作压力等。

图 6-10　末端试水装置

末端试水装置在自动喷水灭火系统中起到了监测和检测作用。

7）报警阀组

报警阀组的作用是开启和关闭管网的水流，传递控制信号至控制系统并启动水力警铃直接报警。报警阀组共有湿式报警阀组、干式报警阀组、干湿式报警阀组和雨淋式报警阀组四种类型。图 6-11 所示为湿式报警阀组。

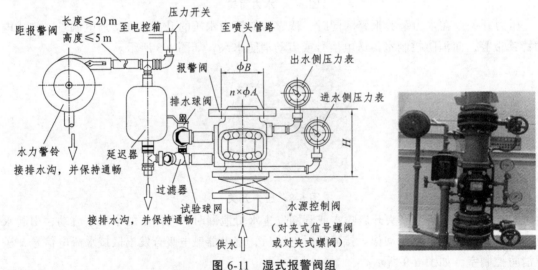

图 6-11　湿式报警阀组

2. 湿式自动喷水灭火系统工作原理

自动喷水灭火系统分为闭式自动喷水灭火系统和开式自动喷水灭火系统。闭式自动喷水灭火系统包括湿式自动喷水灭火系统、干式自动喷水灭火系统、预作用自动喷水灭火系统；开式自动喷水灭火系统包括雨淋系统、水幕系统、水喷雾灭火系统。

在民用建筑中，闭式自动喷水灭火系统中的湿式自动喷水灭火系统最为常见，其工作原理如图 6-12 所示。本章自动喷水灭火系统部分主要介绍湿式自动喷水灭火系统的计量与计价。

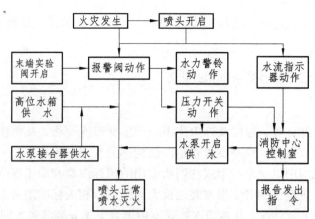

图 6-12　湿式自动喷水灭火系统工作原理

6.1.3　消防水灭火系统工程管道施工工艺

1. 消防水灭火系统常用管材及连接方式

钢管是建筑设备工程中应用最广泛的金属管材，根据不同的制作工艺，分为低压流体输送用焊接钢管和一般无缝钢管两种，焊接钢管又分为普通焊接钢管和加厚焊接钢管；按表面质量，又分为镀锌钢管和不镀锌钢管。目前，在消防给水系统中常见的是内外壁热镀锌焊接钢管（图 6-13）。

图 6-13　内外壁热镀锌钢管

表 6-1 所示为低压流体输送用焊接钢管和镀锌焊接钢管规格，表中所列理论质量为非镀锌焊接钢管的理论质量，镀锌焊接钢管理论质量比非镀锌焊接钢管重 3% ~ 6%。

表 6-1　低压流体输送用焊接钢管（镀锌焊接钢管）规格

公称直径/mm	15	20	25	32	40	50	65	80	100	125	150
外径/mm	21.3	26.8	33.5	42.3	48	60	75.5	88.5	114	140	159
普通焊接钢管壁厚/mm	2.75	2.75	3.25	3.25	3.50	3.50	3.75	4.00	4.00	4.50	4.50
普通焊接钢管每米质量/（kg/m）	1.26	1.63	2.42	3.13	3.84	4.88	6.64	8.34	10.85	15.04	17.81
加厚焊接钢管壁厚/mm	3.25	3.50	4.00	4.00	4.25	4.50	4.50	4.75	5.00	5.50	5.50
加厚焊接钢管每米质量/（kg/m）	1.45	2.01	2.91	3.78	4.58	6.16	7.88	9.81	13.44	18.24	21.63

钢管连接方法有螺纹连接（丝扣连接）、焊接、法兰、沟槽连接四种。

2. 预埋套管

预埋套管施工工艺见本书第 4 章相关内容。

3. 管道支架

室内管道由于受到自重、温度及外力作用会产生变形或位移，从而使管道受到损坏，为此，须将管道位置予以固定，这种支撑管道的结构称为支架。管道支架一般在设计图中不会具体绘制，在设计说明中以文字的形式注明所采用的国标图集和施工规范。编制招标控制价时，应参考现行施工规范中钢管支架安装的最大间距结合相关标准图集来进行计算。施工过程中则根据施工现场实际情况，并参照现行规范中钢管支架安装的最大间距（表 6-2）具体确定。

表 6-2　钢管支架安装最大间距

公称直径/mm		15	20	25	32	40	50	70	80	100	125	150	200	250
支架的最大间距/m	保温管	2	2.5	2.5	2.5	3	3	4	4	4.5	6	7	7	8
	不保温管	2.5	3	3.5	4	4.5	5	6	6	6.5	7	8	9.5	11

在消防水灭火系统中，管道的支吊架是管道安装工作中重要的环节，如图 6-14 所示。

图 6-14　管道支吊架安装

4. 消防水灭火系统管道的施工工艺

消防水灭火系统管道的施工工艺：安装准备→预留孔洞、预埋件的检查验收→支吊架制安→管道预制加工→干管安装→立管安装→支管安装→管道试压→管道防腐→管道冲洗。

6.1.4　火灾自动报警系统

1. 火灾自动报警系统组成

在探测区发生火灾时，燃烧产生的烟雾、热量、火焰等物理量，通过火灾探测器变成电信号，传输到火灾报警控制器，并同时显示出火灾发生的部位、时间等，使人们能够及时发现火灾，并及时采取有效措施，扑灭初期火灾。同时，火灾联动报警控制器（在自动状态下）会启动相关的联动设备进行灭火。

火灾自动报警系统由触发装置、火灾报警装置、火灾警报装置、电源、具有其他辅助控制功能的联动装置等组成。

1）触发装置

触发装置包括火灾探测器和手动报警按钮。

（1）火灾探测器。

火灾探测器是消防火灾自动报警系统中，对现场进行探查，发现火灾的设备。火灾探测器是火灾自动报警系统的重要组成部分，是评价整个系统性能好坏的关键。火灾探测器按对现场的信息采集类型分为感烟探测器、感温探测器、火焰探测器及特殊气体探测器等，如图6-15所示。

图 6-15　火灾探测器

（2）手动报警按钮。

手动报警按钮是手动方式发出火灾报警信号的设备，如图6-16所示。它的作用是当发生火灾时，在火灾探测器还没有探测到火情的时候，现场人员可按下手动报警按钮，及时向报警控制器报告火灾信号。

图 6-16　手动报警按钮

2）火灾报警装置

火灾报警装置包括火灾报警控制器和火灾显示盘。

火灾报警控制器是火灾自动报警系统的核心设备，设置在消防系统的控制中心，如图6-17所示。火灾报警控制器是调试和监控时显示和报警的平台，是系统的信息处理中心。

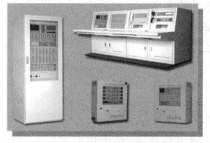

图 6-17　火灾报警装置

火灾报警装置按安装方式分壁挂式、柜式、琴台式，按系统分区域型、集中型、通用型，按线制分总线制、多线制。

3）火灾警报装置

在火灾自动报警系统中，用以发出区别于环境声、光的火灾警报信号的装置，称为火灾警报装置。声光报警器就是一种最基本的火灾警报装置，如图 6-18 所示。它以声、光方式向报警区域发出火灾警报信号，以提醒人们展开安全疏散、灭火救灾等行动。

图 6-18　声光报警器

4）电源

火灾自动报警系统属于消防用电设备，应设有主电源和直流备用电源，如图 6-19 所示。其主电源应当采用消防电源，备用电源一般采用蓄电池组。

图 6-19　电源

5）联动装置

在火灾自动报警系统中，当接受到来自触发器件的火灾信号后，能自动或手动启动相关消防设备，并显示其工作状态的设备，称为消防联动控制装置。火灾报警控制器与联动装置之间通过输出类型的模块来连接。一般的联动控制装置有 7 类系统：

（1）自动喷水灭火系统。

（2）室内消火栓系统。

（3）防烟排烟系统及通风空调系统。

（4）常开防火门、防火卷帘。

（5）非消防电源控制装置。

（6）电梯迫降控制装置。

（7）火灾应急广播的控制装置。

2. 火灾自动报警系统的基本形式

火灾自动报警系统分为区域报警系统、集中报警系统和控制中心报警系统三种基本形式。

1）区域报警系统

区域报警系统是由区域报警控制器、火灾探测器、手动报警按钮、火灾警报装置等组成的火灾自动报警系统。其功能如图 6-20 所示。

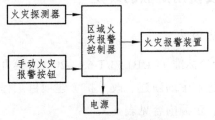

图 6-20　区域报警系统

2）集中报警系统

集中报警系统是由集中火灾报警控制器、区域报警控制器、火灾探测器、手动报警按钮、火灾警报装置等组成的功能较复杂的火灾自动报警系统。其功能如图 6-21 所示。

3）控制中心报警系统

控制中心报警系统是由设置在消防控制中心的消防联动控制设备、集中火灾报警控制器、区域报警控制器、火灾探测器、手动报警按钮、火灾警报装置等组成的功能复杂的火灾自动报警系统。其功能如图 6-22、图 6-23 所示。

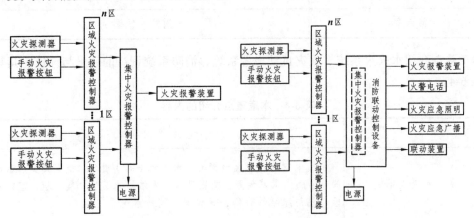

图 6-21　集中报警系统　　　　　图 6-22　控制中心报警系统

图 6-23　消防控制中心

6.2 定额应用及工程量计算

6.2.1 定额的内容及使用定额的规定

1. 定额的适用范围及内容

《云南省通用安装工程计价标准》（DBJ 53/T-63—2020）第九册《消防安装工程》适用于云南省辖区内的工业与民用建筑中的新建、改（扩）建项目工程。

第九册《消防安装工程》定额内容见表 6-3。

表 6-3　第九册《消防工程》定额内容

章节	各章内容
第一章	水灭火系统
第二章	气体灭火系统
第三章	泡沫灭火系统
第四章	火灾自动报警系统
第五章	智能应急照明及疏散系统
第六章	消防系统调试

本章重点介绍水灭火系统、火灾自动报警系统、消防系统调试的计量与计价。其具体内容见表 6-4。

表 6-4　本章重点介绍的内容

章节	各章内容
第一章　水灭火系统	水喷淋钢管、消火栓钢管、水喷淋（雾）喷头、报警装置、水流指示器、温感式水幕装置、减压孔板、末端试水装置、集热板、室内外消火栓、消防水泵结合器、灭火器、消防水炮等安装
第四章　火灾自动报警系统	点型探测器、线型探测器、按钮、消防警铃、声光报警器、空气采样型探测器、消防报警电话插孔（电话）、消防广播（扬声器）、消防专用模块（模块箱）、区域报警控制箱、联动控制箱、远程控制箱（柜）、火灾报警系统控制主机、联动控制主机、消防广播及电话主机（柜）、火灾报警 控制计算机、备用电源及电池主机柜、报警联动控制一体机的安装工程
第六章　消防系统调试安装	自动报警系统调试、水灭火控制装置调试、防火控制装置调试、气体灭火系统装置调试、智能应急照明及疏散指示系统调试等工程

2. 执行其他册相应定额的工程项目

（1）阀门、法兰、气压罐安装，消防水箱、各种套管制作、安装，支架制作、安装（注明者除外），执行第十册《给排水、采暖、燃气安装工程》相应项目。

（2）各种消防泵、稳压泵等机械设备安装及二次灌浆，执行第一册《机械设备安装工程》相应项目。

（3）不锈钢管和管件、铜管和管件安装及泵间管道安装（包括与之配套的阀门、法兰），执行第八册《工业管道安装工程》相应项目。

（4）消火栓系统室外埋地管道执行第十册《给排水、采暖、燃气安装工程》中室外给水管道安装相应项目。

（5）刷油、防腐蚀、绝热工程，执行第十二册《防腐蚀、绝热工程》相应项目。

（6）电缆敷设、桥架安装、配管配线、接线盒、电动机检查接线、防雷接地装置等安装，执行第四册《电气设备与线缆安装工程》相应项目。

（7）各种仪表的安装及带电信号的阀门、水流指示器、压力开关、驱动装置及泄漏报警开关的接线、校线等执行第六册《自动化控制仪表安装工程》相应项目。

（8）剔槽打洞及恢复执行第十册《给排水、采暖、燃气安装工程》相应项目。

（9）凡涉及管沟、基坑及井类的土方开挖、回填、运输、垫层、基础、砌筑、地沟盖板预制安装、路面开挖及修复、管道混凝土支墩的项目，执行《云南省建筑工程计价标准》（DBJ53/T-61—2020）和《云南省市政工程计价标准》（DBJ53/T-59—2020）相应项目。

（10）设备支架制作、安装等执行第三册《静置设备与工艺金属结构制作安装工程》相应项目。

（11）有关严密性试验执行第八册《工业管道安装工程》中的相应项目。

3. 费用可按系数分别计取的内容

（1）脚手架搭拆费按人工费的 5% 计算，其费用中人工费占 35%，材料费占 40%，机械费占 25%。

（2）操作高度增加费：安装高度距离楼面或地面大于 5 m 时，超过部分工程量按表 4-4 所列系数计算。

（3）建筑物超高增加费：在建筑物层数大于 6 层或建筑物高度大于 20 m 的工业与民用建筑物上进行安装时，按表 4-5 中的百分比计算建筑物超高增加的费用。当建筑高度超过定额规定 20 m 或 6 层时，应以整个工程全部工程量（含地下部分）为基数计取建筑物超高增加费。

（4）在地下室内（含地下车库）、暗室内、净高小于 1.6 m 楼层、断面积小于 4 m² 且大于 2 m² 的隧道或洞内进行安装的工程，人工乘以系数 1.12。

（5）在管井内、竖井内、断面积小于或等于 2 m² 的隧道或洞内、封闭吊顶天棚内进行安装的工程（竖井内敷设电缆项目除外），人工乘以系数 1.16。

（6）安装与生产同时进行增加的费用，按人工费的 10% 计算，其中人工费、机械费各占 50%。

（7）在有害身体健康的环境中施工增加的费用，按人工费的 10% 计算，其中人工费、机械费各占 50%。

（8）拆除工程分为保护性拆除和非保护性拆除两种，费用按如下方式计取：

① 保护性拆除按相应定额（不含未计价材费）的 50% 计取。

② 非保护性拆除按相应定额（不含未计价材费）的 25% 计取。

6.2.2 消火栓给水系统工程量计算及定额应用

1. 消火栓管道安装

1）定额的使用

（1）消火栓系统室外埋地管道执行第十册《给排水、采暖、燃气安装工程》中室外给水管道安装相应项目。

（2）消火栓管道采用无缝钢管焊接时，定额中包括管件安装，管件主材依据设计图纸数量另计工程量。

（3）消火栓管道采用钢管（沟槽连接）时，执行第九册《消防安装工程》（第一章）水灭火系统水喷淋钢管（沟槽连接）相关项目。

（4）消火栓管道安装中已包含水压试验、水冲洗，管道二次试压及冲洗如有发生，可另行按本章相应定额计算。

【例 6-1】管道定额应用

云南省某工程消火栓给水系统 DN65 热镀锌钢管（螺纹连接），工程量为 36 m；DN100 热镀锌钢管（沟槽连接），工程量为 120 m，DN100 弯头（90°）5 个，DN100 正三通 2 个，试套用定额。（不考虑未计价材费）

【解】根据《云南省通用安装工程计价标准》（DBJ 53/T-63—2020）第九册《消防安装工程》定额相关规定，消火栓管道采用螺纹连接未特别说明则应执行第九册《消防安装工程》（第一章）水灭火系统消火栓钢管（螺纹连接）相应项目；消火栓管道采用沟槽连接，则执行第九册《消防安装工程》（第一章）水灭火系统水喷淋钢管（沟槽连接）相关项目。管道安装（沟槽连接）已包括直接卡箍件安装，其他沟槽管件另行执行相关项目，管件安装定额包括卡箍安装，管件和卡箍按未计价材按实计算。

管件共计 7 个 [DN100 弯头（90°）5 个，DN100 正三通 2 个]；

DN100 弯头（90°）弯头计算 2 个卡箍，DN100 正三通计算 3 个卡箍，DN100 卡箍工程量为：5×2+2×3=16 个。

定额套用见表 6-5。

表 6-5　管道定额套用

定额编号	项目名称	计量单位	工程量	基价/元	其中/元			未计价材费
					人工费	材料费	机械费	
2-9-33	镀锌钢管（螺纹连接）DN65	10 m	3.60	479.40	460.87	14.38	4.15	
未计价材	热镀锌钢管 DN65	m	36.72					
2-9-18	镀锌钢管（沟槽连接）DN100	10 m	12.00	374.94	361.62	11.57	1.75	
未计价材	热镀锌钢管 DN100	m	122.40					
2-9-26	管件安装 DN100	10 个	0.7	427.83	394.44	6.83	26.56	
未计价材	卡箍（含螺栓）DN100	个	16					
未计价材	90°弯头 DN100	个	5.03					
未计价材	正三通 DN100	个	2.01					

2）界限划分

（1）消防系统室内外管道以建筑物外墙皮外 1.5 m 为界，入口处设阀门者以阀门为界；室外埋地管道执行《云南省通用安装工程计价标准》（DBJ 53/T-63—2020）第十册《给排水、采暖、燃气安装工程》中室外给水管道安装相应项目。

（2）厂区范围内的装置、站、罐区的架空消防管道执行本册定额相应定额。

（3）与市政给水管道的界限：以与市政给水管道碰头点（井）为界。

3）工程量计算规则

管道安装按设计图示管道中心线长度以"10 m"为计量单位。不扣除阀门、管件及各种组件所占长度。

2. 阀门安装、法兰安装

1）定额的使用

阀门、法兰、气压罐安装，消防水箱、各种套管制作、安装，支架制作、安装（注明者除外），执行《云南省通用安装工程计价标准》（DBJ 53/T-63—2020）第十册《给排水、采暖、燃气安装工程》相应项目。

2）工程量计算规则

（1）各种阀门均按照不同连接方式、公称直径，按设计图示数量，以"个"为计量单位。

（2）法兰均区分不同公称直径，以"副"为计量单位。承插盘法兰短管按照不同连接方式、公称直径，以"副"为计量单位。

3. 消火栓安装、水泵接合器安装

1）定额的使用

消火栓安装、水泵接合器安装定额执行《云南省通用安装工程计价标准》（DBJ 53/T-63—2020）第九册《消防安装工程》（第一章）水灭火系统相应项目。

2）工程量计算规则

（1）室内消火栓安装，区分普通单栓、普通双栓、自救卷盘单栓、自救卷盘双栓以及敷设方式（明装、暗装）以"套"为计量单位，所带消防按钮的安装另行计算。消火栓安装如图 6-24 所示。成套产品包括的内容详见表 6-6。

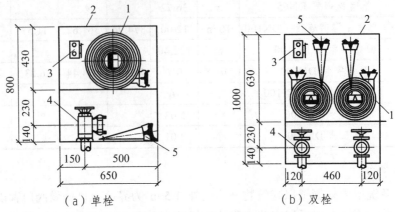

（a）单栓 　　　　　　　　　　（b）双栓

1—水龙带；2—消火栓箱；3—按钮；4—消火栓；5—水枪。

图 6-24　消火栓安装

表 6-6　成套产品包括的内容

序号	项目名称	包括内容
1	室内消火栓	消火栓箱、消火栓、水枪、水龙带、水龙带接扣、挂架
2	室外消火栓	地下式消火栓、法兰接管、弯管底座或消火栓三通
3	室内消火栓（带自动卷盘）	消火栓箱、消火栓、水枪、水龙带、水龙带接扣、挂架、消防软管卷盘
4	消防水泵接合器	消防接口本体、止回阀、安全阀、闸（蝶）阀、弯管底座、标牌

（2）室外消火栓安装，区分不同型号、规格和安装方式（支管安装、干管安装）以"套"为计量单位。

（3）消防水泵接合器安装，区分不同安装方式和规格以"套"为计量单位。

消防水泵接合器安装如图 6-25、图 6-26 所示。成套产品包括的内容详见表 6-6。

图 6-25　地上式水泵接合器

图 6-26　地下式水泵接合器

（4）落地组合式消防柜安装，执行室内消火栓（明装）定额项目。

（5）室外消火栓、消防水泵接合器安装，定额中包括法兰接管及弯管底座（消火栓三通）的安装，本身价值另行计算。

【例6-2】消火栓定额应用

云南省某工程现有 SN65 室内单栓消火栓 10 套，DN65 屋面试验消火栓带箱体 1 套，DN65 室内单栓消火栓（带自动卷盘）2 套，安装方式均为暗装，试套用定额。（未计价材费不考虑）

【解】根据《云南省通用安装工程计价标准》（DBJ 53/T-63—2020）第九册《消防安装工程》水灭火系统（第一章）相应项目套用。

定额套用情况见表6-7。

表6-7　消火栓定额套用

定额编号	项目名称	计量单位	工程量	基价/元	其中/元			未计价材费
					人工费	材料费	机械费	
2-9-81	室内消火栓暗装 单栓 DN65	套	10	156.52	153.52	2.77	0.23	
未计价材	室内消火栓 单栓 DN65	套	10					
2-9-81	屋面试验消火栓暗装 DN65	套	1	156.52	153.52	2.77	0.23	
未计价材	屋面试验消火栓头 DN65	套	1					
2-9-83	室内消火栓（带自动卷盘）暗装 DN65	套	2	186.93	183.93	2.77	0.23	
未计价材	室内消火栓（带自动卷盘）DN65	套	2					

4. 消火栓给水系统控制装置调试

系统调试是指消防报警和防火控制装置灭火系统安装完毕且连通，并达到国家有关消防施工验收规范、标准后，进行的全系统检测、调整和试验。自动报警系统装置包括各种探测器、手动报警按钮和报警控制器；灭火系统控制装置包括消火栓、自动喷水灭火系统的控制装置。消火栓灭火系统按消火栓启泵按钮数量以"点"为计量单位，以系统为单位按不同点数编制计价。

6.2.3　自动喷水灭火系统工程量计算及定额应用

1. 管道安装

1）定额的使用

管道安装定额执行《云南省通用安装工程计价标准》（DBJ 53/T-63—2020）第九册《消防安装工程》（第一章）水灭火系统相应项目及（第六章）消防系统调试相应项目。

2）界限划分

（1）消防系统室内外管道以建筑物外墙皮外 1.5 m 为界，入口处设阀门者以阀门为界；室外埋地管道执行《云南省通用安装工程计价标准》（DBJ 53/T-63—2020）第十册《给排水、采暖、燃气安装工程》中室外给水管道安装相应项目。

（2）厂区范围内的装置、站、罐区的架空消防管道执行本册定额相应定额。

（3）与市政给水管道的界限：以与市政给水管道碰头点（井）为界。

3）工程量计算规则

（1）管道安装按设计管道中心长度，以"10 m"为计量单位，不扣除阀门、管件及各种组件所占长度。

（2）管件连接分规格以"10个"为计量单位

4）其他有关规定

（1）钢管（法兰连接）定额中包括管件及法兰安装，但管件、法兰及螺栓数量应按设计图纸用量另行计算，螺栓按设计用量加3%损耗计算。

（2）若设计或规范要求钢管需要镀锌，其镀锌及场外运输另行计算。

（3）管道安装（沟槽连接）已包括直接卡箍件安装，其他沟槽管件另行执行相关项目。

（4）管件安装按"每安装处"计算一个管件安装，管件和卡箍（例如沟槽弯头计算两个卡箍、沟槽三通计算三个卡箍、沟槽四通计算四个卡箍）按未计价材料按实计算，如图6-27、图6-28所示。

（5）管道安装中已包含水压试验、水冲洗，管道二次试压及冲洗如有发生，可另行按本章相应定额计算。

（6）设置于管道间、管廊内的管道，其人工费、机械费乘以系数1.2。

（7）主体结构为现场浇筑采用钢模施工的工程：内外浇筑的人工费乘以系数1.05，内浇外砌的人工费乘以系数1.03。

图6-27　沟槽卡箍及管件

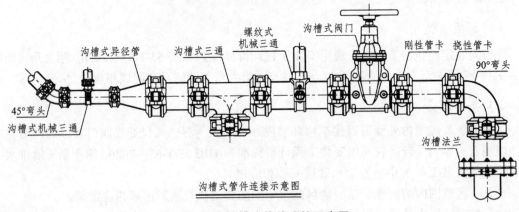

图6-28　沟槽式管件连接示意图

【例 6-3】管道工程量计算及定额应用

如图 6-29 为云南省某工程自动喷水灭火系统的一部分管网，管道材质为内外壁热镀锌钢管，设计规定管道公称直径 DN＜100 mm 时采用螺纹连接，管道公称直径 DN≥100 mm 时采用沟槽连接，试计算 DN100 mm 内外壁热镀锌钢管安装及卡箍安装的工程量并套用定额。

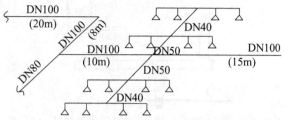

图 6-29　自动喷水灭火系统管网示意

【解】1. 按图示标注的长度，DN100 内外壁热镀锌钢管的工程量为：20+8+10+15=53 m，套用 2-9-18 定额子目，计量单位 10 m，未计价材钢管消耗量为 10.2 m、沟槽直接头（含胶圈）消耗量为 1.667 套，则定额工程量为 53/10=5.3，未计价材镀锌钢管工程量为：5.3×10.2=54.06 m；沟槽直接头（含胶圈）工程量为：5.3×1.667=8.84 套。

2. 管件和卡箍工程量根据管道安装的实际计算：

（1）DN100 90 弯头 1 个，DN100 卡箍 2 个。

（2）DN100×100×80 异径三通 1 个，DN100 卡箍 2 个。

（3）DN100×100×50×50 异径四通 1 个，DN100 卡箍 2 个。

管件共计 3 个，卡箍不含直接卡箍的工程量：2+2+2=6 个，定额套用 2-9-26 定额子目。详见表 6-8。

表 6-8　管道定额套用

定额编号	项目名称	计量单位	工程量	基价/元	其中/元			未计价材费
					人工费	材料费	机械费	
2-9-18	镀锌钢管（沟槽连接）DN100	10 m	5.3	374.94	361.62	11.57	1.75	
未计价材	热镀锌钢管 DN100	m	54.06					
未计价材	沟槽直接头（含胶圈）	套	8.84					
2-9-26	管件安装 DN100	10 个	0.3	427.83	394.44	6.83	26.56	
未计价材	卡箍（含螺栓）	个	6					
未计价材	90°弯头 DN100	个	1					
未计价材	异径三通 DN100×80×100	个	1					
未计价材	异径四通 DN100×100×50×50	个	1					

2. 系统组件安装

1）喷头安装

喷头按设计图示数量计算。按安装部位、方式分规格以"个"为计量单位，如图 6-30。

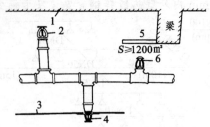

1—楼板或屋面板；2—直立型喷淋头；3—吊顶板；4—下垂型喷头；5—集热罩；6—普通型喷头。

图 6-30　喷头安装示意

2）湿式报警装置安装

报警装置安装按成套产品以"组"为计量单位。报警装置安装项目，定额中已包括装配管、泄放试验管及水力警铃出水管安装，水力警铃进水管按图示尺寸执行管道安装相应项目；其他报警装置适用于雨淋、干湿两用及预作用报警装置。成套产品包括的内容详见表 6-9。

表 6-9　成套产品包括的内容

序号	项目名称	包括内容
1	湿式报警装置	湿式阀、供水压力表、装置压力表、试验阀、泄放试验阀、试验管流量计、过滤器、延时器、水力警铃、报警截止阀、漏斗、压力开关等
2	干湿两用报警装置	两用阀、装置截止阀、加速器、加速器压力表、供水压力表、试验阀、泄放阀、泄放试验阀（湿式）、泄放试验阀（干式）、挠性接头、试验管流量计、排气阀、截止阀、漏斗、过滤器、延时器、水力警铃、压力开关等
3	电动雨淋报警装置	雨淋阀、压力表、泄放试验阀、流量表、截止阀、注水阀、止回阀、电磁阀、排水阀、应急手动球阀、报警试验阀、漏斗、压力开关、过滤器、水力警铃等
4	预作用报警装置	干式报警阀、压力表（2块）、流量表、截止阀、排放阀、注水阀、止回阀、泄放阀、报警试验阀、液压切断阀、气压开关（2个）、试压电磁阀、应急手动试压器、漏斗、过滤器、水力警铃等

3）水流指示器安装、减压孔板安装

水流指示器、减压孔板按设计图示数量计算，按安装部位、方式分规格以"个"为计量单位。

4）末端试水装置安装

末端试水装置按不同规格均以"组"为计量单位。

如图 6-31，定额已经包括表前阀、表后阀、压力表的安装费，表前阀、表后阀、压力表的未计价材费另计。

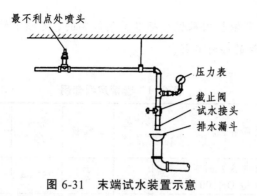

图 6-31　末端试水装置示意

5）集热板安装

集热板安装均以"套"为计量单位。

3. 自动喷水灭火系统管网水冲洗

自动喷水灭火系统管网水冲洗，区分不同规格以"100 m"为计量单位。

4. 自动喷水灭火系统控制装置调试

系统调试是指消防报警和防火控制装置灭火系统安装完毕且连通，并达到国家有关消防施工验收规范、标准后，进行的全系统检测、调整和试验。自动报警系统装置包括各种探测器、手动报警按钮和报警控制器；灭火系统控制装置包括消火栓、自动喷水灭火系统的控制装置。自动喷水灭火系统调试按水流指示器数量以"点（支路）"为计量单位，以系统为单位按不同点数编制计价。

5. 定额应用中的注意事项

1）关于镀锌管

镀锌钢管安装定额也适用于镀锌无缝钢管，定额套用时注意区分管外径和公称直径。

无缝钢管外径和公称直径的对应关系见表 6-10。

表 6-10　无缝钢管外径和公称直径的对应关系表

公称直径 DN/mm	15	20	25	32	40	50	70	80	100	150	200
无缝钢管外径 ϕ/mm	20	25	32	38	45	57	76	89	108	159	219

2）关于套管、支架及其他

阀门、法兰、气压罐安装，消防水箱、各种套管制作、安装，支架制作、安装（注明者除外），执行执行《云南省通用安装工程计价标准》（DBJ 53/T-63—2020）第十册《给排水、采暖、燃气安装工程》相应项目。

【例 6-4】套管定额应用

云南省某自动喷水灭火系统工程中，DN100 mm 水喷淋热镀锌钢管安装需设置 2 个刚性防水套管（现场制作安装）、1 个一般穿墙钢套管，试套用定额。

【解】套管制作安装是依据国家现行标准图集编制的，定额中的公称直径，是指介质管道的公称直径，而不是套管的公称直径。

定额套用见表6-11。

表6-11 套管定额套用

定额编号	项目名称	计量单位	工程量	基价/元	其中/元		
					人工费	材料费	机械费
2-10-2147	刚性防水套管制作（介质管道DN100）	个	2	257.64	143.43	80.45	33.76
2-10-2159	刚性防水套管安装（介质管道DN100）	个	2	99.02	82.60	16.42	
2-10-2106	一般穿墙套管制作安装（介质管道DN100）	个	1	85.20	53.79	29.49	1.92

3）关于管道支吊架

在消防水管道安装过程中，管道支吊架制作安装是一项重要的工作内容，定额中包括了支架、吊架及防晃支架。在工程量清单编制过程中，管道支架制作安装的工程量应按照最新的图集、规范及施工图样认真计算单个质量，按规定的间距进行支架数量的计算，最后汇总得出支架的总质量。

水平管道支吊架数量=某规格管道长度/该规格管道支架的间距

支架总质量=∑（某种规格支架的单位质量×该规格支架的数量）

在实际工作中，管道支架制作安装的工程量一般都要根据现场的实际情况才能确定，最终以竣工图按实结算工程量。

关于成品支架：因成品支架的材质（如钢支架、铝合金支架、塑料支架及玻璃钢支架等）不同，在套用定额时，成品钢支架的安装，按钢支架安装定额计量单位执行钢支架安装定额；若为其他成品支架时，在钢支架安装定额基础上按表6-12所列系数调整。

表6-12 成品支架调整系数

序号	支架类别	人工调整系数	计价材料调整系数
1	塑料支架及玻璃钢支架	2.0	2.7
2	铝合金支架	1.6	2.0

4）关于成套产品

套用定额时，注意成套产品所包括的内容，一般来说定额子目中包含成套产品的安装费。

6.2.4 火灾自动报警系统工程量计算及定额应用

1. 定额执行

火灾自动报警系统工程定额执行《云南省通用安装工程计价标准》（DBJ 53/T-63—2020）

第九册《消防安装工程》（第四章）火灾自动报警系统安装及（第六章）消防系统调试安装相应项目，包括点型探测器、线型探测器、按钮、消防警铃/声光报警器、空气采样型探测器、消防报警电话插孔（电话）、消防广播（扬声器）、消防专用模块（模块箱）、区域报警控制箱、联动控制箱、远程控制箱（柜）、火灾报警系统控制主机、联动控制主机、消防广播及电话主机（柜）、火灾报警控制计算机、备用电源及电池主机柜、报警联动控制一体机的安装工程。

2. 工程量计算规则

（1）火灾报警系统按设计图示数量计算。

（2）点型探测器按设计图示数量计算，不分规格、型号、安装方式与位置，以"个"、"对"为计量单位。探测器安装包括探头和底座的安装及本体调试。红外光束探测器是成对使用的，在计算时一对为两只。

（3）线型探测器依据探测器长度、信号转换装置数量、报警终端电阻数量按设计图示数量计算，分别以"m"、"台"、"个"为计量单位。

（4）空气采样管依据图示设计长度计算，以"m"为计量单位；极早期空气采样报警器依据探测回路数按设计图示计算，以"台"为计量单位。

（5）区域报警控制箱、联动控制箱、火灾报警系统控制主机、联动控制主机、报警联动一体机按设计图示数量计算，区分不同点数、安装方式，以"台"为计量单位。

（6）报警接口不起控制作用，只能起监视、报警作用，执行时不分安装方式，以"只"为计量单位。

【例6-5】火灾自动报警系统定额应用

昆明市某综合楼火灾自动报警系统采用总线制，工程共有195只点型感烟探测器、12只点型感温探测器、10只手动报警按钮、6只消火栓启泵按钮、4只控制模块（多输出）、1台报警联动控制主机（落地式，300点），试套用定额。

【解】（1）火灾自动报警系统设备套用《云南省通用安装工程计价标准》（DBJ 53/T-63—2020）第九册《消防安装工程》第四章相关定额子目。

（2）火灾自动报警系统调试套用《云南省通用安装工程计价标准》（DBJ 53/T-63—2020）第九册《消防安装工程》第六章相关定额子目，根据工程量计算规则，本工程调试点数为：195+12+10+6+4=227点，套用2-9-290定额子目。

定额套用详见表6-13。

表6-13　火灾自动报警系统定额套用

定额编号	项目名称	计量单位	工程量	基价/元	其中/元			设备费
					人工费	材料费	机械费	
2-9-196	点型探测器安装　感烟	只	195	54.91	51.39	3.32	0.2	
设备	点型感烟探测器	只	195					
2-9-197	点型探测器安装　感温	只	12	54.91	51.39	3.32	0.2	
设备	点型感温探测器	只	12					

定额编号	项目名称	计量单位	工程量	基价/元	其中/元			设备费
2-9-204	火灾报警按钮安装	只	10	87.73	80.04	7.61	0.08	
设备	手动报警按钮	只	10					
2-9-205	消火栓报警按钮安装	只	6	251.40	240.12	11.20	0.08	
设备	消火栓启泵按钮	只	6					
2-9-221	控制模块安装（多输出）	只	4	391.05	366.58	21.26	3.21	
设备	控制模块	只	4					
2-9-251	联动控制主机安装（落地）500点以内	台	1	5443.29	5 162.90	98.83	181.56	
设备	联动控制主机安装	台	1					
未计价材	低碳钢焊条 J427 φ3.2	kg	0.045					
2-9-290	自动报警系统装置调试256点以下	系统	1	14 887.05	13 916.28	104.07	866.70	

3. 相关说明

（1）电缆敷设、桥架安装、配管配线、接线盒、电动机检查接线、防雷接地装置等安装，执行第四册《电气设备与线缆安装工程》相应项目。

（2）各种仪表的安装及带电信号的阀门、水流指示器、压力开关、驱动装置及泄漏报警开关的接线、校线等执行第六册《自动化控制仪表安装工程》相应项目。

（3）安装定额中箱、机是以成套装置编制的；柜式及琴台式均执行落地式安装相应项目。

（4）闪灯执行声光报警器。

（5）电气火灾监控系统：

① 报警控制器按点数执行火灾自动报警控制器安装。

② 探测器模块按输入回路数量执行多输入模块安装。

③ 剩余电流互感器执行相关电气安装定额。

④ 温度传感器执行线性探测器安装定额。

（6）火灾报警控制计算机安装中不包括消防系统应用软件开发内容。

6.3 工程量清单编制与计价

6.3.1 消防工程工程量清单设置内容

1. 工程量清单项目设置内容

消防工程工程量清单设置在《通用安装工程工程量清单计算规范》（GB 50856—2013）附录J中共5个分部（表6-14）。其中：消防水灭火系统工程量清单设置在《通用安装工程工量清单计算规范》（GB 50856—2013）附录 J.1 中，共 14 个分项工程项目；消防系统调试工程量清单设置在《通用安装工程工程量清单计算规范》（GB 50856—2013）附录 J.5 中，共 4 个分项工程项目（表 6-15）。

表 6-14 消防工程（附录 J）

030901001～030905004	消防工程
J.1	水灭火系统
J.2	气体灭火系统
J.3	泡沫灭火系统
J.4	火灾自动报警系统
J.5	消防系统调试

表 6-15 本章主要介绍的工程量清单项目设置内容

项目编码	项目名称	分项清单项目
030901001～014	水灭火系统	水喷淋钢管、消火栓钢管、水喷淋（雾）喷头、报警装置、温感式水幕装置、水流指示器、减压孔板、末端试水装置、集热板制作安装、室内消火栓、室外消火栓、消防水泵接合器、灭火器、消防水炮
030901001～014	水灭火系统	水喷淋钢管、消火栓钢管、水喷淋（雾）喷头、报警装置、温感式水幕装置、水流指示器、减压孔板、末端试水装置、集热板制作安装、室内消火栓、室外消火栓、消防水泵接合器、灭火器、消防水炮
030904001～017	火灾自动报警系统	点型探测器、线型探测器、按钮、消防警铃、声光报警器、消防报警电话插孔（电话）、消防广播（扬声器）、模块（模块箱）、区域报警控制箱、联动控制箱、远程控制箱（柜）、火灾报警系统控制主机、联动控制主机、消防广播及对讲电话主机（柜）、火灾报警控制计算机（CRT）、备用电源及电池主机（柜）、报警联动一体机
030905001～004	消防系统调试	自动报警系统调试、水灭火控制装置调试、防火控制装置调试、气体灭火系统装置调试

2. 相关问题及说明

（1）管道界限的划分见本章定额计价相关内容。

（2）消防管道如需进行探伤，应按《通用安装工程工程量计算规范》（GB 50856—2013）附录 H 工业管道工程相关项目编码列项。

（3）消防管道上的阀门、管道及设备支架、套管制作安装，应按《通用安装工程工程量计算规范》（GB 50856—2013）附录 K 给排水、采暖、燃气工程相关项目编码列项。

（4）本章管道及设备除锈、刷油、保温除注明者外，应按《通用安装工程工程量计算规范》（GB 50856—2013）附录 M 刷油、防腐蚀、绝热工程相关项目编码列项。

（5）消防工程措施项目，应按《通用安装工程工程量计算规范》（GB 50856—2013）附录 N 措施项目相关项目编码列项。

6.3.2 工程量清单编制

1. 水灭火系统

根据《通用安装工程工程量计算规范》（GB 50856—2013）的规定，水灭火系统清单工程量项目设置及工程量计算规则详见表6-16。

表6-16 水灭火系统（编码：030901）（表 J.1）

项目编码	项目名称	项目特征	计量单位	工程量计算规则	工作内容
030901001	水喷淋钢管	1. 安装部位 2. 材质、规格 3. 连接形式	m	按设计图示管道中心线以长度计算	1. 管道及管件安装 2. 钢管镀锌 3. 压力试验 4. 冲洗 5. 管道标识
030901002	消火栓钢管	4. 钢管镀锌设计要求 5. 压力试验及冲洗设计要求 6. 管道标识设计要求			
030901003	水喷淋（雾）喷头	1. 安装部位 2. 材质、型号、规格 3. 连接形式 4. 装饰盘设计要求	个	按设计图示数量计算	1. 安装 2. 装饰盘安装 3. 严密性试验
030901004	报警装置	1. 名称 2. 型号、规格	组		1. 安装 2. 电气接线 3. 调试
030901005	温感式水幕装置	1. 型号、规格 2. 连接形式			
030901006	水流指示器	1. 型号、规格 2. 连接形式	个		
030901007	减压孔板	1. 材质、规格 2. 连接形式			
030901008	末端试水装置	1. 规格 2. 组装形式	组		
030901009	集热板制作安装	1. 材质 2. 支架形式	个		1. 制作、安装 2. 支架制作、安装
030901010	室内消火栓	1. 安装方式 2. 型号、规格 3. 附件材质、规格	套		1. 箱体及消火栓安装 2. 配件安装
030901011	室外消火栓				1. 安装 2. 配件安装
030901012	消防水泵接合器	1. 安装部位 2. 型号、规格 3. 附件材质、规格	套		1. 安装 2. 附件安装
030901013	灭火器	1. 形式 2. 规格、型号	具（组）		设置
030901014	消防水炮	1. 水炮类型 2. 压力等级 3. 保护半径	台		1. 本体安装 2. 调试

说明：

（1）水灭火管道工程量计算，不扣除阀门、管件及各种组件所占长度以延长米计算。

（2）水喷淋（雾）喷头安装部位应区分有吊顶、无吊顶。

（3）报警装置适用于湿式报警装置、干湿式报警装置、电动雨淋报警装置、预作用报警装置等报警装置安装。报警装置安装包括装配管（除水力警铃进水管）的安装，水力警铃进水管并入消防管道工程量。（湿式报警装置、干湿式报警装置、电动雨淋报警装置、预作用报警装置等报警装置包括的内容见本章定额计价相关内容）。

（4）温感式水幕装置，包括给水三通至喷头、阀门间的管道、管件、阀门、喷头等全部内容的安装。

（5）末端试水装置，包括压力表、控制阀等附件安装。末端试水装置安装中不含连接管及排水管安装，其工程量并入消防管道。

（6）室内消火栓、室外消火栓、消防水泵接合器包括的内容见本章定额计价相关内容。

（7）减压孔板若在法兰盘内安装，其法兰计入组价中。

（8）消防水炮分普通手动水炮、智能控制水炮。

2. 消防管道上的阀门、管道及设备支架、套管

消防管道上的阀门、管道及设备支架、套管制作安装，应按《通用安装工程工程量计算规范》（GB 50856—2013）附录K给排水、采暖、燃气工程相关项目编码列项，见表6-17、表6-18。

表6-17　支架及其他（编码：031002）（K.2）

项目编码	项目名称	项目特征	计量单位	工程量计算规则	工作内容
0301002001	管道支架	1. 材质 2. 管架形式	1. kg 2. 套	1. 以千克计量，按设计图示质量计算 2. 以套计量，按设计图示数量计算	1. 制作 2. 安装
0301002002	设备支架	1. 材质 2. 形式			
0301002003	套管	1. 名称、类型 2. 材质 3. 规格 4. 填料材质	个	按设计图示数量计算	1. 制作 2. 安装 3. 除锈、刷油

表6-18　管道附件（编码：031003）（K.3）

项目编码	项目名称	项目特征	计量单位	工程量计算规则	工作内容
031003001	螺纹阀门	1. 类型 2. 材质 3. 规格、压力等级 4. 连接形式 5. 焊接方法	个	按设计图示数量计算	1. 安装 2. 电气接线 3. 调试
031003002	螺纹法兰阀门				
031003003	焊接法兰阀门				

3. 火灾自动报警系统

根据《通用安装工程工程量计算规范》（GB 50856—2013）的规定，火灾自动报警系统清

单工程量项目设置及工程量计算规则详见表6-19。

表6-19　火灾自动报警系统（编码：030904）（J.4）

项目编码	项目名称	项目特征	计量单位	工程量计算规则	工作内容
030904001	点型探测器	1. 名称 2. 规格 3. 线制 4. 类型	个		1. 底座安装 2. 探头安装 3. 校接线 4. 编码 5. 探测器调试
030904002	线型探测器	1. 名称 2. 规格 3. 安装方式	m		1. 探测器安装 2. 接口模块安装 3. 报警终端 4. 校接线
030904003	按钮	1. 名称 2. 规格	个		
030904004	消防警铃				
030904005	声光报警器				
030904006	消防报警电话插孔（电话）	1. 名称 2. 规格 3. 安装方式	个（部）	按设计图示数量计算	1. 安装 2. 校接线 3. 编码 4. 调试
030904007	消防广播（扬声器）	1. 名称 2. 功率 3. 安装方式	个		
030904008	模块（模块箱）	1. 名称 2. 规格 3. 类型 4. 输出形式	个（台）		
030904009	区域报警控制箱	1. 多线制 2. 总线制 3. 安装方式 4. 控制点数量 5. 显示器类型			1. 本体安装 2. 校接线、摇测绝缘电阻 3. 排线、绑扎、导线标识 4. 显示器安装 5. 调试
030904010	联动控制箱				
030904011	远程控制箱（柜）	1. 规格 2. 控制回路	台		
030904012	火灾报警系统控制主机	1. 规格、线制 2. 控制回路 3. 安装方式			1. 安装 2. 校接线 3. 调试
030904013	联动控制主机				
030904014	消防广播及对讲电话主机（柜）				
030904015	火灾报警控制微机（CRT）	1. 规格 2. 安装方式			1. 安装 2. 调试
030904016	备用电源及电池主机（柜）	1. 名称 2. 容量 3. 安装方式	套		1. 安装 2. 调试
030904017	报警联动一体机	1. 规格、线制 2. 控制回路 3. 安装方式	台		1. 安装 2. 校接线 3. 调试

说明：

（1）消防报警系统配管、配线、接线盒均应按《通用安装工程工程量计算规范》（GB 50856—2013）附录 D 电气设备安装工程相关项目编码列项。

（2）消防广播及对讲电话包括功放、录音机、分配器、控制柜等设备。

（3）点型探测器包括火焰、烟感、温感、红外光束、可燃气体探测器等。

4. 消防系统调试

根据《通用安装工程工程量计算规范》（GB 50856—2013）的规定，消防系统调试清单工程量项目设置及工程量计算规则详见表 6-20。

表 6-20　消防系统调试（编码：030905）（表 J.5）

项目编码	项目名称	项目特征	计量单位	工程量计算规则	工作内容
030905001	自动报警系统调试	1. 点数 2. 线制	系统	按系统计算	系统调试
030905002	水灭火控制装置调试	系统形式	点	按控制装置的点数计算	调试
030905003	防火控制装置调试	1. 名称 2. 类型	个（部）	按设计图示数量计算	调试
030905004	气体灭火系统装置调试	1. 试验容器规格 2. 气体试喷	点	按调试、检验和验收所消耗的试验容器总数计算	1. 模拟喷气试验 2. 备用灭火器贮存容器切换操作试验 3. 气体试喷

说明：

（1）自动报警系统，包括各种探测器、报警器、报警按钮、报警控制器、消防广播、消防电话等组成的报警系统，按不同点数以系统计算。

（2）水灭火控制装置，自动喷洒系统按水流指示器数量以点（支路）计算，消火栓系统按消火栓启泵按钮数量以点计算，消防水炮系统按水炮数量以点计算。

（3）防火控制装置，包括电动防火门、防火卷帘门、正压送风阀、排烟阀、防火控制阀、消防电梯等防火控制装置；电动防火门、防火卷帘门、正压送风阀、排烟阀、防火控制阀等调试以个计算，消防电梯以部计算。

（4）气体灭火系统调试，是由七氟丙烷、IG541、二氧化碳等组成的灭火系统，按气体灭火系统装置的瓶头阀以点计算。

6.4　消防工程计价实例

【例 6-6】水灭火系统计价实例

本工程为云南省昆明市某员工食堂消火栓和自动喷水灭火系统的一部分，如图 6-32～图 6-35 所示，食堂共有两层，每层层高均为 4.5 m。

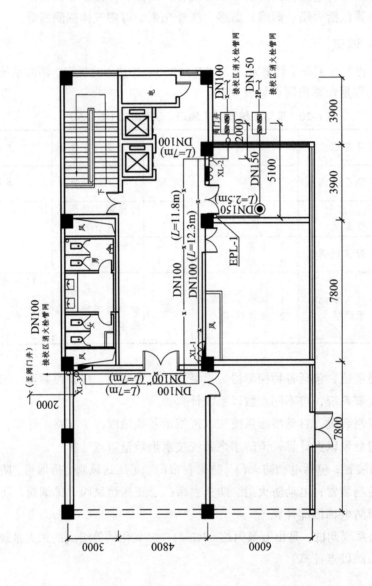

图 6-32 一层消火栓平面图

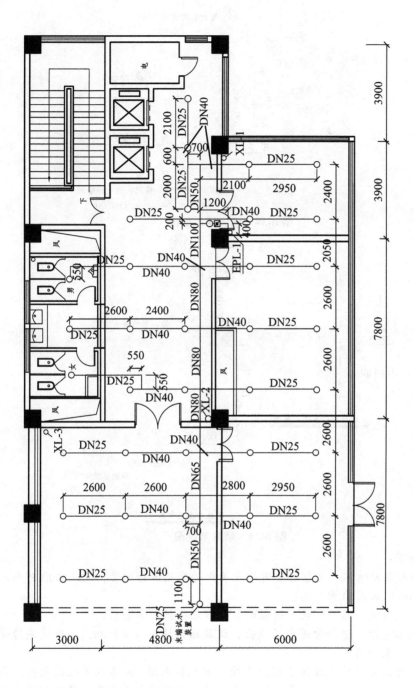

图 6-33 一、二层喷淋平面图

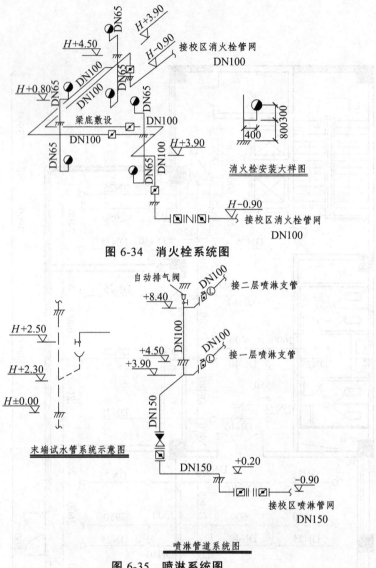

图 6-34 消火栓系统图

图 6-35 喷淋系统图

设计说明如下：

（1）消火栓和自动喷水灭火系统管道均采用内外壁热镀锌钢管，DN＜100 时采用螺纹连接，DN≥100 mm 时采用沟槽连接。

（2）管道穿越建筑物基础、梁、楼板时必须预埋刚性防水套管。

（3）管道施工完毕应进行管道水压试验，试验压力均为 1.4 MPa；按规范进行管道水冲洗，合格后方可安装喷头。

（4）室内消火栓系统每层设置 3 组消火栓，消火栓采用 SN 系列单栓消火栓，每个消防箱下均配备 MFZ/ABC 3 kg 手提式干粉灭火器 2 具；自动喷水灭火系统采用铜质有吊顶直立型闭式喷头。

（5）面漆颜色：消火栓管道外刷两遍红色面漆，喷淋管道外刷两遍橙色面漆。

（6）图中所注尺寸除标高及平面图中括号内以 m 计外，其余均以 mm 计，管道标注均以管道中心线为准。

（7）消火栓和自动喷水灭火系统均从阀门井开始起算，暂不考虑井内的阀门，暂不考虑接末端试水装置的排水管道。本工程喷淋支管连接喷头的垂直管道按 0.3 m/个计，楼板厚度按 150 mm 计，消火栓管道支架以管道总长平均按 0.8 kg/m 暂计，喷淋管道支架以管道总长平均按 0.5 kg/m 暂计，支架刷油暂不考虑，支架实际工程量待结算时以竣工图或现场签证单为准。

问题：（1）根据所给背景资料，计算图示安装工程量。（未计价材料表见表 6-21）

（2）按现行计价依据采用工程量清单计价方法，进行水灭火系统工程的招标控制价编制。

表 6-21　未计价材料表

序号	材料名称	规格、型号	单位	单价/元
1	型钢	综合	kg	5
2	密封胶圈	DN100	个	8
3	密封胶圈	DN150	个	10
4	卡箍（含螺栓）	DN100	套	21
5	卡箍（含螺栓）	DN150	套	35
6	酚醛调和漆	各种颜色	kg	15
7	焊接钢管	综合	kg	4.8
8	内外壁热镀锌钢管	DN100	m	63.25
9	内外壁热镀锌钢管	DN150	m	87.67
10	内外壁热镀锌钢管	DN65	m	38.72
11	内外壁热镀锌钢管	DN25	m	14.14
12	内外壁热镀锌钢管	DN40	m	22.39
13	内外壁热镀锌钢管	DN50	m	28.44
14	内外壁热镀锌钢管	DN65	m	38.72
15	内外壁热镀锌钢管	DN80	m	48.62
16	镀锌钢管接头零件	DN25	个	6.8
17	镀锌钢管接头零件	DN40	个	25
18	镀锌钢管接头零件	DN50	个	34
19	镀锌钢管接头零件	DN65	个	45
20	镀锌钢管接头零件	DN80	个	56
21	自动排气阀	DN25	个	138
22	蝶阀	DN100	个	560
23	信号阀	DN100	个	1100
24	阀门	DN25	个	29
25	低中压碳钢平焊法兰	DN100	片	18
26	平焊法兰	DN100	片	21
27	平焊法兰	DN150	片	22
28	室内消火栓	单栓	套	620
29	水流指示器	DN100	个	650
30	喷头	DN15	个	21
31	湿式报警装置	DN150	套	2500
32	电焊条		kg	6

序号	材料名称	规格、型号	单位	单价/元
33	沟槽件　三通	DN100	个	48.3
34	沟槽件　异径四通	DN100×65	个	82.6
35	沟槽件　异径三通	DN100×100×50	个	54.5
36	沟槽件　异径四通	DN100×80×40×40	个	63.8
37	沟槽件　异径三通	DN100×100×25	个	48.3
38	沟槽件　90°弯头/直接头	DN100	个	32
39	沟槽件　90°弯头/直接头	DN150	个	65
40	沟槽件　异径三通	DN150×100×100	个	96
41	无缝钢管	$\phi133×4$	m	156
42	无缝钢管	$\phi159×4.5$	m	178
43	无缝钢管	$\phi219×6$	m	205
44	灭火器	MFZ/ABC 3 kg	具	60
45	压力表		个	20

1. 某员工食堂消火栓系统、自动喷淋系统工程工程量计算

依据该工程设计施工图、《通用安装工程工程量计算规范》（GB 50856—2013）、《云南省通用安装工程计价标准》（DBJ 53/T-63—2020），该工程的工程量计算见表6-22。

表6-22　工程量计算表

序号	项目名称	规格型号	计量单位	工程量	计算式
一	消火栓系统				
1	内外壁热镀锌钢管	DN65	m	17.7	支管：（0.4+0.3）×6=4.2 垂直立管：4.5×3=13.5 合计：4.2+13.5=17.7
2	内外壁热镀锌钢管	DN100	m	58.7	水平：2+7+11.8+7+12.3+7+2=49.1 垂直：（0.9+3.9）×2=9.6 合计：49.1+9.6=58.7
3	沟槽件	DN100	个	30	（弯头）9×2+（异径四通）3×2+（正三通）2×3=30
4	90°弯头	DN100	个	9	9
5	异径四通	DN100×100×65×65	个	3	3
一	消火栓系统				
6	正三通	DN100	个	2	2
7	刚性防水套管	DN65	个	3	3
8	刚性防水套管	DN100	个	2	1
9	管道支架	角钢综合	kg	61.12	（17.7+58.7）×0.8=61.12
10	消火栓	SN65	套	6	6
11	蝶阀	DN100	个	3	3

序号	项目名称	规格型号	计量单位	工程量	计算式
12	管道刷油	红色调和漆	m²	23.27	3.14×0.076×17.7+3.14×0.114×53.2=23.27
13	消火栓控制装置调试		系统	1	1（消火栓按钮点数6个）
二					自动喷淋系统
1	内外壁热镀锌钢管	DN25	m	120	水平：（2.95×8+2.6×3+0.55+0.55+2.6+1.1+2.6+2.6+0.55+2.4+0.7+2+2.1）×2层=98.3 垂直：38×2×0.3=22.8 合计：98.3+22.8=121.1
2	内外壁热镀锌钢管	DN40	m	49.8	水平：（2.1+0.7+0.6+2.1+2.8×6+2.6×6）×2层=75.8
3	内外壁热镀锌钢管	DN50	m	10.4	水平：（2.6+0.2+2.4）×2层=10.4
4	内外壁热镀锌钢管	DN65	m	5.2	水平：2.6×2层=5.2
5	内外壁热镀锌钢管	DN80	m	15.6	水平：2.6×3×2层=15.6
6	内外壁热镀锌钢管	DN100	m	11.4	水平：（0.4+1.2+2.05-0.2）×2层=6.9 垂直：8.4-3.9=4.5 合计：6.9+4.5=11.4
7	内外壁热镀锌钢管	DN150	m	12.4	水平：5.1+2.5=7.6 垂直：0.9+3.9=4.8 合计：7.6+4.8=12.4
8	卡箍	DN100	个	14	（弯头）2×2+（异径三通）1×2+（异径三通）2×2+（异径三通）1×2+（异径四通）2×1=14
9	90°弯头（管件）	DN100	个	2	2
10	异径三通（管件）	DN100×100×25	个	1	1
11	异径三通（管件）	DN100×100×50	个	2	2
12	异径三通（此管件计入DN150卡箍安装中）	DN150×100×100	个	1	1
13	异径四通（管件）	DN100×80×40×40	个	2	2
14	卡箍	DN150	个	9	4×2+1×1
15	90°弯头（管件）	DN150	个	4	4
16	异径三通（管件）	DN150×100×100	个	1	1
17	刚性防水套管	DN100	个	1	1
18	刚性防水套管	DN150	个	1	1
19	管道支架	角钢综合	kg	112.4	（120+49.8+10.4+5.2+15.6+11.4+12.4）×0.5=112.4

序号	项目名称	规格型号	计量单位	工程量	计算式
20	喷头	有吊顶，铜质，DN15	个	76	38×2=76
21	自动排气阀	DN25	个	1	1
22	末端试水装置	DN25	个	2	2
23	水流指示器	DN100	个	2	2
24	信号蝶阀	DN100	个	2	2
25	湿式报警阀	DN150	组	1	1
26	管道刷油	橙色调和漆	m²	38.16	3.14×0.0335×120+3.14×0.048×49.8+3.14×0.060×10.4+3.14×0.0755×5.2+3.14×0.0885×15.6+3.14×0.114×11.4+3.14×0.165×12.4=38.16
27	自动喷洒控制装置调试		系统	1	1（水流指示器点数 2 个）

2. 某员工食堂水灭火系统工程清单计价

根据《建设工程工程量清单计价规范》（GB 50500—2013）、《通用安装工程工程量计算规范》（GB 50856—2013）、《云南省通用安装工程计价标准》（DBJ 53/T-63—2020）及其配套计价文件，某员工食堂水灭火系统工程清单计价文件如下：

1）封面、2）扉页、3）说明（略）。

4）单位工程招标控制价汇总表（表 6-23）

表 6-23 单位工程招标控制价汇总表

工程名称：消防水清单计价 　　　　标段： 　　　　第 1 页 共 1 页

序号	项目名称	金额/元
1	分部分项工程费	64742.07
1.1	人工费	23577.95
1.1.1	定额人工费	19647.56
1.1.2	规费	3930.39
1.2	材料费	33579.6
1.3	设备费	
1.4	机械费	1700.67
1.5	管理费	3528.95
1.6	利润	2354.89
1.7	风险费	
2	措施项目费	3543.76

序号	项目名称	金额/元
2.1	技术措施项目费	1317.78
2.1.1	人工费	405.12
2.1.1.1	定额人工费	337.6
2.1.1.2	规费	67.52
2.1.2	材料费	512.77
2.1.3	机械费	292.53
2.1.4	管理费	64.4
2.1.5	利润	42.96
2.2	施工组织措施项目费	2225.98
2.2.1	绿色施工及安全文明施工措施费	1667.98
2.2.1.1	安全文明施工及环境保护费	1347.68
2.2.1.2	临时设施	320.3
2.2.2	冬、雨季施工增加费，工程定位复测，工程点交、场地清理费	497.57
2.2.3	夜间施工增加费	60.43
3	其他项目费	2491.84
3.1	暂列金额	
3.2	暂估价	
3.3	计日工	
3.4	总承包服务费	
3.5	其他	2491.84
3.5.3	人工费调整	2491.84
4	其他规费	99.93
4.1	工伤保险费	99.93
4.2	环境保护税	
4.3	工程排污费	
5	税金	7144.46
招标控制价合计=1+2+3+4+5		78022.06

5）分部分项工程清单与计价表（表6-24）

工程名称：消防水灭火工程

表6-24　分部分项工程清单与计价表

序号	项目编码	项目名称	项目特征	计量单位	工程量	综合单价	合价	金额/元 其中 人工费（定额人工费）	规费	机械费	暂估价	备注
1	030901002001	消火栓管	1. 安装部位：室内 2. 材质、规格：内外壁热镀锌钢管，DN65 3. 连接形式：螺纹连接 4. 钢管镀锌要求：国标 5. 压力试验及冲洗设计要求：消火栓管道试验压力为1.4MPa，水冲洗 6. 管道标识设计要求：满足设计要求	m	17.7	125.69	2224.71	679.86	135.94	7.43		
2	030901002003	消火栓管	1. 安装部位：室内 2. 材质、规格：内外壁热镀锌钢管，DN100 3. 连接形式：沟槽式连接（含卡箍安装） 4. 钢管镀锌要求：国标 5. 压力试验及冲洗设计要求：消火栓管道试验压力为1.4MPa，水冲洗 6. 管道标识设计要求：满足设计要求	m	58.7	118.4	6950.08	1786.24	357.48	11.74		
3	030901010001	室内消火栓	1. 安装方式：明装 2. 型号、规格：SN65，单栓 3. 附件材质、规格：成套产品包括的内容	套	6	790.84	4745.04	662.76	132.54	1.38		
4	030901013001	灭火器	1. 形式：放置式 2. 规格、型号：MFZ/ABC3	具	12	62.81	753.72	19.2	3.84	3.12		

续表

工程名称：消防水灭火工程

序号	项目编码	项目名称	项目特征	计量单位	工程量	综合单价	金额/元					备注
							合价	人工费		机械费	暂估价	
								定额人工费	规费			
5	031003003001	焊接法兰阀门	1. 类型：蝶阀 2. 材质：碳钢 3. 规格、压力等级：DN100 4. 连接形式：平焊法兰 5. 焊接方法：按规范规要求	个	3	797.89	2393.67	274.14	54.81	270.12		
6	031002003001	套管	1. 名称、类型：碳钢 2. 材质：碳钢 3. 规格：介质管道 DN65 4. 填料材质：阻燃密实材料和防水油膏	个	3	413.13	1239.39	472.65	94.53	80.01		
7	031002003002	套管	1. 名称：类型：碳钢 2. 材质：碳钢 3. 规格：介质管道 DN100 4. 填料材质：阻燃密实材料和防水油膏	个	2	492.44	984.88	376.72	75.34	67.52		
8	031201001001	管道刷油	1. 油漆品种：调和漆 2. 涂漆遍数、漆膜厚度：二遍 3. 标志色品种：红色	m²	23.27	9.13	212.46	134.27	26.76			
9	031002001001	管道支架	1. 名称：管道支架 2. 规格型号：40×4 热镀锌角钢 3. 管架形式：一般管道支架	kg	61.12	30.53	1865.99	705.32	141.19	290.32		
10	030905002001	水灭火控制装置调试	1. 系统形式：水灭火控制装置调试 200 点以下	点	6	311.45	1868.7	1219.5	243.9	25.56		

工程名称：消防水灭火工程

序号	项目编码	项目名称	项目特征	计量单位	工程量	金额/元							备注
						综合单价	合价	其中					
								人工费		规费	机械费	暂估价	
								定额人工费					
11	030901001001	水喷淋钢管	1. 安装部位：室内 2. 材质、规格：镀锌钢管 DN25 3. 连接形式：螺纹连接 4. 钢管镀锌设计要求：内外壁热镀锌 5. 压力试验及冲洗设计要求：自动喷淋管道试验压力为 1.4 MPa，水冲洗 6. 管道标识设计要求：满足设计要求	m	121.1	57.22	6929.34	2946.36		589.76	29.06		
12	030901001002	水喷淋钢管	1. 安装部位：室内 2. 材质、规格：镀锌钢管 DN40 3. 连接形式：螺纹连接 4. 钢管镀锌设计要求：内外壁热镀锌 5. 压力试验及冲洗设计要求：自动喷淋管道试验压力为 1.4 MPa，水冲洗 6. 管道标识设计要求：满足设计要求	m	75.8	112.32	8513.86	2857.66		571.53	41.69		
13	030901001003	水喷淋钢管	1. 安装部位：室内 2. 材质、规格：镀锌钢管 DN50 3. 连接形式：螺纹连接 4. 钢管镀锌设计要求：内外壁热镀锌 5. 压力试验及冲洗设计要求：自动喷淋管道试验压力为 1.4 MPa，水冲洗 6. 管道标识设计要求：满足设计要求	m	10.4	122.29	1271.82	412.46		82.47	5.62		

工程名称：消防水灭火工程

序号	项目编码	项目名称	项目特征	计量单位	工程量	综合单价	合价	金额/元				备注	
								其中			暂估价	
								人工费				
								定额人工费	规费	机械费		
14	030901001004	水喷淋钢管	1. 安装部位：室内 2. 材质、规格：镀锌钢管 DN65 3. 连接形式：螺纹连接 4. 钢管镀锌设计要求：内外壁热镀锌 5. 压力试验及冲洗设计要求：自动喷淋管道试验压力为 1.4 MPa，水冲洗 6. 管道标识设计要求：满足设计要求	m	5.2	148.48	772.1	229.84	45.97	2.6		
15	030901001005	水喷淋钢管	1. 安装部位：室内 2. 材质、规格：镀锌钢管 DN80 3. 连接形式：螺纹连接 4. 钢管镀锌设计要求：内外壁热镀锌 5. 压力试验及冲洗设计要求：自动喷淋管道试验压力为 1.4 MPa，水冲洗 6. 管道标识设计要求：满足设计要求	m	15.6	169.84	2649.5	739.44	147.89	9.2		
16	030901001006	水喷淋钢管	1. 安装部位：室内 2. 材质、规格：镀锌钢管 DN100 3. 连接形式：沟槽连接，含卡箍及管件安装 4. 钢管镀锌设计要求：内外壁热镀锌 5. 压力试验及冲洗设计要求：自动喷淋管道试验压力为 1.4 MPa，水冲洗 6. 管道标识设计要求：满足设计要求	m	11.4	126.8	1445.52	383.95	76.84	5.36		

工程名称：消防水灭火工程

序号	项目编码	项目名称	项目特征	计量单位	工程量	金额/元						备注
						综合单价	合价	其中				
								人工费	规费	机械费	暂估价	
								定额人工费				
17	030901001007	水喷淋钢管	1. 安装部位：室内 2. 材质、规格：镀锌钢管 DN150 3. 连接形式：沟槽连接，含卡箍及管件安装 4. 钢管镀锌要求：内外壁热镀锌 5. 压力试验及冲洗设计要求：自动喷淋管道试验压力为 1.4 MPa，水冲洗 6. 管道标识设计要求：满足设计要求	m	12.4	165.6	2053.44	503.69	100.69	6.2		
18	030901006001	水流指示器	1. 规格、型号：DN100 2. 连接形式：法兰连接	个	2	934.18	1868.36	264.4	52.88	1.28		
19	031003003002	焊接法兰阀门	1. 类型：信号阀 2. 材质、规格、压力等级：DN100 3. 连接形式：法兰连接	个	2	797.89	1595.78	182.76	36.54	180.08		
20	030901003001	水喷淋（雾）喷头	1. 安装部位：有吊顶 2. 材质、规格、型号：铜制 DN15 水喷淋头 3. 连接形式：螺纹连接 4. 装饰盘设计要求：无	个	76	56.56	4298.56	1439.44	288.04	21.28		
21	031003001001	螺纹阀门	1. 类型：自动放气阀 2. 材质：铜 3. 规格、压力等级：DN25 4. 连接形式：丝接	个	1	170.78	170.78	17.08	3.41	0.21		

续表

工程名称：消防水灭火工程

序号	项目编码	项目名称	项目特征	计量单位	工程量	综合单价	金额/元					备注
							合价	其中			暂估价	
								人工费（定额人工费）	规费	机械费		
22	030901008001	末端试水装置	1.规格：DN25 2.组装形式：详见设计施工图	组	2	289.42	578.84	267.86	53.58	2.02		
23	030901004001	报警装置	1.名称：湿式报警装置 2.型号、规格：DN150	组	1	3596.99	3596.99	576.82	115.37	1.55		
24	031002003003	套管	1.名称：刚性防水套管 2.材质：碳钢 3.规格：介质管道DN100 4.填料材质：阻燃密实材料和防水油膏	个	1	492.44	492.44	188.36	37.67	33.76		
25	031002003004	套管	1.名称：刚性防水套管 2.材质：碳钢 3.规格：介质管道DN150 4.填料材质：阻燃密实材料和防水油膏	个	1	627.75	627.75	244.52	48.9	40.4		
26	031201001002	管道刷油	1.油漆品种：调和漆 2.涂刷遍数、漆膜厚度：二遍 3.标志色品种、色标：红色	m2	38.16	9.13	348.4	220.18	43.88			
27	031002001002	管道支架	1.名称：消防管道支架 2.规格型号：40×4热镀锌角钢 3.管架形式：一般管道支架	kg	112.4	30.53	3431.57	1297.1	259.64	533.9		
28	030905002002	水灭火控制装置调试	1.系统形式：自动喷水灭火系统（水流指示器）	点	2	429.19	858.38	544.98	109	29.26		
		合计					64742.07	19647.56	3930.39	1700.67		

注：数量栏填写本项清单中所包含的该定额的工程量清单工程量。

6）综合单价计算表（表6-25）

工程名称：消防水灭火工程

表6-25　综合单价计算表

序号	项目编码	项目名称	计量单位	定额编号	定额名称	定额单位	数量	清单综合单价组成明细								管理费 17.84%	利润 11.9%	风险费 0%	综合单价/元
								单价/元				合价/元							
								人工费		材料费	机械费	人工费		材料费	机械费				
								定额人工费	规费			定额人工费	规费						
1	030901002001	消火栓管	m	2-9-33	消火栓钢管 镀锌钢管（螺纹连接）公称直径（mm以内）65	10 m	0.1	384.06	76.81	677.52	4.15	38.41	7.68	67.75	0.42	6.86	4.57		125.69
					小计							38.41	7.68	67.75	0.42				
2	030901002003	消火栓管	m	2-9-18	水喷淋钢管 钢管（沟槽连接）安装 公称直径（mm以内）100	10 m	0.1	301.35	60.27	723.4	1.75	30.14	6.03	72.34	0.18	5.43	3.62		118.4
				2-9-26	水喷淋钢管 钢管件（沟槽连接）安装 公称直径（mm以内）100	10 个	0.0008705	328.7	65.74	328.43	26.56	0.29	0.06	0.29	0.02				
					小计							30.43	6.09	72.63	0.2				
3	030901010001	室内消火栓	套	2-9-77	室内消火栓（明装）普通 公称直径（mm）单栓65	套	1	110.46	22.09	625.2	0.23	110.46	22.09	625.2	0.23	19.71	13.15		790.84
					小计							110.46	22.09	625.2	0.23				
4	030901013001	灭火器	具	2-9-99	灭火器安装 手提式	具	1	1.6	0.32	60.15	0.26	1.6	0.32	60.15	0.26	0.29	0.19		62.81
					小计							1.6	0.32	60.15	0.26				

工程名称：消防水灭火工程

| 序号 | 项目编码 | 项目名称 | 计量单位 | 定额编号 | 定额名称 | 定额单位 | 数量 | 单价/元 | | | | 合价/元 | | | | 管理费 17.84% | 利润 11.9% | 风险费 0% | 综合单价/元 |
								人工费 定额人工费	规费	材料费	机械费	人工费 定额人工费	规费	材料费	机械费				
5	031003003001	焊接法兰阀门	个	2-8-1729	低压阀门 公称直径（mm以内）100	个	1	91.38	18.27	568.88	90.04	91.38	18.27	568.88	90.04	17.59	11.73		797.89
					小计							91.38	18.27	568.88	90.04				
6	031002003001	套管	个	2-10-2146	刚性防水套管制作 介质管道公称直径（mm以内）80	个	1	92.98	18.6	135.17	26.67	92.98	18.6	135.17	26.67				
				2-10-2158	刚性防水套管安装 介质管道公称直径（mm以内）80	个	1	64.57	12.91	14.74		64.57	12.91	14.74		28.49	19		413.13
					小计							157.55	31.51	149.91	26.67				
7	031002003002	套管	个	2-10-2147	刚性防水套管制作 介质管道公称直径（mm以内）100	个	1	119.53	23.9	159.4	33.76	119.53	23.9	159.4	33.76				
				2-10-2159	刚性防水套管安装 介质管道公称直径（mm以内）100	个	1	68.83	13.77	16.42		68.83	13.77	16.42		34.09	22.74		492.44
					小计							188.36	37.67	175.82	33.76				
8	031201001001	管道刷油	m²	2-12-51 ×2	管道刷油 每一遍 单价×2	10 m²	0.1	57.66	11.53	4.93		5.77	1.15	0.49		1.03	0.69		9.13
					小计							5.77	1.15	0.49					
9	031002001001	管道支架	kg	2-10-2077	管道支架制作 单件重量（kg以内）5	100kg	0.01	749.57	149.92	629.91	288.3	7.5	1.5	6.3	2.88				
				2-10-2082	管道支架安装 单件重量（kg以内）5	100kg	0.01	403.8	80.76	207.83	186.83	4.04	0.81	2.08	1.87	2.13	1.42		30.53
					小计							11.54	2.31	8.38	4.75				

序号	项目编码	项目名称	计量单位	定额编号	定额名称	定额单位	数量	清单综合单价组成明细								管理费 17.84%	利润 11.9%	风险费 0%	综合单价/元
								单价/元				合价/元							
								人工费		材料费	机械费	人工费		材料费	机械费				
								定额人工费	规费			定额人工费	规费						
10	030905002001	水灭火控制装置调试	点	2-9-298	消火栓灭火系统	点	1	203.25	40.65	2.74	4.26	203.25	40.65	2.74	4.26	36.32	24.23		311.45
				小计								203.25	40.65	2.74	4.26				
11	030901001001	水喷淋钢管	m	2-9-1	水喷淋钢管 镀锌钢管（螺纹连接）公称直径（mm以内）25	10 m	0.1	243.32	48.67	205.4	2.35	24.33	4.87	20.54	0.24	4.34	2.9		57.22
				小计								24.33	4.87	20.54	0.24				
12	030901001002	水喷淋钢管	m	2-9-3	水喷淋钢管 镀锌钢管（螺纹连接）公称直径（mm以内）40	10 m	0.1	376.99	75.4	553.11	5.54	37.7	7.54	55.31	0.55	6.73	4.49		112.32
				小计								37.7	7.54	55.31	0.55				
13	030901001003	水喷淋钢管	m	2-9-4	水喷淋钢管 镀锌钢管（螺纹连接）公称直径（mm以内）50	10 m	0.1	396.6	79.32	623.64	5.36	39.66	7.93	62.36	0.54	7.08	4.72		122.29
				小计								39.66	7.93	62.36	0.54				
14	030901001004	水喷淋钢管	m	2-9-5	水喷淋钢管 镀锌钢管（螺纹连接）公称直径（mm以内）65	10 m	0.1	441.95	88.4	817.94	5	44.2	8.84	81.79	0.5	7.89	5.26		148.48
				小计								44.2	8.84	81.79	0.5				
15	030901001005	水喷淋钢管	m	2-9-6	水喷淋钢管 镀锌钢管（螺纹连接）公称直径（mm以内）80	10 m	0.1	473.97	94.79	982.59	5.89	47.4	9.48	98.26	0.59	8.46	5.65		169.84
				小计								47.4	9.48	98.26	0.59				

续表

清单综合单价组成明细

序号	项目编码	项目名称	计量单位	定额编号	定额名称	定额单位	数量	单价/元 人工费 定额人工费	单价/元 人工费 规费	单价/元 材料费	单价/元 机械费	合价/元 人工费 定额人工费	合价/元 人工费 规费	合价/元 材料费	合价/元 机械费	管理费 17.84%	利润 11.9%	风险费 0%	综合单价/元
16	030901001006	水喷钢管	m	2-9-18	水喷淋钢管（沟槽连接）钢管管道安装（沟槽连接）公称直径（mm以内）100	10 m	0.1	301.35	60.27	723.4	1.75	30.14	6.03	72.34	0.18				
				2-9-26	水喷淋钢管 钢管管件安装（沟槽连接）公称直径（mm以内）100	10 个	0.0107719	328.7	65.74	328.43	26.56	3.54	0.71	3.54	0.29				
					小计							33.68	6.74	75.88	0.47	6.02	4.01		126.8
17	030901001007	水喷钢管	m	2-9-20	水喷淋钢管 钢管（沟槽连接）管道安装（沟槽连接）公称直径（mm以内）150	10 m	0.1	373.52	74.7	1004.03	2.74	37.35	7.47	100.4	0.27				
				2-9-28	水喷淋钢管 钢管管件安装（沟槽连接）公称直径（mm以内）150	10 个	0.0058548	558.01	111.6	661.21	39.66	3.27	0.65	3.87	0.23				
					小计							40.62	8.12	104.27	0.5	7.25	4.84		165.6
18	030901006001	水流指示器	个	2-9-56	水流指示器（沟槽法兰连接）公称直径（mm以内）100	个	1	132.2	26.44	735.57	0.64	132.2	26.44	735.57	0.64				
					小计							132.2	26.44	735.57	0.64	23.59	15.74		934.18
19	031003003002	焊接法兰阀门	个	2-8-1729	低压阀门 法兰阀门公称直径（mm以内）100	个	1	91.38	18.27	568.88	90.04	91.38	18.27	568.88	90.04				
					小计							91.38	18.27	568.88	90.04	17.59	11.73		797.89

序号	项目编码	项目名称	计量单位	定额编号	定额名称	定额单位	数量	单价/元 定额人工费	规费	材料费	机械费	合价/元 定额人工费	规费	材料费	机械费	管理费 17.84%	利润 11.9%	风险费 0%	综合单价/元
20	030901003001	水喷淋（雾）喷头	个	2-9-45	水喷淋（雾）喷头顶有吊顶 公称直径（mm以内）15	个	1	18.94	3.79	27.91	0.28	18.94	3.79	27.91	0.28				
					小计							18.94	3.79	27.91	0.28	3.38	2.26		56.56
21	031003001001	螺纹阀门	个	2-10-514	自动排气阀安装公称直径25（mm以内）	个	1	17.08	3.41	145	0.21	17.08	3.41	145	0.21				
					小计							17.08	3.41	145	0.21	3.05	2.03		170.78
22	030901008001	末端试水装置	组	2-9-74	末端试水装置 公称直径（mm以内）25	组	1	133.93	26.79	87.83	1.01	133.93	26.79	87.83	1.01				
					小计							133.93	26.79	87.83	1.01	23.91	15.95		289.42
23	030901004001	报警装置	组	2-9-49	湿式报警装置 公称直径（mm以内）150	组	1	576.82	115.37	2731.66	1.55	576.82	115.37	2731.66	1.55				
					小计							576.82	115.37	2731.66	1.55	102.93	68.66		3596.99
24	031002003003	套管	个	2-10-2147	刚性防水套管制作 介质管道公称直径（mm以内）100	个	1	119.53	23.9	159.4	33.76	119.53	23.9	159.4	33.76				
				2-10-2159	刚性防水套管安装 介质管道公称直径（mm以内）100	个	1	68.83	13.77	16.42		68.83	13.77	16.42					
					小计							188.36	37.67	175.82	33.76	34.09	22.74		492.44
25	031002003004	套管	个	2-10-2149	刚性防水套管制作 介质管道公称直径（mm以内）150	个	1	154.21	30.84	192.91	40.4	154.21	30.84	192.91	40.4				
				2-10-2161	刚性防水套管安装 介质管道公称直径（mm以内）150	个	1	90.31	18.06	27.34		90.31	18.06	27.34					
					小计							244.52	48.9	220.25	40.4	44.2	29.48		627.75

清单综合单价组成明细

226

序号	项目编码	项目名称	计量单位	定额编号	定额名称	定额单位	数量	清单综合单价组成明细								管理费 17.84%	利润 11.9%	风险费 0%	综合单价/元
								单价/元				合价/元							
								人工费		材料费	机械费	人工费		材料费	机械费				
								定额人工费	规费			定额人工费	规费						
26	031201001002	管道刷油	m2	2-12-51 ×2	管道刷油 每一遍 单价×2	10 m²	0.1	57.66	11.53	4.93		5.77	1.15	0.49					
					小计							5.77	1.15	0.49		1.03	0.69		9.13
27	031002001002	管道支架	kg	2-10-2077	管道支架制作 单件重量（kg以内）5	100kg	0.01	749.57	149.92	629.91	288.3	7.5	1.5	6.3	2.88				
				2-10-2082	管道支架安装 单件重量（kg以内）5	100kg	0.01	403.8	80.76	207.83	186.83	4.04	0.81	2.08	1.87				
					小计							11.54	2.31	8.38	4.75	2.13	1.42		30.53
28	030905002002	水灭火控制装置调试	点	2-9-299	自动喷水灭火系统	点	1	272.49	54.5	6.18	14.63	272.49	54.5	6.18	14.63				
					小计							272.49	54.5	6.18	14.63	48.82	32.57		429.19

注：① 本表为一个工程量清单计量单位的综合单价分析表。

② 如不使用省级或行业建设主管部门发布的计价依据，可不填定额编号、名称等。

7）施工组织措施项目清单与计价表（表6-26）

工程名称：消防水灭火工程

表6-26 施工组织措施项目清单与计价表

序号	项目编号	项目名称	计算基础	费率/%	金额/元	调整费率/%	调整后金额/元	备注
1	03130200001001	绿色施工安全文明措施项目费			1667.98			
1.1		安全、文明施工及环境保护费	20144.62	6.69	1347.68			
1.2		临时设施费	20144.62	1.59	320.3			
1.3		绿色施工措施费	20144.62	0				
2	03130200001002	绿色施工安全文明措施项目费（独立土石方）						
2.1		安全、文明施工及环境保护费（独立土石方）		1.32				
2.2		临时设施费（独立土石方）		0.33				
3	03130200005001	冬雨季施工增加费、工程定位复测费、工程点交、场地清理费	20144.62	2.47	497.57			
4	03130200005002	冬雨季施工增加费、工程定位复测费、工程点交、场地清理费（独立土石方）		4.9				
5	03130200002001	夜间施工增加费	20144.62	0.3	60.43			
6	03130200002002	夜间施工增加费（独立土石方）		0.15				
7	03B001	特殊地区施工增加费	20144.62	0				
8	03B002	压缩工期增加费	21978.36	0				
9	03B003	行车、行人干扰增加费	20144.62	0				
10	03130200006001	已完工程及设备保护费						
11	03B004	其他施工组织措施项目费						
		合　计			2225.98			

注：① "其他施工组织措施费"在计价时需列出具体费用名称。
　　② 工程结算时按合同约定定额取费率调整费率和金额。

8）施工技术措施项目清单与计价表（表6-27）

表6-27 施工技术措施项目清单与计价表

工程名称：消防水灭火工程

序号	项目编码	项目名称	项目特征描述	计量单位	工程量	金额/元					
						综合单价	合价	其中			
								人工费		规费	机械费	暂估价
								定额人工费				
1	031301017001	脚手架搭拆		项	1	1317.78	1317.78	337.6	67.52	292.53	
		合计					1317.78	337.6	67.52	292.53	

注：① 本表为分部分项和施工技术措施项目清单及计价表通用表式，使用时表头名称可简化为其中一类的计价表。
② 工程招投标时"暂估价"按招标指定价件指定指定价格计入，竣工结算时以合同双方确认价格替换计入综合单价内。
③ 本表中"暂估价"为材料、设备暂估价。

229

9）综合单价计算表（表6-28）

工程名称：消防灭火工程　　　　标段：

表6-28　综合单价计算表

序号	项目编码	项目名称	计量单位	定额编号	定额名称	定额单位	数量	清单综合单价组成明细								管理费 17.84%	利润 11.9%	综合单价
								单价/元				合价/元						
								定额人工费	规费	材料费	机械费	定额人工费	规费	材料费	机械费			
1	031301017001	脚手架搭拆	项	BM7	脚手架搭拆费（第九册《消防工程》）	元	1	271.85	54.37	372.82	233.01	271.85	54.37	372.82	233.01			1317.78
				BM6	脚手架搭拆费（第八册《工业管道工程》）	元	1	15.99	3.2	27.41	8.22	15.99	3.2	27.41	8.22			
				BM8	脚手架搭拆费（第十册《给水、采暖、燃气工程》）	元	1	41.26	8.25	99.02	49.51	41.26	8.25	99.02	49.51	64.4	42.96	
				BM9	脚手架搭拆费（第十二册《防腐蚀、绝热工程》）	元	1	8.5	1.7	13.52	1.79	8.5	1.7	13.52	1.79			
					小计							337.6	67.52	512.77	292.53			

10）规费、税金计算表（表 6-29）

表 6-29　规费、税金计算表

工程名称：消防水灭火工程　　　　　　　　　　　　　　　　　　第 1 页 共 1 页

序号	项目名称	计算基础	计算基数	计算费率/%	金额/元
1	其他规费	工伤保险费+环境保护税+工程排污费	99.93		99.93
1.1	工伤保险费	分部分项定额人工费+单价措施定额人工费	19985.16	0.5	99.93
1.2	环境保护税				
1.3	工程排污费				
2	税金	税前工程造价	70877.6	10.08	7144.46
		合计			7244.39

编制人（造价人员）：　　　　　　　　　　　　　　　复核人（造价工程师）：

11）未计价材料表（略）

12）招标控制价公布表（表 6-30）

表 6-30　招标控制价公布表

工程名称：消防水灭火工程

序号	名称	金额/元	
		小写	大写
1	分部分项工程费	64 742.07	陆万肆仟柒佰肆拾贰元零柒分
2	措施费	3 543.76	叁仟伍佰肆拾叁元柒角陆分
2.1	环境保护、临时设施、安全文明施工费合计	1 667.98	壹仟陆佰陆拾柒元玖角捌分
2.2	脚手架、模板、垂直运输、大机进出场及安拆费的合计	1 317.78	壹仟叁佰壹拾柒元柒角捌分
2.3	其他措施费	558.00	伍佰伍拾捌元整
3	其他项目费	2 491.84	贰仟肆佰玖拾壹元捌角肆分
4	其他规费	99.93	玖拾玖元玖角叁分
5	税金	7 144.46	柒仟壹佰肆拾肆元肆角陆分
6	其他		
7	招标控制价总价	78 022.06	柒万捌仟零贰拾贰元零陆分
8	备注		

编制单位：　（公章）　　　　　　　　　　　　　　　招标人：（公章）

造价工程师（签字并盖注册章）：

【例 6-7】*火灾自动报警系统工程量清单计价实例

设计说明：

（1）昆明某商场火灾自动报警系统工程，如图 6-36～图 6-38 所示。商场共三层，层高均为 4.2 m。

---

　*注：此案例图参考《2013 建设工程计价计量规范辅导》。

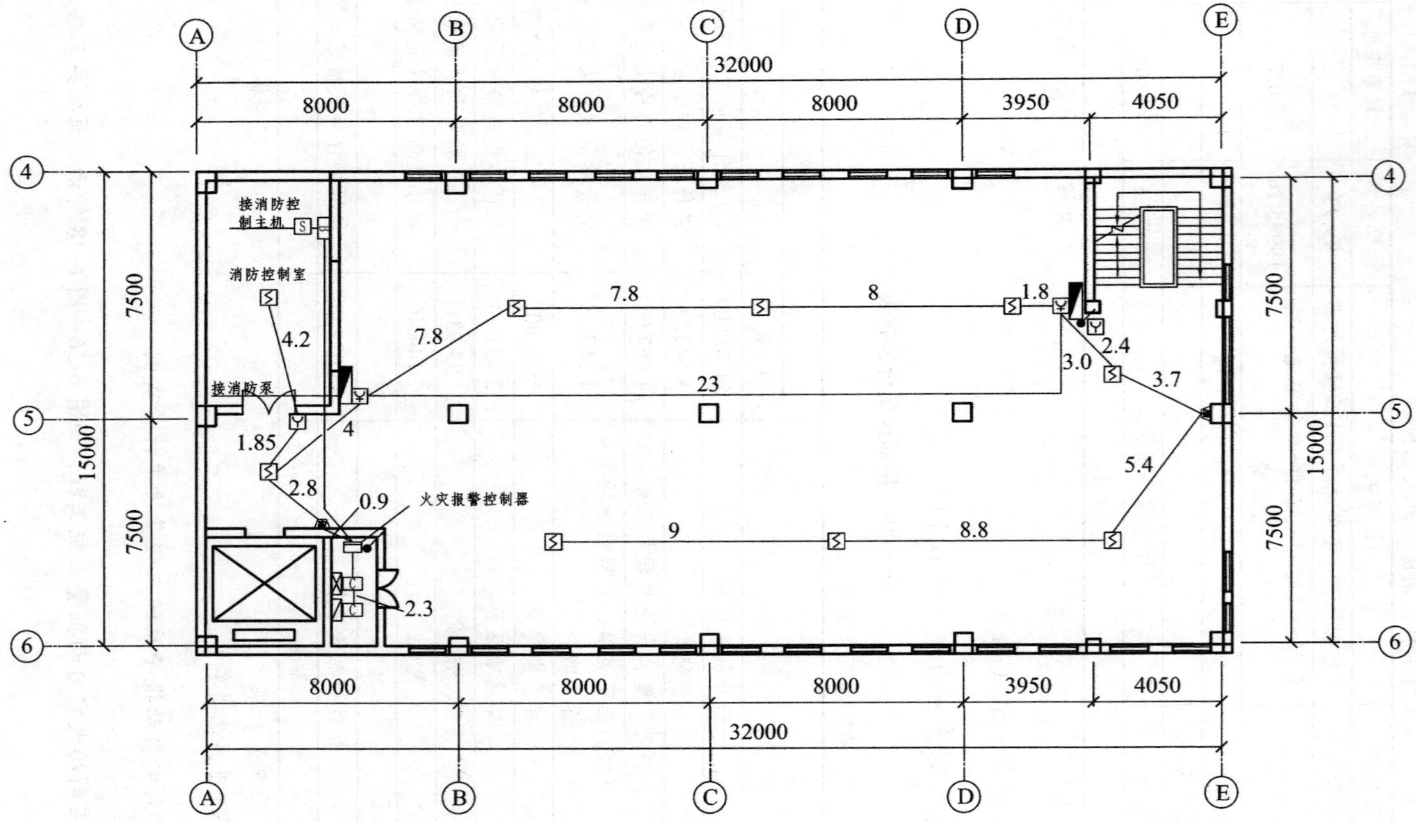

图 6-36 一层火灾自动报警平面图（1：100）

接消防控制主机

消防控制室

接消防泵

火灾报警控制器

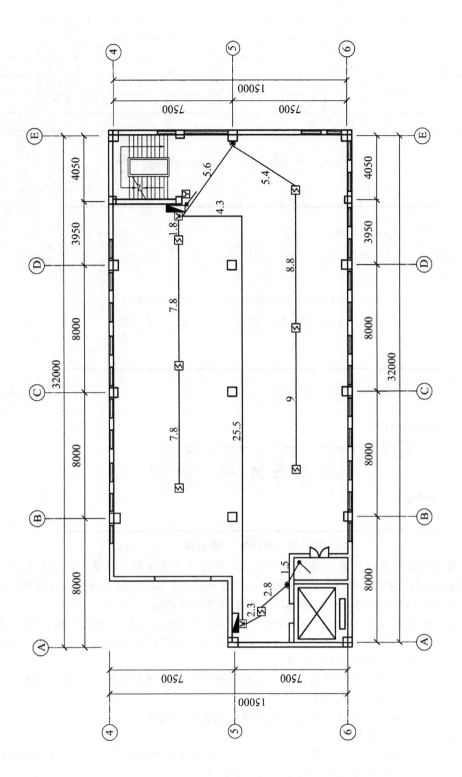

图 6-37 二、三层火灾自动报警平面图（1：100）

图例	名称	图例	名称
⑤	感烟探测器	⊠	应急照明配电柜
C	控制模块	⊘	动力配电柜
S	监视模块	▭	火灾报警控制器
🔊	组合声光报警器	Y	手动报警按钮
Ψ	消火栓启泵按钮		

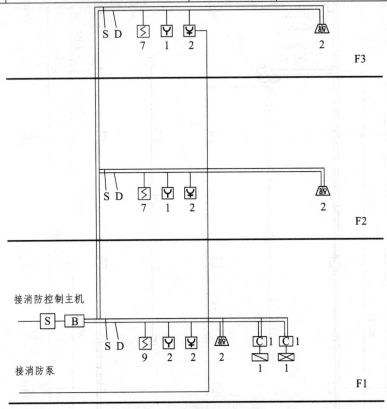

图 6-38　材料表　系统图

（2）火灾自动报警主机设在一层消防控制室，系统为二总线制。报警联动总线采用 ZR-RVS-2×1.5 mm²，DC24V 电源线采用 ZR-BV-2×2.5 mm²，穿 SC20 钢管沿墙沿顶暗敷；消火栓启泵线采用 ZR-RVS-5×2.5 mm²，穿 SC32 钢管沿墙沿顶暗敷。

（3）火灾报警控制器（800 mm×400 mm×200 mm）壁挂式安装，底边距地 1.5 m，点型感烟探测器吸顶安装，控制模块距顶 0.2 m 安装，组合声光报警器距地 2.2 m 安装，手动报警按钮、消火栓启泵按钮距地 1.5 m 安装。

（4）设备安装完成后，按照现行施工验收规范进行火灾自动报警和联动功能调试。

根据以上背景资料完成以下任务：

（1）计算图示工程量，计算范围从火灾报警控制器开始起算。

（2）完成工程量清单编制。

（3）完成组合声光报警器的综合单价计算表。（组合声光报警器的价格为 280 元/只）。

【解】1. 某商场火灾自动报警系统工程工程量计算

依据该工程设计施工图、《通用安装工程工程量计算规范》（GB 50856—2013）、《云南省通用安装工程计价标准》（DBJ 53/T-63—2020），该工程的工程量计算见表 6-31。

表 6-31　工程量计算表

序号	项目名称	规格型号	计量单位	工程量	计算式
1	点型感烟探测器		只	23	9+7×2=23
2	手动报警按钮		只	4	2+1×2=4
3	消火栓启泵按钮		只	6	2×3=6
4	控制模块		只	2	2
5	火灾报警控制器		只	1	1
6	组合声光报警器		只	6	3×2=6
7	配管（报警线+电源线）	SC20	m	135.6	一层水平部分： 0.9+2.8+4+6+7.8+8+1.8+1+1.4+3.7+2.3=39.7 一层垂直部分：报警控制器出线（4.2-1.5）+声光报警器（4.2-2.2）×2+控制模块（0.2×2）=7.1 二层、三层水平部分： （1.5+2.8+2.3+6.3+7.8+8+1.8+1+3.3）×2 层=69.6 二层、三层垂直部分： 二层引至三层 4.2+三层 4.2+声光报警器（4.2-1.5）×2×2 层=19.2 合计：39.7+7.1+69.6+19.2=135.6
8	配管（报警线）	SC20	m	102.65	一层水平部分：1.85+4.2+5.4+8.8+9=29.25 一层垂直部分：手动报警按钮（4.2-1.5）×2+消火栓启泵按钮（4.2-1.5）×2=10.8 二层、三层水平部分：（5.4+8.8+9）×2 层=46.4 二层、三层垂直部分：手动报警按钮（4.2-1.5）×2 层+消火栓启泵按钮（4.2-1.5）×2×2 层=16.2 合计：29.25+10.8+46.4+16.2=102.65
9	配管（消火栓启泵线）	SC32	m	107.5	一层水平部分：23+3=26 一层垂直部分： 消火栓启泵按钮（4.2-1.5）×2=5.4 二层、三层水平部分：（25.5+4.3）×2 层=59.6 二层、三层垂直部分： 二层引至三层消火栓启泵按钮立管（4.2+4.2）+消火栓启泵按钮（4.2-1.5）×1×2 层=16.5 合计：26+5.4+59.6+16.5=107.5
10	配线（报警线）	ZR-RVS-2×1.5	m	239.25	135.6+102.65+（0.6+0.4）=239.25
11	配线（电源线）	ZR-BV-2.5	m	273.2	[135.6+（0.6+0.4）]×2
12	配线（消火栓启泵线）	ZR-RVS-5×2.5	m	107.5	107.5
13	火灾自动报警装置调试		系统	1	1

2. 工程量清单编制

根据《建设工程工程量清单计价规范》(GB 50500—2013)、《通用安装工程工程量计算规范》(GB 50856—2013)、《云南省通用安装工程计价标准》(DBJ 53/T-63—2020)及其配套计价文件,某商场火灾自动报警系统工程工程量清单见表6-32。

表 6-32 分部分项工程清单与计价表

序号	项目编码	项目名称	项目特征描述	计量单位	工程量	综合单价	合价	人工费	机械费	暂估价
1	030904001001	点型探测器	1. 名称:感烟探测器 2. 线制:总线制 3. 类型:点型感烟探测器	个	23					
2	030904003001	按钮	1. 名称:手动报警按钮	个	4					
3	030904003002	按钮	1. 名称:消火栓启泵按钮	个	6					
4	030904008001	模块(模块箱)	1. 名称:模块 2. 类型:控制模块 3. 输出形式:多输出	个	2					
5	030904012001	火灾报警系统控制主机	1. 规格、线制:总线制 2. 控制点数量:128点以内 3. 安装方式:壁挂式	台	1					
6	030904005001	声光报警器	名称:组合声光报警器 规格:组合型	个	6					
7	030411001001	配管	1. 名称:钢管 2. 规格:SC20 3. 配置形式:暗配	m	339.05					
8	030411004001	配线	1. 名称:管内穿线 2. 配线形式:报警联动总线 3. 型号:ZR-RVS 4. 规格:$2\times1.5\ mm^2$ 5. 材质:铜芯	m	340.05					
9	030411004002	配线	1. 名称:管内穿线 2. 配线形式:DC24V电源线 3. 型号:ZR-BV-2×2.5 mm² 4. 规格:2.5 mm² 5. 材质:铜芯	m	329					
10	030905001001	自动报警系统调试	1. 点数:128点以内 2. 线制:总线制	系统	1					

3. 声光报警器综合单价计算表

综合单价应包括完成一个规定项目清单所需的人工费、材料费、机械费、管理费、利润和一定范围的风险费。这里特别注意的是材料费包括计价材和未计价材费。根据题意,风险费可以不计算,声光报警器应套用定额2-9-207。

声光报警器综合单价计算表见表6-33。

表 6-33　综合单价计算表

工程名称：消防报警工程

序号	项目编码	项目名称	计量单位	清单综合单价组成明细												综合单价/元
				定额编号	定额名称	定额单位	数量	单价/元				合价/元				管理费 17.84%	利润 11.9%	风险费 0%	
								人工费		材料费	机械费	人工费		材料费	机械费				
								定额人工费	规费			定额人工费	规费						
1	030904005001	声光报警器	个	2-9-207	声光报警器	个	1	79.91	15.98	291.44		79.91	15.98	291.44		14.26	9.51		411.10
				小计								79.91	15.98	291.44					

注：① 本表为一个工程量清单计量单位的综合单价分析表。

② 如不使用省级或行业建设主管部门发布的计价依据，可不填定额编号、名称等。

【思考与练习题】

1. 简述水灭火系统组成。

2. 简述水灭火系统常用管材及其连接形式。

3. 火灾自动报警系统由哪些装置组成？各有什么功能？

4. 火灾自动报警系统有几种基本形式？

5. 简述《云南省通用安装工程计价标准》（DBJ 53/T-63—2020）第九册《消防工程》中水灭火定额的适用范围。

6. 火灾自动报警系统在定额应用时应注意哪些问题？

7. 简述管道工程量的计算规则，消火栓系统和自动喷水灭火系统的管道在定额应用时应注意哪些问题？

8. 水灭火系统中的套管应执行哪册定额？套用定额时应注意哪些问题？

9. 简述消火栓、湿式报警阀组成套产品所包括的内容。

10. 根据《建设工程工程量清单计价规范》（GB 50500—2013），水灭火系统工程清单设置时应注意哪些问题？

11. 根据所学内容，独立完成下面工程案例，进行自我检查评价。

工程基本概况：

本工程为云南省某宾馆消火栓和自动喷淋系统的一部分，消防平面图、系统图如图 6-39、图 6-40 所示，共计两层。图中标高以 m 计，其他尺寸标注均以 mm 计。外墙厚为 370 mm，内墙厚为 240 mm。

消火栓和喷淋系统均采用内外壁镀锌的热镀锌钢管,大于等于 DN100 的管道采用沟槽件连接,小于 DN100 的管道采用螺纹连接。

消火栓系统采用 SN65 普通型单栓消火栓,19 mm 水枪一支,25 m 长衬里麻织水龙带一条。

消防水管穿基础侧墙设柔性防水套管,穿楼板时设刚性套管。

施工完毕,整个系统应进行静水压力试验,试验压力消火栓系统为 1.60 MPa,喷淋系统为 1.60 MPa。

消火栓系统管道外刷两遍红色面漆,喷淋系统管道外刷两遍橙色面漆。

本案例阀门井内的阀件暂不考虑。喷头垂直部分按 0.3 m 考虑,消火栓箱连接管 DN65 按 0.6 m/个考虑。

未尽事宜执行现行施工及验收规范的有关规定。

工作任务要求:

(1)按照《通用安装工程工程量计算规范》(GB 50856—2013)、《云南省 2020 计价标准》的有关内容计算工程量。

(2)按照《建设工程工程量清单计价规范》(GB 50500—2013)完成分部分项工程量清单的编制。

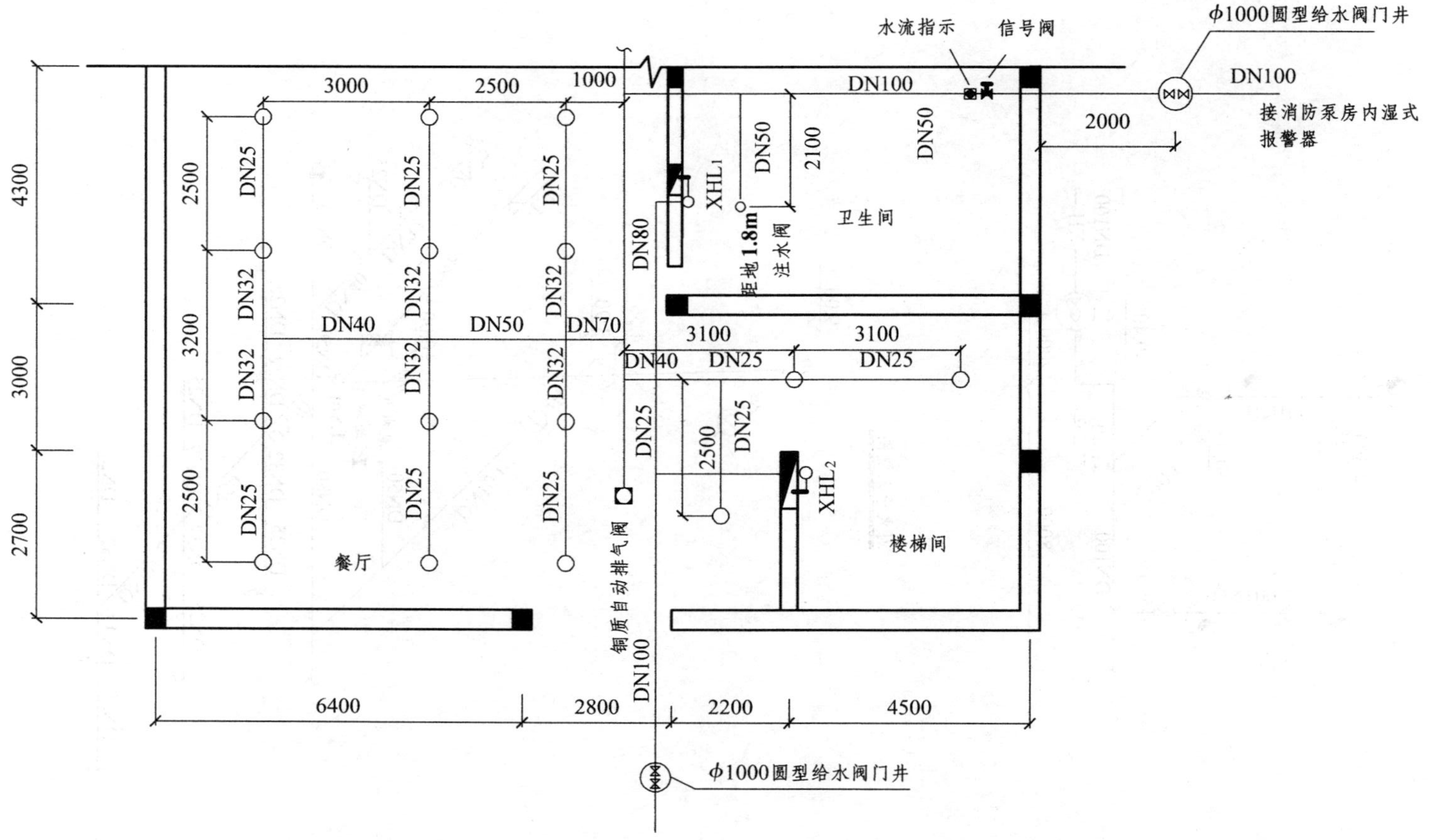

图 6-39 一、二层消防平面图

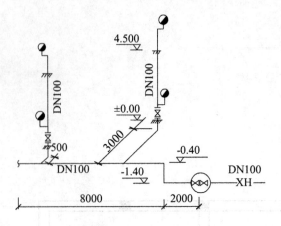

4.500

±0.00

-0.40

DN100
500
DN100

3000

-1.40

DN100
XH

8000   2000

消火栓系统图

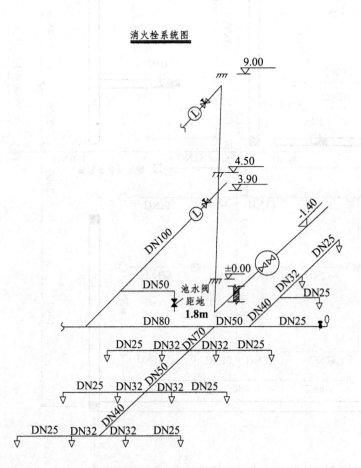

9.00

4.50
3.90

-1.40

DN100

DN25

DN50
池水阀
距地
1.8m

±0.00

DN32

DN25

DN80   DN50 DN40   DN25

DN25 DN32 DN70 DN32 DN25

DN25 DN32 DN50 DN32 DN25

DN25 DN32 DN40 DN32 DN25

自动喷水灭火系统图

图 6-40   消防系统图

第 7 章

通风空调安装工程

7.1 基础知识

通风空调安装工程按不同的使用场合和生产工艺要求，分为通风工程和空气调节工程。

7.1.1 通风工程的分类与组成

1. 通风工程的分类

通风工程是利用自然或机械换气的方式，把室外的新鲜空气适当地处理后送进室内，把室内的废气排至室外，从而保持室内空气的新鲜和洁净度的系统。通风可以提高室内空气质量，有益健康。通风系统按其作用范围可分为全面通风、局部通风、混合通风三种类型，按动力不同分为自然通风和机械通风两种类型。自然通风和机械通风如图 7-1、图 7-2。

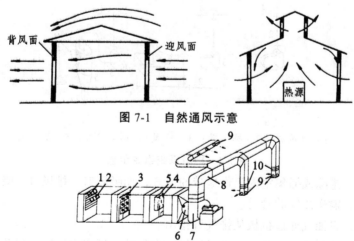

图 7-1 自然通风示意

1—百叶窗；2—保温阀；3—过滤器；4—空气加热器；5—旁通管；6—起动阀；
7—风机；8—风道；9—送风口；10—调节阀。

图 7-2 机械通风系统示意

2. 通风工程的组成

通风工程一般由送风系统和排风系统两部分组成。

1) 送风系统

送风系统由新风口、空气处理装置、通风机、送风管、回风管、送风口、吸风口、管道配件及管道部件等组成，如图 7-3。

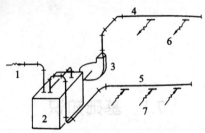

1—新风口；2—空气处理装置；3—通风机；4—送风管；5—回风管；6—送风口；7—吸风口。

图 7-3 送风系统组成示意

（1）新风口：新鲜空气的入口。

（2）空气处理装置：将室外吸入的空气处理到设计参数的装置，如过滤、加热、加湿等。

（3）通风机：机械通风的动力装置，将处理后的空气送入风管内。

（4）风管及空气分配装置：将处理后的空气由送风管输送到需要的房间，然后将房间内的浊气吸入回风管道，再送到空气处理装置，包括风管及风口。

2) 排风系统

排风系统由排风口、排风管、排风机、除尘器、管道配件及管道部件等组成，如图 7-4。排风系统常用于工业建筑中。

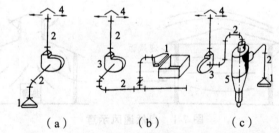

（a）　　　　　（b）　　　　　（c）

1—排风口；2—排风管；3—排风机；4—风帽；5—除尘器。

图 7-4 排风系统组成示意

（1）排风口：排除或捕集室内工作地带的浊气，如吸风口、排风口、吸风罩等。

（2）排风管：输送浊气的管道。

（3）排风机：将浊气通过机械从排气管排出。

（4）风帽：将浊气排入大气中，排风管排入大气的末端应设风帽，以防止杂物、雨水和飞鸟等进入风道。

（5）除尘器：净化处理设备，利用排风机的吸力将灰尘及有害物质吸入除尘器中，使其符合排放标准和大气环境质量标准后排入大气。

7.1.2 空气调节系统的分类与组成

空调，是空气调节的简称。它是指对某一房间和空间内的温度、湿度、空气流动速度和洁净度等进行调节与控制，并提供足够量的新鲜空气，为人们的生活提供一个舒适的室内环境或者为生产提供所要求的空间环境。

空调系统根据空气处理设备设置的集中程度，可分为集中式空调系统、局部式空调系统和半集中式空调系统三类。

1. 集中式空调系统

集中式空调系统又称中央空调，所有空气处理设备（风机、过滤器、加热器、冷却器、加湿器、减湿器和制冷机组等）都集中在空调机房内，由冷水机组、热泵、冷、热水循环系统、冷却水循环系统（风冷冷水机组无须该系统）以及末端空气处理设备如空气处理机组、风机盘管等组成。

2. 半集中式空调系统

半集中式空调系统是指集中在空调机房的空气处理设备，仅处理一部分空气，另外在分散的各空调房间内还有空气处理设备。它们或对室内空气进行就地处理，或对来自集中处理设备的空气进行补充再处理。诱导系统、风机盘管系统就是这种半集中式空调系统的典型例子。

3. 局部空调系统

局部空调系统是将空气处理设备全部分散在空调房间内布置的空气处理方式，因此局部式空调系统又称为分散式空调系统。通常使用的各种空调器就属于此类。

7.1.3 风管及管材

在通风空调系统中，风管用来输送空气，风管的断面形式有圆形和矩形两种。在相同断面积时，圆形风管的阻力小、材料省、强度大，但其放样、制作较矩形风管困难，布置时不易与建筑、结构配合。因此，民用建通风空调常采用矩形风管。

制作风管的材料分为金属材料和非金属材料两大类。

1. 金属材料

金属材料有普通薄钢板、镀锌薄钢板、不锈钢板、铝板等。

（1）普通薄钢板：常用的薄钢板厚度为 0.5～2 mm，分为板材和卷材。这种钢板具有良好的加工性能及结构强度，但其表面容易生锈，需刷油漆进行防腐，较少用于一般送风系统，多用于排气、除尘系统。

（2）镀锌薄钢板：俗称"白铁皮"，它是在普通钢板表面镀一层厚度为 0.5～1.5 mm 的锌层制成的。它表面的镀锌层起到了防腐蚀的作用。在通风工程中，常用镀锌钢板来制作不含酸、碱气体的通风系统和空调系统的风管，这种风管无保温和消声性能，必须另外加包保温层及保温防护层，另在声源附近还要设置消声器。镀锌薄钢板风管在送风、排气、空调、净化系统中大量使用，如图 7-5 所示。

（3）不锈钢板：表面有铬元素形成的钝化保护膜，起隔绝空气不被氧化的作用，具有较高的塑性、韧性和机械强度，以及耐酸性气体、碱性气体、溶液和其他介质腐蚀的能力。它是一种不容易生锈的合金钢，因而多用于化学工业中输送含有腐蚀性气体的通风系统。

图 7-5　镀锌薄钢板风管

（4）铝板：有纯铝和合金铝两种。用于化工工程通风管制作时，一般以纯铝为主。铝板质轻，表面光洁，具有良好的可塑性，还具有良好的传热性能，在摩擦时不易产生火花，因此常用在有爆炸可能的通风系统中。

2．非金属材料

非金属板材有硬聚氯乙烯管、玻璃钢、复合型风管。

（1）硬聚氯乙烯管：非金属板材主要是指硬聚氯乙烯塑料板材。硬聚氯乙烯具有良好的耐酸、耐碱性能，并具有较高的弹性；但它的热稳定性能较差，在较低温度环境中使用时性脆易裂，在较高温度环境中使用时强度降低。在通风工程中，硬聚氯乙烯管常被用于输送含有腐蚀性气体通风系统的风管和部件。

（2）玻璃钢风管：主要通过树脂和玻璃纤维以及添加优质的石英砂由机器控制缠绕而成，耐腐蚀、强度大、寿命长、安装方便可靠。

（3）复合型风管：主要指铝箔玻璃纤维板风管，其耐火性能好、重量轻、保温效果好，但强度低。

3．型钢

在通风工程中，型钢被用来制作风管的法兰、管道和通风、空调设备的支架，以及风管部件和管道配件等。一般常用的型钢有槽钢、角钢、扁钢、圆钢、方钢等。

4．辅助材料

（1）垫料：主要用于风管之间、风管与设备之间的连接处，以保证接口的严密性，常见的有橡胶板、石棉橡胶板、石棉绳等。

（2）紧固件：螺栓、螺母、铆钉、垫圈等。

7.1.4　风管设备及部件

1．风机

风机是通风系统中为空气的流动提供动力以克服输送过程中的阻力损失的机械设备。在通风工程中应用最广泛的是离心风机和轴流风机。

离心风机主要由叶轮、机壳、机轴、吸气口、排气口等部件组成，如图 7-6。

轴流风机主要由吸风口、机壳、叶轮、扩压器等部件组成，如图 7-7。

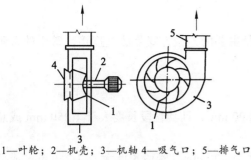

1—叶轮；2—机壳；3—机轴4—吸气口；5—排气口。

图 7-6 离心风机示意

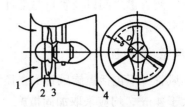

1—吸风口；2—机壳；3—叶轮；4—扩压器。

图 7-7 轴流风机示意

2. 部件

通风系统的部件是指风管阀门、风帽、静压箱及消声器等。

7.1.5 金属风管的制作安装工艺

金属风管的制作安装工艺：画线→板料剪切→咬口加工→卷圆或折方→风管闭合成型与接缝→装配法兰→风管加固。

1. 风管闭合成型与接缝

常见的风管闭合成型与接缝有两种形式：咬口连接及焊接。

咬口连接指金属薄板边缘弯曲成一定形状，用于相互固定连接的构造，适用于厚度在 1.2 mm 以内的钢板，分为单咬口、转角咬口、按扣式咬口、立咬口和联合角咬口，如图 7-8 所示。

（a）单平咬口　　（b）单立咬口　　（c）转角咬口　　（d）联合角咬口　　（e）按扣式咬口

图 7-8 咬口形式

当普通（镀锌）薄钢板风管板材 $\delta > 1.2$ mm 时，若采用咬口连接，则因板材较厚、机械强度高而难于加工，咬口质量较差，这时应采用焊接的方法，以保证风管的严密性。常用的焊缝形式有对接焊缝、角焊缝、搭接焊缝、折边焊缝、三通转向缝、封闭角焊缝等，如图 7-9 所示。

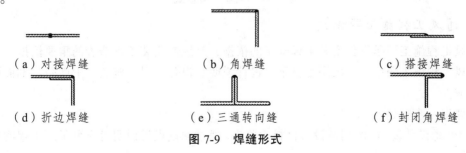

（a）对接焊缝　　　　　（b）角焊缝　　　　　（c）搭接焊缝

（d）折边焊缝　　　（e）三通转向缝　　　（f）封闭角焊缝

图 7-9 焊缝形式

2. 装配法兰

通风空调管道之间以及管道与部件、配件间最主要的连接方式是法兰连接。常用的有角钢法兰和扁钢法兰。

3. 风管的加固

圆形风管（不包括螺旋风管）直径大于等于 800 mm，且其管段长度大于 1 250 mm 或总表面积大于 4 m² ，均应采取加固措施。

矩形风管边长大于 630 mm、保温风管边长大于 800 mm，管段长度大于 1 250 mm 或低压风管单边平面积大于 1.2 m² ，中、高压风管大于 1.0 m² 时，均应采取加固措施。

风管加固如图 7-10 所示。

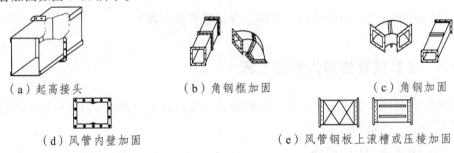

（a）起高接头　　　　　（b）角钢框加固　　　　　（c）角钢加固

（d）风管内壁加固　　　　（e）风管钢板上滚槽或压棱加固

图 7-10　风管加固

4. 风管支架制作安装

风管支架一般用角钢、扁钢和槽钢制作而成，其形式有吊架、托架和立管卡子等，如图 7-11 所示。

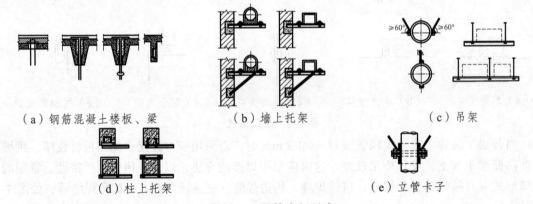

（a）钢筋混凝土楼板、梁　　　（b）墙上托架　　　　（c）吊架

（d）柱上托架　　　　　　（e）立管卡子

图 7-11　风管支架形式

5. 通风工程施工图识读

通风工程施工图是进行安装工程施工的依据，是编制安装工程造价的重要依据。

通风工程施工图由一般由图纸目录、设计说明、设备材料一览表、平面图、剖面图、详图等组成。

具体识读步骤如下：

（1）熟悉设计说明、图例及设备材料一览表。通过阅读设计说明可充分了解工程的概况、设计范围、图例、设备材料规格、数量以及性能参数、风管的材质、施工要求等，这是施工图中很重要的内容，也是首先应看的内容。

（2）阅读平面图。平面图的识读一般从风机开始，目的是明确风机、风管、部件等的平面位置及规格尺寸。

（3）阅读剖面图。剖面图识读应与平面图对应，目的是明确风管、风机、部件在建筑物中的垂直位置及标高尺寸。

（4）查阅详图。详图又称大样图，包括制作加工详图和安装详图。若详图是国家通用标准图，则在设计时只标明图号，不再将图画出，需用时直接查标准图即可。

7.2 定额应用及工程量计算

7.2.1 定额的内容及使用定额的规定

1. 定额的适用范围及内容

《云南省通用安装工程计价标准》（DBJ 53/T-63—2020）第七册《通风空调安装工程》适用于通风空调设备及部件制作安装，通风管道制作安装，通风管道部件制作安装工程。具体定额内容见表 7-1。

表 7-1 第七册《通风空调工程》计价准备内容

章节	各章内容
第一章 通风空调设备及部件制作安装	包括空气加热器（冷却器），除尘设备，空调器，多联体空调机室外机，风机盘管，空气幕，VAV 变风量末端装置、分段组装式空调器，组合式油烟净化机，过滤器、框架制作、安装，净化工作台、风淋室，通风机，设备支架制作、安装
第二章 通风管道制作安装	包括镀锌薄钢板法兰风管制作、安装，镀锌薄钢板共板法兰风管制作、安装，薄钢板法兰风管制作、安装，镀锌薄钢板矩形净化风管制作、安装，不锈钢板风管制作、安装，铝板风管制作、安装，塑料通风管制作、安装，玻璃钢风管安装，复合型酚醛风管制作、安装，复合型玻纤、玻镁风管制作、安装，柔性软风管安装，弯头导流叶片、软管接口、风管检查孔、温度、风度测定孔制作、安装，抗震支架安装
第三章 通风管道部件制作安装	包括碳钢调节阀安装，柔性软风管阀门安装，碳钢风口安装，不锈钢风口安装，法兰、吊托支架制作、安装，塑料散流器安装，塑料空气分布器安装，铝制孔板口安装，碳钢风帽制作、安装，塑料风帽、伸缩节制作、安装，铝板风帽、法兰制作、安装，玻璃钢风帽安装，罩类制作、安装，塑料风罩制作、安装，消声器安装，消声静压箱安装，静压箱制作、安装，人防排气阀门安装，人防手动密闭阀门安装，人防其他部件制作、安装
第四章 空调水管道安装	适用于室内空调水管道安装包括镀锌钢管、钢管、塑料管等项目

本章重点介绍通风工程的计量计价。

2. 执行其他册相应定额的工程项目

（1）通风设备、除尘设备为专供通风工程配套的各种风机及除尘设备。其他工业用风机（如热力设备用风机）及除尘设备安装执行第一册《机械设备安装工程》、第二册《热力设备安装工程》相应项目。

（2）管道及支架的除锈、刷油，管道的防腐蚀、绝热等内容，执行第十二册《防腐蚀、绝热工程》相应项目。

（3）薄钢板风管刷油按其工程量执行相应项目，仅外（或内）面刷油者，定额乘以系数1.20，内外均刷油者，定额乘以系数1.10（其法兰加固框、吊托支架已包括在此系数内）。

（4）薄钢板部件刷油按其工程量执行金属结构刷油项目，定额乘以系数1.15。

（5）未包括在风管工程量内而单独列项的各种支架（不锈钢吊托支架除外）按其工程量执行相应项目。

（6）薄钢板风管、部件以及单独列项的支架，其除锈不分锈蚀程度，均按其第一遍刷油的工程量，执行第十二册《防腐蚀、绝热工程》中除轻锈的项目。

（7）安装在支架上的木衬垫或非金属垫料，发生时按实计入成品材料价格。

（8）风道及部件在加工厂预制的，其场外运费按相关规定自行制定。

（9）风管绝热、保温完成后再进行安装的，风管安装人工费增加15%。

3. 本册定额各项费用的规定

（1）脚手架搭拆费应另列措施费，按人工费的4%计算，其中人工费占35%，材料费占50%，机械费占15%。

（2）建筑物超高增加费，指在建筑物层数大于6层或高度大于20 m的工业与民用建筑上进行安装时，按表4-5中百分比计算，并且应以整个工程全部工程量（含地下部分）为基数计取建筑物超高增加费。

（3）操作高度增加费：安装高度距离楼面或地面大于5 m时，超过部分工程量按表7-2中系数计算。

表 7-2 超高增加费计算系数

计算基数	高度（以内）			备注
	10 m	30 m	50 m	
人工费	1.1	1.2	1.5	安装操作高度大于50 m时，按照施工方案确定

（4）系统调整费按系统工程人工费的7%计算，其中人工费占35%，材料费占50%，机械费占15%。

（5）安装与生产同时进行增加的费用，按人工费的10%计算，其中人工费、机械费各占50%。

（6）在有害身体健康的环境中施工增扣的费用，按人工费的10%计算，其中人工费、机械费各占50%。

【例7-1】通风工程计价标准各项费用计算

云南省某办公楼共7层，每层层高为4.5 m，通风工程的人工费为50 000元，问用系数计取的各项费用是多少？

【解】本工程建筑层数为7层，按《云南省通用安装工程计价标准》（DBJ 53/T-63—2020）第七册规定应计取建筑物超高增加费、脚手架搭拆费，并应按规定系数计算；按照国家现行施工验收规范规定，通风工程安装完毕交付使用之前必须进行系统调整，满足设计参数的要求。因此，该通风工程按计价标准规定应计取以下费用：

（1）建筑物超高增加费：50 000×2.2%=1100 元

其中：

人工费=1100×50%=550 元

机械费=1100×50%=550 元

（2）脚手架搭拆费：（50 000+550）×4%=2022 元

其中：

人工费=2022×35%=707.70 元

材料费=2022×50%=1011 元

机械费=2022×15%=303.30 元

（3）系统调整费：（50 000+550）×7%=3538.50 元

其中：

人工费=3538.50×35%=1238.48 元

材料费=3538.50×50%=1769.25 元

机械费=3538.500×15%=530.77 元

4. 人工、材料、机械

定额中人工、材料、机械凡未按制作和安装分别列出的，其制作费与安装费比例可按表 7-3 划分。

表 7-3　定额中人工、材料、机械制作费与安装费比例划分

序号	项目	制作费比例/%			安装费比例/%		
		人工	材料	机械	人工	材料	机械
1	空调部件及设备支架制作安装	86	98	95	14	2	5
2	镀锌薄钢板法兰通风管道制作、安装	60	95	95	40	5	5
3	镀锌薄钢板共板法兰通风管道制作、安装	40	95	95	60	5	5
4	薄钢板法兰通风管道制作、安装	60	95	95	40	5	5
5	净化通风管道及部件制作、安装	40	85	95	60	15	5
6	不锈钢板通风管道及部件制作、安装	72	95	95	28	5	5
7	铝板通风管道及部件制作、安装	68	95	95	32	5	5
8	塑料通风管道及部件制作、安装	85	95	95	15	5	5
9	复合型风管制作、安装	60	—	99	40	100	1
10	风帽制作、安装	75	80	99	25	20	1
11	罩类制作、安装	78	98	95	22	2	5

7.2.2　工程量计算及定额应用

1. 通风空调设备及部件制作安装

1）项目设置

通风空调设备及部件制作安装包括空气加热器（冷却器），除尘设备，空调器，多联体空调机室外机，风机盘管，空气幕，VAV 变风量末端装置、分段组装式空调器，组合式油烟净

化机，过滤器、框架制作、安装，净化工作台、风淋室，通风机，设备支架制作、安装。

2）工程量计算规则

（1）空气加热器（冷却器）安装按设计图示数量计算，以"台"为计量单位。

（2）除尘设备安装按设计图示数量计算，以"台"为计量单位。

（3）整体式空调机组、空调器安装（一拖一分体空调以室内机、室外机之和）按设计图示数量计算，以"台"为计量单位。

（4）组合式空调机组安装依据设计风量，按设计图示数量计算，以"台"为计量单位。

（5）多联体空调机室外机安装依据制冷量，按设计图示数量计算，以"台"为计量单位。

（6）风机盘管安装按设计图示数量计算，以"台"为计量单位。

（7）空气幕按设计图示数量计算，以"台"为计量单位。

（8）VAV变风量末端装置安装按设计图示数量计算，以"台"为计量单位。

（9）分段组装式空调器安装按设计图示质量计算，以"kg"为计量单位。

（10）组合式油烟净化机安装按设计图示数量计算，以"台"为计量单位。

（11）高、中、低效过滤器安装、净化工作台、风淋室安装按设计图示数量计算，以"台"为计量单位。

（12）过滤器框架制作按设计图示尺寸以质量计算，以"kg"为计量单位。

（13）通风机安装依据不同形式、规格按设计图示数量计算，以"台"为计量单位。风机箱安装按设计图示数量计算，以"台"为计量单位。

（14）设备支架制作安装按设计图示尺寸以质量计算，以"kg"为计量单位。

3）其他相关说明

（1）通风机安装定额内包括电动机安装，其安装形式包括A、B、C、D等型，适用于碳钢、不锈钢、塑料通风机安装。

A型安装：也称为底脚安装，电动机通过底脚直接安装在基础上，适用于大多数中小型电动机，安装简单方便，但需要注意基础的水平和稳定性。

B型安装：也称为法兰安装，电动机通过法兰盘与基础或设备连接，适用于需要更高精度对中或更大负荷的电动机，但安装过程相对复杂，需要精确调整对中。

C型安装：也称为法兰支架安装，电动机通过法兰支架与基础或设备连接，适用于大型或重型电动机，以及需要较大调整范围的应用场景。

D型安装：也称为悬挂安装，电动机通过吊架或悬挂装置悬挂在空中。这种安装方式可以节省地面空间，但需要确保悬挂装置的稳定性和承重能力。

（2）诱导器安装执行风机盘管安装定额。

（3）空调多联机系统的室内机按安装方式执行风机盘管定额，应扣除膨胀螺栓。

（4）空气幕的支架制作安装执行设备支架定额。

（5）VAV变风量末端装置适用单风道变风量末端和双风道变风量末端装置，风机动力型变风量末端装置人工乘以系数1.1。

（6）洁净室安装执行分段组装式空调器安装定额。

（7）玻璃钢和 PVC 挡水板执行钢板挡水板安装定额。

（8）清洗槽、浸油槽、晾干架、LWP 滤尘器支架制作安装执行设备支架定额。

（9）通风空调设备的电气接线执行第四册《电气设备与线缆安装工程》相应项目。

（10）一次灌浆已经考虑在设备安装基价中，不再另行计取，二次灌浆执行第一册《机械设备安装工程》相应定额。

（11）风机减震台座执行设备支架项目，定额中不包括减震器用量，应依据设计图纸按实计算。

【例 7-2】风机定额应用

云南省某通风工程中共有消防用轴流风机 3 台，型号：SWF-I-No7，规格：L=29 880 m³/h，P=765 Pa，N=11 kW，W_s<0.32 W/（m³h），噪声<94 dB（A），试套用定额。（暂不考虑未计价材费）

【解】按照《云南省通用安装工程计价标准》（DBJ 53/T-63—2020）第七册《通风空调安装工程》，风机应区别风机类型、安装风量进行定额子目套用。本工程消防风机为轴流风机，风量 L=29 880 m³/h，因此应套用 2-7-69 定额子目，详见表 7-4。

表 7-4　风机定额套用

序号	定额编号	项目名称	计量单位	工程量	基价/元	其中/元			未计价材费
						人工费	材料费	机械费	
1	2-7-69	轴流式通风机安装	台	3	838.20	803.09	10.45	24.66	
	未计价材	轴流式通风机 SWF-I-No7，L=29 880 m³/h，P=765 Pa，N=11 kW，W_s<0.32 W/（m³h），噪声<94 dB（A）	台	3					

2. 通风管道制作安装

1）项目设置

通风管道制作安装包括镀锌薄钢板法兰风管制作、安装，镀锌薄钢板共板法兰风管制作、安装，薄钢板法兰风管制作、安装，镀锌薄钢板矩形净化风管制作、安装，不锈钢板风管制作、安装，铝板风管制作、安装，塑料通风管制作、安装，玻璃钢风管安装，复合型酚醛风管制作、安装，复合型玻纤、玻镁风管制作、安装，柔性软风管安装，弯头导流叶片、软管接口、风管检查孔、温度、风度测定孔制作、安装，抗震支架安装。

2）工程量计算规则

（1）风管制作安装以施工图规格不同按展开面积计算，不扣除检查孔、测定孔、送风口、吸风口等所占面积。矩形风管按图示周长乘以管道中心线长度计算。

圆形风管 $F=\pi \times D \times L$

矩形风管 $F=2 \times（A+B）\times L$

式中　F——风管展开面积（m²）；

　　　D——圆形风管内直径（m）；

　　　L——管道中心线长度（m）；

A——矩形风管长边尺寸（m）；

B——矩形风管短边尺寸（m）。

（2）风管长度一律以施工图示中心线长度为准（主管与支管以其中心线交点划分），包括弯头、三通、变径管、天圆地方等管件的长度，但不得包括部件所占长度。直径和周长按图示尺寸为准展开，咬口重叠部分已包括在定额内，不得另行增加。

风管长度一律以施工图示中心线长度为准，分别如图7-12、图7-13和图7-14所示。

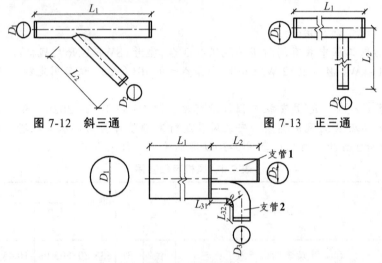

图7-12　斜三通　　　　　　　　　　图7-13　正三通

图7-14　正三通

在图7-12和图7-13中，主管展开面积$S_1=\pi D_1 L_1$，支管展开面积$S_2=\pi D_2 L_2$。

在图7-14中，主管展开面积$S_1=\pi D_1 L_1$，支管1展开面积$S_2=\pi D_2 L_2$，支管2展开面积$S_3=\pi D_3(L_{31}+L_{32}+r\theta)$。式中：$\theta$为弧度，$\theta$=角度×0.01745，角度为中心线夹角；$r$为弯曲半径（m）。

计算风管长度时，不得包括部件所占的长度，部件长度值按表7-5取值。

表7-5　风管部件长度

序号	部件名称	部件长度/mm	序号	部件名称	部件长度/mm
1	蝶阀	150	4	止回阀	300
2	对开多叶调节阀	210	5	圆形风管防火阀	$L=D+240$
3	密闭式斜插板阀	$L=D+200$	6	矩形风管防火阀	$L=B+240$

（3）柔性软风管安装按设计图示中心线长度计算，以"m"为计量单位；柔性软风管阀门安装按设计图示数量计算，以"个"为计量单位。

（4）弯头导流叶片制作安装按设计图示叶片的面积计算，以"m²"为计量单位。

（5）软管（帆布）接口制作安装按设计图示尺寸，以展开面积计算，以"m²"为计量单位。

（6）风管检查孔制作安装按设计图示尺寸质量计算，以"100 kg"为计量单位。

（7）温度、风量测定孔制作安装依据其型号，按设计图示数量计算，以"个"为计量单位。

（8）抗震支架安装依据安装类型按设计图示数量计算，以"副"为计量单位。

【例 7-3】风管工程量计算及定额套用

如图 7-15 所示为云南省某通风工程的部分管道平面图，风管采用镀锌薄钢板法兰风管，咬口连接。截面为 800 mm×320 mm 的风管，板材厚度 δ=1.0 mm；截面为 630 mm×320 mm、500 mm×250 mm 的风管，板材厚度均为 δ=0.75 mm。试计算风管工程量并套用定额。

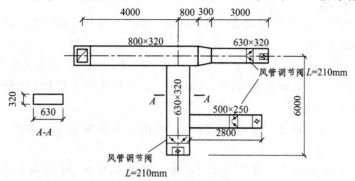

图 7-15　风管平面图

【解】根据题意及《云南省通用安装工程计价标准》（DBJ 53/T-63—2020）第七册《通风空调安装工程》中镀锌薄钢板法兰矩形风管（δ=1.2 mm 以内咬口）的定额子目，可知本题风管需按矩形风管长边长选择定额子目，套用 2-7-99。矩形风管工程量按图示截面周长乘以管道中心线长度计算，但应扣除阀门所占长度。

1. 风管工程量计算：

（1）500 mm×250 mm 风管（δ=0.75 mm）：

L=2.8+0.63/2-0.21（调节阀所占的长度）=2.91 m

F=2（A+B）×L=2×（0.5+0.25）×2.91=4.37 m^2

（2）630 mm×320 mm 风管（δ=0.75 mm）：

L=3+6+0.3/2-0.21（调节阀所占的长度）×2=8.73 m

F=2（A+B）×L=2×（0.63+0.32）×8.73=16.59 m^2

（3）800 mm×320 mm 风管（δ=1.0 mm）：

L=4+0.8+0.3/2=4.95 m

F=2（A+B）×L=2×（0.8+0.32）×4.95=11.09 m^2

（4）风管工程量合计：

① 风管 500 mm×250 mm（长边长 500 mm，δ=0.75 mm）和风管 630 mm×320 mm（长边长 630 mm，δ=0.75 mm），板厚均相同，长边长均在 1000 mm 以内，套用定额为同一子目，因此合并工程量：

F=4.37+16.59=20.96 m^2

②风管 800 mm×320 mm（长边长 800 mm，δ=1.0 mm）：11.09 m^2。

2. 定额套用

（1）风管 500 mm×250 mm（长边长 500 mm，δ=0.75 mm）、风管 630 mm×320 mm（长边长 630 mm，δ=0.75 mm），定额套用 2-7-99 子目。

热轧角钢（综合）定额消耗量为 35.2 kg/10 m^2，热轧角钢（综合）未计价材料的工程量为 20.96×35.2÷10=73.78 kg。

热轧槽钢 5#～16#定额消耗量为 15.287 kg/10 m^2，热轧槽钢 5#～16#未计材料的工程量为 20.96×15.287÷10=32.04 kg。

热轧扁钢 59 以内定额消耗量为 1.12 kg/10 m^2，热轧扁钢 59 以内未计材料的工程量为 20.96×1.12÷10=2.35 kg。

热轧光圆钢筋 HPB300ϕ5.5~9 定额消耗量为 1.49 kg/10 m^2，热轧光圆钢筋 HPB300ϕ5.5~9 的工程量为 20.96×1.49÷10=3.12 kg。

低碳钢焊条 J422ϕ3.2 定额消耗量为 0.49 kg/10 m^2，低碳钢焊条 J422ϕ3.2 工程量为 20.96×0.49÷10=1.03 kg。

镀锌钢板 δ=0.75 mm 定额消耗量为 11.38 m^2/10 m^2，镀锌薄钢板未计价材料的工程量为 20.96×11.38/10=23.85 m^2。

（2）800 mm×320 mm 风管（长边长 800 mm，δ=1.0 mm），定额套用 2-7-99 子目。

热轧角钢（综合）定额消耗量为 35.2 kg/10 m^2，热轧角钢（综合）未计价材料的工程量为 11.09×35.2÷10=39.04 kg。

热轧槽钢 5#~16#定额消耗量为 15.287 kg/10 m^2，热轧槽钢 5#~16#未计材料的工程量为 11.09×15.287÷10=16.95 kg。

热轧扁钢 59 以内定额消耗量为 1.12 kg/10 m^2，热轧扁钢 59 以内未计材料的工程量为 11.09×1.12÷10=1.24 kg。

热轧光圆钢筋 HPB300ϕ5.5~9 定额消耗量为 1.49 kg/10 m^2，热轧光圆钢筋 HPB300ϕ5.5~9 的工程量为 11.09×1.49÷10=1.65 kg。

低碳钢焊条 J422ϕ3.2 定额消耗量为 0.49 kg/10 m^2，低碳钢焊条 J422ϕ3.2 工程量为 11.09×0.49÷10=0.54 kg。

镀锌钢板 δ=1.0 mm 定额消耗量为 11.38 m^2/10 m^2，镀锌薄钢板未计价材料的工程量为 11.09×11.38÷10=12.62 m^2。

定额子目 2-7-99 中，镀锌钢板的厚度为 0.75 mm，根据题意及定额的相关说明，镀锌薄钢板风管定额中的板材是按镀锌薄钢板编制的，如设计要求不用镀锌薄钢板，板材可以换算，其他不变。所以 800 mm×320 mm 的风管在套用定额子目时，应该把镀锌钢板的板材厚度换成 1.0 mm。

定额套用见表 7-6。

表 7-6 镀锌薄钢板法兰风管定额套用

序号	定额编号	项目名称	计量单位	工程量	基价/元	其中/元			未计价材料费
						人工费	材料费	机械费	
1	2-7-99	镀锌薄钢板矩形风管（δ=1.2 mm 以内咬口）长边长（mm）≤1000	10 m^2	2.096	752.61	679.69	58.06	14.86	
	未计价	热轧角钢（综合）	kg	73.78					
	未计价	热轧槽钢 5#~16#	kg	32.04					
	未计价	热轧扁钢 59 以内	kg	2.35					
	未计价	热轧光圆钢筋 HPB300ϕ5.5~9	kg	3.12					
	未计价	低碳钢焊条 J422ϕ3.2	kg	1.03					
	未计价	镀锌钢板 δ=0.75 mm	m^2	23.85					

序号	定额编号	项目名称	计量单位	工程量	基价/元	其中/元			未计价材费
						人工费	材料费	机械费	
2	2-7-99	镀锌薄钢板矩形风管（δ=1.2 mm 以内咬口）长边长（mm）≤1000	10 m²	1.109	752.61	679.69	58.06	14.86	
	未计价	热轧角钢（综合）	kg	39.04					
	未计价	热轧槽钢 5#～16#	kg	16.95					
	未计价	热轧扁钢 59 以内	kg	1.24					
	未计价	热轧光圆钢筋 HPB300ϕ5.5~9	kg	1.65					
	未计价	低碳钢焊条 J422ϕ3.2	kg	0.54					
	未计价	镀锌钢板 δ=1.0 mm	m²	12.62					

3）相关说明

（1）薄钢板风管整个通风系统设计采用渐缩管均匀送风者，圆形风管按平均直径、矩形风管按长边长参照相应规格定额，其人工乘以系数 2.5。

（2）如制作空气幕送风管时，按矩形风管长边长执行相应风管规格定额，其人工乘以系数 3，其余不变。

渐缩管是指整个通风系统设计采用的达到均匀送风目的的管材。

圆形风管渐缩管展开面积计算：

$F_{圆}= \pi \times D_{平均直径} \times L$

$D_{平均直径}=（D_{渐缩管大口径}+D_{渐缩管小口径}）\div 2$

矩形风管渐缩管展开面积计算：

$F_{矩}= \frac{1}{2} \times [2 \times （a+b）+2 \times （A+B）] \times L$

$= （a+b+A+B）\times L$

如采取阶段式渐缩或个别性渐缩，而不是连续均匀渐缩，且整个不是成系统的通风管道，则不能作为渐缩管风管对待。

（3）镀锌薄钢板风管定额中的板材是按镀锌薄钢板编制的，如设计要求不用镀锌薄钢板，板材可以换算，其他不变。

（4）风管导流叶片不分单叶片和香蕉形双叶片，均执行同一定额。

（5）薄钢板通风管道、净化通风管道、玻璃钢通风管道、复合型风管制作安装定额中，包括弯头、三通变径管、天圆地方等管件及法兰、加固框和吊托支架的制作安装，但不包括过跨风管落地支架；落地支架制作安装执行本册第一章设备支架制作、安装定额。

（6）薄钢板风管定额中的板材，如设计要求厚度不同时可以换算，人工、机械消耗量不变。

（7）净化风管、不锈钢板风管、铝板风管、塑料风管定额中的板材，如设计厚度不同时可以换算，人工、机械不变。

（8）净化圆形风管制作安装执行第二章通风管道制作安装中矩形风管制作安装定额。

（9）净化风管涂密封胶按全部口缝外表面涂抹考虑。如设计要求口缝不涂抹而只在法兰处涂抹时，则每 10 m² 管应减去密封胶 1.5 kg 和 0.37 工日。

（10）在净化风管及部件制作安装定额中，型钢未包括镀锌费，如设计要求镀锌时，应另加镀锌费。

（11）净化通风管道定额按空气洁净度 100000 级编制。

（12）不锈钢板风管咬口连接制作安装执行第二章通风管道制作安装镀锌薄钢板风管法兰连接定额。

（13）不锈钢板风管、铝板风管制作安装定额中包括管件，但不包括法兰和吊托支架；法兰和吊托支架应单独列项计算，执行相应定额。

（14）塑料风管、复合型风管制作安装定额规格所表示的直径为内径，周长为内周长。

（15）塑料风管制作安装定额中包括管件、法兰、加固框，但不包括吊托支架制作安装，吊托支架执行本册第一章设备支架制作、安装定额。

（16）塑料风管制作安装定额中的法兰垫料如与设计要求使用品种不同时可以换算，但人工消耗量不变。

（17）塑料通风管道胎具材料摊销费的计算方法：塑料风管管件制作的胎具摊销材料费，未包括在内，按以下规定另行计算。

①风管工程量在 30 m² 以上的，每 10 m² 风管的胎具摊销木材为 0.06 m³，按材料价格计算胎具材料摊销费。

②风管工程量在 30 m² 以下的，每 10 m² 风管的胎具摊销木材为 0.09 m³，按材料价格计算胎具材料摊销费。

（18）玻璃钢风管及管件以图示工程量加损耗计算，按外加工订作考虑。

（19）软管接头如使用人造革而不使用帆布时可以换算。

（20）定额中的法兰垫料按橡胶板编制，如与设计要求使用的材料品种不同时可以换算，但人工消耗量不变。使用泡沫塑料者每 1 kg 橡胶板换算为泡沫塑料 0.125 kg；使用闭孔乳胶海绵者每 1 kg 橡胶板换算为闭孔乳胶海绵 0.5 kg。

（21）柔性软风管适用于由金属、涂塑化纤织物、聚酯、聚乙烯、聚氯乙烯薄膜、铝箔等材料制成的风管。

（22）玻璃钢风管定额内未考虑预留铁件的制作和埋设，如果设计要求用膨胀螺栓安装吊托支架者，膨胀螺栓可按实际调整。

3．通风管道部件制作安装

1）项目设置

通风管道部件制作安装包括碳钢调节阀安装，柔性软风管阀门安装，碳钢风口安装，不锈钢风口安装，法兰、吊托支架制作、安装，塑料散流器安装，塑料空气分布器安装，铝制孔板口安装，碳钢风帽制作、安装，塑料风帽、伸缩节制作、安装，铝板风帽、法兰制作、安装，玻璃钢风帽安装，罩类制作、安装，塑料风罩制作、安装，消声器安装，消声静压箱安装，静压箱制作、安装，人防排气阀门安装，人防手动密闭阀门安装，人防其他部件制作、安装。

2）工程量计算规则

（1）碳钢调节阀安装依据其类型、直径（圆形）或周长（方形），按设计图示数量计算，以"个"为计量单位。

（2）柔性软风管阀门安装按设计图示数量计算，以"个"为计量单位。

（3）碳钢各种风口散流器的安装依据类型、规格尺寸按设计图示数量计算，以"个"为计量单位。

（4）钢百叶窗及活动金属百叶风口安装依据规格尺寸按设计图示数量计算，以"个"为计量单位。

（5）塑料通风管道柔性接口及伸缩节制作安装依据连接方式按设计图示尺寸以展开面积计算，以"m²"为计量单位。

（6）塑料通风管道分布器、散流器的制作安装按其成品质量，以"kg"为计量单位。

（7）塑料通风管道风帽、罩类的制作均按其质量，以"kg"为计量单位；非标准罩类制作按成品质量"kg"为计量单位。罩类为成品时制作不再计算，只计取安装费。

（8）不锈钢板风管圆形法兰制作按设计图示尺寸以质量计算，以"100 kg"为计量单位。

（9）不锈钢板风管吊托支架制作安装按设计图示尺寸以质量计算，以"100 kg"为计量单位。

（10）铝板圆伞形风帽、铝板风管圆、矩形法兰制作按设计图示尺寸以质量计算，以"kg"kg"为计量单位。

（11）碳钢风帽的制作安装按其质量以"kg"为计量单位；非标准风帽制作安装按成品质量以"kg"为计量单位。风帽为成品时只计取安装费，制作费不再计算。

（12）碳钢风帽筝绳制作安装按设计图示规格长度以质量计算，以"kg"为计量单位。

（13）碳钢风帽泛水制作安装按设计图示尺寸以展开面积计算，以"m²"为计量单位。

（14）碳钢风帽滴水盘制作安装按设计图示尺寸以质量计算，以"kg"为计量单位。

（15）玻璃钢风帽安装依据成品质量按设计图示数量计算，以"kg"为计量单位。

（16）罩类的制作安装均按其质量以"kg"为计量单位；非标准罩类制作安装按成品质量以"kg"为计量单位。罩类为成品时制作不再计算，只计取安装费。

（17）微穿孔板消声器、管式消声器、阻抗式消声器成品安装按设计图示数量计算，以"节"为计量单位。

（18）消声弯头安装按设计图示数量计算，以"个"为计最单位。

（19）消声静压箱安装按设计图示数量计算，以"个"为计量单位。

（20）静压箱制作安装按设计图示尺寸以展开面积计算，以"m²"为计量单位。

（21）人防通风机安装按设计图示数量计算，以"台"为计量单位。

（22）人防各种调节阀制作安装按设计图示数量计算，以"个"为计量单位。

（23）LWP 型滤尘器制作安装按设计图示尺寸以面积计算，以"m²"为计量单位。

（24）探头式含磷毒气及 γ 射线报警器安装按设计图示数量计算，以"台"为计量单位。

（25）过滤吸收器、预滤器、除湿器等安装按设计图示数量计算，以"台"为计量单位。

（26）密闭穿墙管制作安装按设计图示数量计算，以"个"为计量单位。密闭穿墙管填塞按设计图示数量计算，以"个"为计量单位。

（27）测压装置安装按设计图示数量计算，以"套"为计量单位。

（28）换气堵头安装按设计图示数量计算，以"个"为计量单位。

（29）波导窗安装按设计图示数量计算，以"个"为计量单位。

3）相关说明

（1）电动密闭阀安装执行手动密闭阀定额，人工乘以系数1.05。

（2）手（电）动密闭阀安装定额包括一副法兰，两副法兰螺栓及橡胶石棉垫圈。如为一侧接管时，人工乘以系数0.6，材料、机械乘以系数0.5。不包括吊托支架制作与安装，如发生按本册第一章设备支架制作、安装定额另行计算。

（3）碳钢百叶风口安装定额适用于带调节板活动百叶风口、单层百叶风口、双层百叶风口、三层百叶风口、连动百叶风口、135型单层百叶风口、135型双层百叶风口、135型带导流叶片百叶风口、活动金属百叶风口。风口的宽与长之比≤0.125为条缝形风口，执行百叶风口定额，人工乘以系数1.1。

（4）密闭式对开多叶调节阀与手动式对开多叶调节阀执行同一定额。

（5）蝶阀安装定额适用于圆形保温蝶阀，方、矩形保温蝶阀，圆形蝶阀，方、矩形蝶阀，风管止回阀安装定额适用于圆形风管止回阀，方形风管止回阀。

（6）铝合金或其他材料制作的调节阀安装应执行第三章通风管道部件制作安装相应定额。

（7）碳钢散流器安装定额适用于圆形直片散流器、方形直片散流器、流线型散流器。

（8）碳钢送吸风口安装定额适用于单面送吸风口、双面送吸风口。

（9）铝合金风口安装执行碳钢风口定额，人工乘以系数0.9。

（10）铝制孔板风口如需电化处理时，电化费另行计算。

（11）其他材质和形式的排气罩制作安装可执行第三章通风管道部件制作安装中的定额。

（12）管式消声器安装适用于各类管式消声器。

（13）静压箱吊托支架执行设备支架定额。

（14）手摇（脚踏）电动两用风机安装，其支架按与设备配套编制，若自行制作，按本册第一章设备支架制作、安装定额另行计算。

（15）排烟风口吊托支架执行本册第一章设备支架制作、安装定额。

（16）除尘过滤器、过滤吸收器安装定额不包括支架制作安装，其支架制作安装执行本册第一章设备支架制作、安装定额。

（17）探头式含磷毒气报警器安装包括探头固定数和三脚支架制作安装，报警器保护孔按建筑预留考虑。

（18）射线报警器探头安装孔定额按钢套管编制，地脚螺栓（M12×200，个）按与设备配套编制，包括安装孔孔底电缆穿管，但不包括电缆敷设。如设计电缆穿管长度大于0.5 m，超过部分另外执行相应定额。

（19）密闭穿墙管定额填料按油麻丝、黄油封堵考虑，如填料不同，不作调整。

（20）密闭穿墙管制作安装分类：Ⅰ型为薄钢板风管直接浇入混凝土墙内的密闭穿墙管；Ⅱ型为取样管用密闭穿墙管；Ⅲ型为薄钢板风管通过套管穿墙的密闭穿墙管。

（21）密闭穿墙管按墙厚0.3 m编制，如与设计墙厚不同，管材可以换算，其余不变；川型穿墙管项目不包括风管本身。

【例7-4】风阀安装定额套用

云南省某通风工程，根据设计施工图计算，共有 $D=300$ mm 电动密闭阀10个，试套用定额并分析人工、未计价材、机械消耗量。

【解】根据题意及《云南省通用安装工程计价标准》（DBJ 53/T-63—2020）第七册《通风空调安装工程》中人防手动密闭阀门安装的定额子目及相关说明，可知本题电动密闭阀需按人防手动密闭阀门安装直径选择定额子目，套用2-7-446，并且人工乘以系数1.05。

（1）人工。

人工消耗量=2.568×1.05×10=26.96 工日

未计价材：

①电动密闭阀（$D=300$ mm）消耗量：1×10=10 个

②热轧扁钢（59 以内）消耗量：4.14×10=41.4 kg

③低碳钢焊条（J422ϕ3.2）消耗量：0.52×10=5.2 kg

机械：

①交流弧焊机（容量 21 kV·A）：0.64×10=6.4 台班

②立式钻床（钻孔直径 50 mm）：0.29×10=2.9 台班

③普通车床（工件直径×工件长度为 400 mm×1000 mm）：0.14×10=1.4 台班

定额套用见表7-7。

表 7-7　电动密闭阀定额套用

序号	定额编号	项目名称	计量单位	工程量	基价/元	其中/元			未计价材费
						人工费	材料费	机械费	
1	2-7-446	手动密闭阀门安装直径（mm）≤300（人工×1.05）	个	10	500.77	416.43	17.37	66.97	
	人工	综合工日12	工日	26.96					
	未计价	电动密闭阀（$D=300$ mm）	个	10					
	未计价	热轧扁钢（59 以内）	kg	41.4					
	未计价	低碳钢焊条（J422ϕ3.2）	kg	5.2					
	机械	交流弧焊机（容量 21 kV·A）	台班	6.4					
	机械	立式钻床（钻孔直径 50 mm）	台班	2.9					
	机械	普通车床（工件直径×工件长度为 400 mm×1000 mm）	台班	1.4					

【例7-5】成品风阀安装定额套用

云南省某通风工程有 500 mm×320 mm 成品对开多叶调节阀15个，试计算工程量并套用定额。（不考虑未计价材）

【解】对于成品阀门，定额套用时仅计取安装费，应区分不同的周长，则 500 mm×320 mm 成品对开多叶调节阀定额套用2-7-250。

成品风阀安装定额套用见表7-8。

表 7-8 成品风阀安装定额套用

序号	定额编号	项目名称	计量单位	工程量	基价/元	其中/元			未计价材费
						人工费	材料费	机械费	
1	2-7-250	对开多叶调节阀安装　周长 2800 mm 以内	个	15	90.10	67.95	20.15	2	
	未计价材	对开多叶调节阀 500×320	个	15					

4. 空调水管道安装

1）项目设置

空调水管道安装包括镀锌钢管、钢管、塑料管等项目。

2）工程量计算规则

（1）各类管道安装按室内外、材质、连接形式、规格分别列项，以"10 m"为计量单位。定额中除塑料管按公称外径表示，其他管道均按公称直径表示。

（2）各类管道安装工程量均按设计管道中心线长度，以"10 m"为计量单位，不扣除阀门、管件、附件所占长度。

（3）方形补偿器所占长度计入管道安装工程量。方形补偿器制作安装应执行第十册《给排水、采暖、燃气安装工程》相应项目。

3）相关说明

（1）室内外管道以建筑物外墙皮外 1.5 m 为界，建筑物入口处设阀门者以阀门为界。

（2）设在建筑物内的空调机房管道以机房外墙皮为界。

（3）室外管道执行第十册《给排水、采暖、燃气安装工程》中第二章采暖室外管道安装相应项目。

（4）管道安装项目中，均包括相应管件安装、水压试验及水冲洗工作内容。各种管件数量系综合取定，执行定额时，成品管件数量可依据设计文件及施工方案或参照第十册《给排水、采暖、燃气安装工程》附录"管道管件数量取定表"计算，定额中其他消耗量均不作调整。第四章空调水管道安装定额管件含量中不含与螺纹阀门配套的活接、对丝，其用量含在螺纹阀门安装项目中。

（5）钢管焊接安装项目中均综合考虑了成品管件和现场煨制弯管、摔制大小头、挖眼三通。

（6）管道安装项目中，均不包括管道支架、管卡、托钩等制作安装以及管道穿墙、楼板套管制作安装、预留孔洞、堵洞、打洞、凿槽等工作内容，发生时应按第十册《给排水、采暖、燃气安装工程》相应项目另行计算。

（7）镀锌钢管（螺纹连接）安装项目适用于空调水系统中采用螺纹连接的焊接钢管、钢塑复合管的安装项目。

（8）空调冷热水镀锌钢管（沟槽连接）安装项目适用于空调冷热水系统中采用沟槽连接的 DN150 以下焊接钢管的安装。

（9）室内空调机房与空调冷却塔之间的冷却水管道执行空调冷热水管道定额。

（10）空调凝结水管道安装项目是按集中空调系统编制的，并适用于户用单体空调设备的凝结水管道系统的安装。

（11）室内空调水管道在过路口成跨绕梁柱等障碍时，如发生类似于方形补偿器的管道按形式执行方形补偿器制作安装项目。

（12）安装带保温层的管道时，可执行相应材质及连接形式的管道安装项目，其人工乘以系数1.1；管道接头保温执行第十二册《防腐蚀、绝热工程》，其人工、机械乘以系数2.0。

7.3 工程量清单编制与计价

7.3.1 清单设置内容

1. 工程量清单项目设置内容

通风空调工程量清单设置在《通用安装工程工程量计算规范》（GB 50856—2013）里共分为4个分部，52个项目（表7-9、表7-10）。

表 7-9 通风空调工程（附录 G）

030701001 ~ 030704002	通风空调工程
G.1	通风及空调设备及部件制作安装
G.2	通风管道制作安装
G.3	通风管道部件制作安装
G.4	通风工程检测、调试

表 7-10 通风空调工程工程量清单项目设置内容

项目编码	项目名称	分项清单项目
030701001 ~ 015	通风及空调设备及部件制作安装	包括空气加热器（冷却器）、除尘设备、空调器、风机盘管、表冷器、密闭门、挡水板、滤水器、溢水盘、金属壳体、过滤器、净化工作台、风淋室、洁净室、除湿机、人工过滤器
030702001 ~ 011	通风管道制作安装	碳钢通风管道、净化通风管道、不锈钢通风管道、铝板通风管道、塑料通风管道、玻璃钢通风管、复合型通风管道、柔性软风管、弯头导流叶片、风管检查孔、温度/风量测定孔
030703001 ~ 024	通风管道部件制作安装	碳钢阀门、柔性软风管阀门、铝蝶阀、不锈钢蝶阀、塑料阀门、玻璃钢阀门、碳钢风口/散流器/百叶窗、不锈钢风口/散流器/百叶窗、塑料风口/散流器/百叶窗、玻璃钢风口、铝及铝合金风口/散流器、碳钢风帽、不锈钢风帽、塑料风帽、铝板伞形风帽、玻璃钢风帽、碳钢罩类、塑料罩类、柔性接口、消声器、静压箱、人防超压自动排气阀、人防手动密闭阀、人防其他部件
030704001 ~ 002	通风工程检测、调试	通风工程检测、调试、风管漏光试验、漏风试验

2. 相关问题说明

（1）通风空调工程适用于通风（空调）设备及部件、通风管道及部件的制作安装工程。

（2）冷冻机组站内的设备安装、通风机安装及人防两用通风机安装，应按《通用安装工程工程量计算规范》（GB 50856—2013）附录 A 机械设备安装工程相关项目编码列项。

（3）冷冻机组站内的管道安装，应按《通用安装工程工程量计算规范》（GB 50856—2013）附录 H 工业管道工程相关项目编码列项。

（4）冷冻站外墙皮以外通往通风空调设备的供热、供冷、供水等管道，应按《通用安装工程工程量计算规范》（GB 50856—2013）附录 K 给排水、采暖、燃气工程相关项目编码列项。

（5）设备和支架的除锈、刷油、保温及保护层安装，应按《通用安装工程工程量计算规范》（GB 50856—2013）附录 M 刷油、防腐蚀、绝热工程相关项目编码列项。

7.3.2 工程量清单编制

1. 通风及空调设备及部件制作安装

根据《通用安装工程工程量计算规范》（GB 50856—2013）的规定，通风及空调设备及部件清单工程量项目设置及工程量计算规则详见表 7-11。

表 7-11　通风及空调设备及部件制作安装（编码：030701）（表 G.1）

项目编码	项目名称	项目特征	计量单位	工程量计算规则	工作内容
030701001	空气加热器（冷却器）	1. 名称 2. 型号 3. 规格 4. 质量 5. 安装形式 6. 支架形式、材质	台	按设计图示数量计算	1.本体安装、调试 2.设备支架制作、安装 3.补刷（喷）油漆
030701002	除尘设备				
030701003	空调器	1. 名称 2. 型号 3. 规格 4. 安装形式 5. 质量 6. 隔震垫（器）支架形式、材质	台（组）		1.本体安装或组装、调试 2.设备支架制作、安装 3.补刷（喷）油漆
030701004	风机盘管	1. 名称 2. 型号 3. 规格 4. 安装形式 5. 减震器、支架形式、材质 6. 试压要求	台		1.本体安装、调试 2.设备支架制作、安装 3.补刷（喷）油漆

项目编码	项目名称	项目特征	计量单位	工程量计算规则	工作内容
030701005	表冷器	1. 名称 2. 型号 3. 规格	台	按设计图示数量计算	1.本体安装 2.型钢制作、安装 3.过滤器安装 4.挡水板安装 5.调试及运转 6.补刷（喷）油漆
030701006	密闭门	1. 名称 2. 型号 3. 规格 4. 形式 5. 支架形式、材质	个		1.本体制作 2.本体安装 3.支架制作、安装
030701007	挡水板				
030701008	滤水器、溢水盘				
030701009	金属壳体				
030701010	过滤器	1. 名称 2. 型号 3. 规格 4. 类型 5. 框架形式、材质	1.台 2. m²	1. 以台计量，按设计图示数量计算 2. 以面积计量，按设计图示尺寸以过滤面积计算	1.本体安装 2.框架制作、安装 3.补刷（喷）油漆
030701011	净化工作台	1. 名称 2. 型号 3. 规格 4. 类型	台	按设计图示数量计算	1.本体安装 2.补刷（喷）油漆
030701012	风淋室	1. 名称 2. 型号 3. 规格 4. 类型 5. 质量			
030701013	洁净室				
030701014	除湿室	1. 名称 2. 型号 3. 规格 4. 类型			本体安装
030701015	人防过滤吸收器	1. 名称 2. 型号 3. 规格 4. 类型 5. 支架形式、材质			1.过滤吸收器安装 2.支架制作、安装

注：通风空调设备安装的地脚螺栓按设备自带考虑。

需要注意的是风机的清单设置执行《通用安装工程工程量计算规范》（GB 50856—2013）中附录 A 机械设备安装工程中表 A.8 风机安装的相应项目（表 7-12）。

表 7-12　风机安装（编码：030108）（表 A.8）

项目编码	项目名称	项目特征	计量单位	工程量计算规则	工作内容
030108001	离心式通风机	1. 名称 2. 型号 3. 规格 4. 质量 5. 材质 6. 减震装置形式、数量 7. 灌浆配合比 8. 单机试运转要求	台	按设计图示数量计算	1. 本体安装 2. 拆装、检查 3. 减震台座制作、安装 4. 二次灌浆 5. 单机试运转 6. 补刷（喷）油漆
030108002	离心式引风机				
030108003	轴流通风机				
030108004	回转式鼓风机				
030108005	离心式鼓风机				
030108006	其他风机				

2. 通风管道制作安装

根据《通用安装工程工程量计算规范》（GB 50856—2013）的规定，通风管道制作安装清单工程量项目设置及工程量计算规则详见表 7-13。

表 7-13　通风管道制作安装（编码：030702）（表 G.2）

项目编码	项目名称	项目特征	计量单位	工程量计算规则	工作内容
030702001	碳钢通风管道	1. 名称 2. 材质 3. 形状 4. 规格 5. 板材厚度 6. 管件、法兰等附件及支架设计要求 7. 接口形式	m²	按设计图示外径尺寸以展开面积计算	1. 风管、管件、法兰、零件、支吊架制作、安装 2. 过跨风管落地支架制作、安装
030702002	净化通风管道				
030702003	不锈钢板通风管道	1. 名称 2. 形状 3. 规格 4. 板材厚度 5. 管件、法兰等附件及支架设计要求 6. 接口形式			
030702004	铝板通风管道				
030702005	塑料通风管道				
030702006	玻璃钢通风管道	1. 名称 2. 形状 3. 规格 4. 板材厚度 5. 支架形式、材质 6. 接口形式			1. 风管、管件安装 2. 支吊架制作、安装 3. 过跨风管落地支架制作、安装
030702007	复合型风管	1. 名称 2. 材质 3. 形状 4. 规格 5. 板材厚度 6. 接口形式 7. 支架形式、材质			

项目编码	项目名称	项目特征	计量单位	工程量计算规则	工作内容
030702008	柔性软风管	1. 名称 2. 材质 3. 规格 4. 风管接头、支架形式、材质	1. m² 2. 节	1. 以米计量，按设计图示中心线以长度计算 2. 以节计量，按设计图示数量计算	1. 风管安装 2. 风管接头安装 3. 支吊架制作、安装
030702009	弯头导流叶片	1. 名称 2. 材质 3. 规格 4. 形式	1. m 2. 组	1. 以面积计量，按设计图示尺寸以过滤面积计算 2. 以组计量，按设计图示数量计算	1. 制作 2. 安装
030702010	风管检查孔	1. 名称 2. 材质 3. 规格	1. kg 2. 个	1. 以千克计量，按风管检查孔质量计算 2. 以个计量，按设计图示数量计算	1. 制作 2. 安装
030702011	温度、风量测定孔	1. 名称 2. 材质 3. 规格 4. 设计要求	个	按设计图示数量计算	1. 制作 2. 安装

在进行项目特征描述时，应注意：

（1）风管清单工程量计算规则与定额计算规则相同。

（2）穿墙套管按展开面积计算，计入通风管道工程量中。

（3）通风管道的法兰垫料或封口材料，按图纸要求应在项目特征中描述。

（4）净化通风管的空气洁净度按100000级标准编制，净化通风管使用的型钢材料如要求镀锌时，工作内容应注明支架镀锌。

（5）弯头导流叶片数量，按设计图纸或规范要求计算。

（6）风管检查孔、温度测定孔、风量测定孔数量，按设计图纸或规范要求计算。

【例7-6】风管工程量清单编制

云南省某通风工程，镀锌薄钢板法兰风管800 mm×320 mm（δ=1 mm，咬口）的工程量为120 m²，法兰、管件、支吊架等型钢须人工除轻锈后外刷两遍红丹防锈漆，问工程量清单应如何编制。

【解】在清单列项时应注意项目所包括的工作内容，例如风管制作安装，虽然包括了法兰、零件、支吊架制作、安装，但法兰、管件、支吊架等型钢的刷油防腐没有包含在内，所以还应另列型钢的刷油防腐项目。

镀锌薄钢板法兰风管800 mm×320 mm 的长边长为 800 mm，根据风管定额应套 2-7-99子目。

定额中热轧角钢（综合）的消耗量为 35.2 kg/10 m²；热轧槽钢 5#~16# 的消耗量为

15.287 kg/10 m²；热轧扁钢 59 以内消耗量为 1.12 kg/10 m²；热轧光圆钢筋 HPB300ϕ5.5~9 的消耗量为 1.49 kg/10 m²。则型钢工程量=120 m²×35.2 kg÷1.04÷10 m²+120 m²×15.287 kg÷1.04÷10 m²+120 m²×1.12 kg÷1.04÷10 m²+120 m²×1.49 kg÷1.04÷10 m²=612.66 kg。

注：定额中型钢的消耗量包含 4% 的损耗率，计算时刷油防腐的工程量时应按净重量列项并套用相应定额。

风管工程量清单详见表 7-14。

表 7-14　风管工程量清单

序号	项目编码	项目名称	项目特征描述	计量单位	工程量
1	030702001001	碳钢通风管道	1. 名称：风管制安 2. 材质：镀锌薄钢板 3. 形状：矩形 4. 规格：800 mm×320 mm 5. 板材厚度：δ=1.0 mm 6. 管件、法兰等附件及支架设计要求：详见设计 7. 接口形式：咬口连接	m²	120
2	031201003001	金属结构刷油	1. 除锈级别：人工除轻锈 2. 油漆品种：红丹防锈漆 3. 结构类型：风管型钢 4. 涂刷遍数、漆膜厚度：两遍	kg	612.66

3. 通风管道部件制作安装

（1）根据《通用安装工程工程量计算规范》（GB 50856—2013）的规定，通风管道部件制作安装清单工程量项目设置及工程量计算规则详见表 7-15。

表 7-15　通风管道部件制作安装（编码：030703）（表 G.3）

项目编码	项目名称	项目特征	计量单位	工程量计算规则	工作内容
030703001	碳钢阀门	1. 名称 2. 型号 3. 规格 4. 质量 5. 类型 6. 支架形式、材质	个	按设计图示数量计算	1. 阀体制作 2. 阀体安装 3. 支架制作、安装
030703002	柔性软风管阀门	1. 名称 2. 规格 3. 材质 4. 类型			
030703003	铝蝶阀	1. 名称 2. 规格 3. 质量 4. 类型			
030703004	不锈钢蝶阀				

项目编码	项目名称	项目特征	计量单位	工程量计算规则	工作内容
030703005	塑料阀门	1. 名称 2. 型号 3. 规格 4. 类型	个	按设计图示数量计算	
030703006	玻璃钢阀门				
030703007	碳钢风口、散流器、百叶窗	1. 名称 2. 型号 3. 规格 4. 质量 5. 类型 6. 形式			1. 风口制作、安装 2. 散流器制作、安装 3. 百叶窗安装
030703008	不锈钢风口、散流器、百叶窗	1. 名称 2. 型号 3. 规格 4. 质量 5. 类型 6. 形式			
030703009	塑料风口、散流器、百叶窗				
030703010	玻璃钢风口	1. 名称 2. 型号 3. 规格 4. 类型 5. 形式			风口安装
030703011	铝及铝合金风口、散流器				1. 风口制作、安装 2. 散流器制作、安装
030703012	碳钢风帽	1. 名称 2. 规格 3. 质量 4. 类型 5. 形式 6. 风帽筝绳、泛水设计			1. 风帽制作、安装 2. 筒形风帽滴水盘制作、安装 3. 风帽筝绳制作、安装 4. 风帽泛水制作、安装
030703013	不锈钢风帽				
030703014	塑料风帽				
030703015	铝板伞形风帽				1. 板伞形风帽制作、安装 2. 风帽筝绳制作、安装 3. 风帽泛水制作、安装
030703016	玻璃钢风帽				1. 玻璃钢风帽安装 2. 筒形风帽滴水盘安装 3. 风帽筝绳安装 4. 风帽泛水安装
030703017	碳钢罩类	1. 名称 2. 型号 3. 规格 4. 质量 5. 类型 6. 形式			1. 罩类制作 2. 罩类安装
030703018	塑料罩类				
030703019	柔性接口	1. 名称 2. 规格 3. 材质 4. 类型 5. 形式	m²	按设计图示尺寸以展开面积计算	1. 柔性接口制作 2. 柔性接口安装

项目编码	项目名称	项目特征	计量单位	工程量计算规则	工作内容
030703020	消声器	1. 名称 2. 规格 3. 材质 4. 形式 5. 质量 6. 支架形式、材质	个	按设计图示数量计算	1. 消声器制作 2. 消声器安装 3. 支架制作安装
030703021	静压箱	1. 名称 2. 规格 3. 形式 4. 材质 5. 支架形式、材质	1. 个 2. m²	1. 以个计量，按设计图示数量计算 2. 以平方米计量，按设计图示尺寸以展开面积计算	1. 静压箱制作、安装 2. 支架制作、安装
030703022	人防超压自动排气阀	1. 名称 2. 型号 3. 规格 4. 类型	个	按设计图示数量计算	安装
030703023	人防手动密闭阀	1. 名称 2. 型号 3. 规格 4. 支架形式、材质			1. 密闭阀安装 2. 支架制作、安装
030703024	人防其他部件	1. 名称 2. 型号 3. 规格 4. 类型	个（套）		安装

（2）在进行项目特征描述时应注意：

①碳钢阀门包括：空气加热器上通阀、空气加热器旁通阀、圆形瓣式启动阀、风管蝶阀、风管止回阀、密闭式斜插板阀、矩形风管三通调节阀、对开多叶调节阀、风管防火阀、各型风罩调节阀等。

②塑料阀门包括：塑料蝶阀、塑料插板阀、各型风罩塑料调节阀。

③碳钢风口、散流器、百叶窗包括：百叶风口、矩形送风口、矩形空气分布器、风管插板风口、旋转吹风口、圆形散流器、方形散流器、流线型散流器、送吸风口、活动算式风口、网式风口、钢百叶窗等。

④碳钢罩类包括：皮带防护罩、电动机防雨罩、侧吸罩、中小型零件焊接台排气罩、整体分组式槽边侧吸罩、吹吸式槽边通风罩、条缝槽边抽风罩、泥心烘炉排气罩、升降式回转排气罩、上下吸式圆形回转罩、升降式排气罩、手锻炉排气罩。

⑤塑料罩类包括塑料槽边侧吸罩、塑料槽边风罩、塑料条缝槽边抽风罩。

⑥柔性接口包括：金属、非金属软接口及伸缩节。

⑦消声器包括：片式消声器、矿棉管式消声器、聚酯泡沫管式消声器、卡普隆纤维管式消声器、弧形声流式消声器、阻抗复合式消声器、微穿孔板消声器、消声弯头。

⑧通风部件如图纸要求制作安装或用成品部件只安装不制作，这类特征在项目特征中应明确描述。

⑨静压箱的面积计算：按设计图示尺寸以展开面积计算，不扣除开口的面积。

4. 通风工程检测、调试

根据《通用安装工程工程量计算规范》（GB 50856—2013）的规定，通风工程检测、调试清单工程量项目设置及工程量计算规则详见表7-16。

表7-16 通风工程检测、调试（编码：030704）（表G.4）

项目编码	项目名称	项目特征	计量单位	工程量计算规则	工作内容
030704001	通风工程检测、调试	风管工程量	系统	按通风系统计算	1. 通风管道风量测定 2. 风压测定 3. 温度测定 4. 各系统风口、阀门调整
030704002	风管漏光试验、漏风试验	漏光试验、漏风试验、设计要求	m²	按设计图纸或规范要求以展开面积计算	通风管道漏光试验、漏风试验

需要说明的是，在《云南省通用安装工程计价标准》（DBJ 53/T-63—2020）中，风管安装时已考虑风管的漏光、漏风试验，编制工程量清单时不需再单独列项。

7.4 计价实例

【例7-7】清单计价实例

本工程为云南省某职工食堂首层通风系统工程，层高为4.5 m，建筑面积为510 m²，结构形式为框架结构。通风平面图如图7-16所示，剖面图如图7-17所示。

1. 设计说明

（1）室内采用1台低噪声离心通风机进行通风，其型号及技术参数为：HTFC（DT）-B-110，L=4 000 m³/h，P=327 Pa，噪声＜58 dB，N=1.1 kW。

（2）风管采用镀锌薄钢板法兰风管（矩形），咬口连接，风管规格为1000 mm×300 mm的，板材厚度 δ=1.2 mm；风管规格为 800 mm×300 mm 的，板材厚度 δ=1.0 mm；风管规格为630 mm×300 mm 的，板材厚度 δ=1.0 mm；风管规格为 300 mm×300 mm 的，板材厚度 δ=0.75 mm。

（3）防火阀、对开多叶调节阀、阻抗复合消声器、铝合金方形散流器均为成品购买。

（4）风管柔性接头采用耐火细帆布制作，所有支吊架等金属型钢除轻锈后应刷红丹环氧防锈漆两遍，再刷环氧银粉漆两遍。

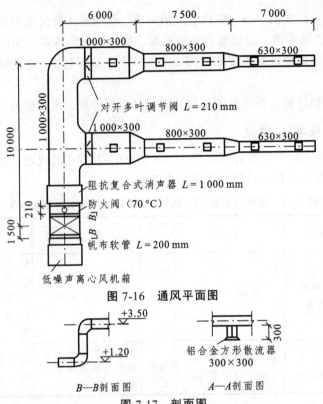

图 7-16　通风平面图

B—B剖面图　　　　　　A—A剖面图

图 7-17　剖面图

问题：

（1）根据所给背景资料，计算图示安装工程量。

计算范围：从低噪声离心通风机开始计算至风口止，包括设备本体及风口。

（2）按现行计价依据采用定额计价方法进行通风工程的工程量计算。

（3）按现行计价依据采用工程量清单计价方法进行通风工程的招标控制价编制。

计价依据为《通用安装工程工程量计算规范》（GB 50856—2013）、《建设工程工程量清单计价规范》（GB 50500—2013）、《云南省通用安装工程计价标准》（DBJ 53/T-63—2020）及未计价材料表（表 7-17）。

表 7-17　未计价材料表

序号	材料名称	规格、型号等特殊要求	单位	单价/元
1	镀锌钢板	$\delta=0.75$ mm	m²	28.47
2	镀锌钢板	$\delta=1$ mm	m²	37.18
3	镀锌钢板	$\delta=1.2$ mm	m²	43.19
4	红丹环氧防锈漆		kg	21.24
5	环氧银粉漆		kg	34.51
6	低噪声离心通风机	HTFC（DT）-B-110，　$L=4000$ m³/h，$P=327$ Pa 噪声＜58 dB，$N=1.1$ kW	台	2180.28

序号	材料名称	规格、型号等特殊要求	单位	单价/元
7	风管防火阀	1000 mm×300 mm	个	656.51
8	对开多叶调节阀	1000 mm×300 mm	个	599.27
9	阻抗复合消声器	1000 mm×300 mm	10 个	1500
10	铝合金方形散流器	300 mm×300 mm	个	166
11	热轧光圆钢筋	HPB300 ϕ5.5~9	kg	4.06
12	热轧扁钢	59 以内	kg	4.13
13	热轧槽钢	5#~16#	kg	4.48
14	热轧角钢	综合	kg	4.29
15	低碳钢焊条	J422 ϕ3.2	kg	7.26

1. 某职工食堂通风工程工程量计算

依据该工程设计施工图、《通用安装工程工程量计算规范》（GB 50856—2013）、《云南省通用安装工程计价标准》（DBJ 53/T-63—2020），该工程的工程量计算见表 7-18。

表 7-18　工程量计算表

工程名称：某食堂通风工程 　　　　　　　　　　　　　　　　　　第　页　共　页

序号	项目名称	规格型号	计量单位	工程量	计算式
1	离心式通风机	低噪声离心通风机：HTFC（DT）-B-110，L=4000 m³/h，P=327 Pa，噪声＜58 dB，N=1.1 kW	台	1	
2	碳钢通风管	镀锌薄钢板矩形风管 1000 mm × 300 mm，δ=1.2 mm，咬口连接	m²	62.84	L=1.5+（10-0.21-1）+（3.5-1.2）+（6-0.21）×2=24.17 m F=（1+0.3）×2×24.17=62.84 m²
3	碳钢通风管	镀锌薄钢板矩形风管 800 mm × 300 mm，δ=1.0 mm，咬口连接	m²	33	L=7.5×2=15 m F=（0.8+0.3）×2×15=33 m²
4	碳钢通风管	镀锌薄钢板矩形风管 630 mm × 300 mm，δ=1.0 mm，咬口连接	m²	26.04	L=7×2=14 m F=（0.63+0.3）×2×14=26.04 m²
5	碳钢通风管	镀锌薄钢板矩形风管 300 mm × 300 mm，δ=0.75 mm，咬口连接	m²	5.4	L=（0.3/2+0.3）×10=4.5 m F=（0.3+0.3）×2×4.5=5.4 m²
6	柔性接口	耐火细帆布软管 1000 mm×300 mm L=200 mm	m²	0.5	F=（1+0.3）×2×0.2=0.5 m²
7	碳钢阀门	防火阀 70° 1000 mm× 300 mm，L=210 mm 成品	个	1	周长=（1000+300）×2=2600 mm
8	碳钢阀门	对开多叶调节阀 1000 mm× 300 mm，L=210 mm 成品	个	2	周长=（1000+300）×2=2600 mm

序号	项目名称	规格型号	计量单位	工程量	计算式
9	消声器	阻抗复合消声器 1000 mm×300 mm，L=1000 mm 成品	个	1	截面积=1×0.3=0.3 m²
10	铝及铝合金散流器	铝及铝合金方形散流器 300 mm×300 mm 成品	个	10	周长＝（300+300）×2=1200 mm
11	金属结构刷油	手工除轻锈，防锈漆两遍，调和漆两遍	kg	657.87	[（35.20+15.287+1.12+1.49）kg/10 m²×（62.84+33+26.04）m²+（40.42+2.15+1.35）kg/10 m²×5.4 m²+（18.33+8.32）kg/m²×0.5 m²]/1.04=657.87 kg
12	通风工程检测调试	通风工程检测调试	系统	1	

2. 某职工食堂通风工程清单计价

根据《建设工程工程量清单计价规范》（GB 50500—2013）、《通用安装工程工程量计算规范》（GB 50856—2013）、《云南省通用安装工程计价标准》（DBJ 53/T-63—2020）及其配套计价文件，某职工食堂通风工程工程量清单计价文件如下：

1）封面

___某职工食堂首层通风工程___工程

招标控制价

招标控制价（小写）：___35 667.42___

（大写）：___叁万伍仟陆佰陆拾柒元肆角贰分___

招 标 人：

（单位盖章）

法定代表人
或其授权人：

（签字或盖章）

造价咨询人：

（单位资质专用章）

法定代表人
或其授权人：

（签字或盖章）

编 制 人：

（造价人员签字盖专用章）

复 核 人：

（造价工程师签字盖专用章）

编 制 时 间：　　　年　月　日　　　　复核时间：　　　年　月　日

2）招标控制价公布表（表 7-19）

表 7-19　招标控制价公布表

工程名称：某职工食堂首层通风工程

序号	名称	金额/元	
		小写	大写
1	分部分项工程费	30 711.26	叁万零柒佰壹拾壹元贰角陆分
2	措施费	1 643.20	壹仟陆佰肆拾叁元贰角整
2.1	环境保护、临时设施、安全、文明费合计	779.62	柒佰柒拾玖元陆角贰分
2.2	脚手架、模板、垂直运输、大机进出场及安拆费合计	477.53	肆佰柒拾柒元伍角叁分
2.3	其他措施费	386.05	叁佰捌拾陆元零伍分
3	其他项目费	0.00	零元整
4	其他规费	46.90	肆拾陆元玖角整
5	税金	3 266.06	叁仟贰佰陆拾陆元零陆分
6	其他		
7	招标控制价总价	35 667.42	叁万伍仟陆佰陆拾柒元肆角贰分
8	备注		

编制单位：（公章）　　　　　　　　　　　招标人：（公章）

造价工程师（签字并盖注册章）：

3）招标控制价编制说明

一、工程概况：

本工程为昆明市某职工食堂首层通风工程，建筑面积为 510 m^2，结构形式为框架结构，首层高度为 4.5 m。

二、工程招标范围：

食堂首层通风安装工程。

三、编制依据：

1. 设计施工图纸及相关标准图集。

2. 招标文件及其附件。

3.《建设工程工程量清单计价规范》（GB 50500—2013）。

4.《通用安装工程工程量计算规范》（GB 50856—2013）。

5.《云南省通用安装工程计价标准》（DBJ 53/T-63—2020）等相关计价依据。

6.《云南省房屋建筑和市政基础设施工程施工招标评标办法》（云建规〔2021〕4 号）。

四、材料价格：

主要材料价格按昆明市建设工程定额站建筑材料市场《价格指导》2024 年第 1-2 期价格计入，部分材料价格经市场询价计入。

五、相关问题说明：

根据所给图纸，工程计量从低噪声离心通风机开始计算至风口止，包括设备本体及风口。

六、其他未尽事宜详见招标文件及相关设计文件。

××工程造价咨询有限公司

2024 年 3 月 5 日

4）单位工程费用汇总表（表 7-20）

表 7-20　单位工程费用汇总表

序号	项目名称	计算方法	金额/元
1	分部分项工程费	Σ（分部分项工程量×清单综合单价）	30 711.26
1.1	人工费	<1.1.1>+<1.1.2>	11 103.72
1.1.1	定额人工费	Σ（定额人工费）	9 250.5
1.1.2	规费	Σ（规费）	1 853.22
1.2	材料费	Σ（材料费）	16 459.30
1.3	设备费	Σ（设备费）	
1.4	机械费	Σ（机械费）	388.32
1.5	管理费	Σ（管理费）	1 654.22
1.6	利润	Σ（利润）	1 105.74
1.7	风险费	Σ（风险费）	
2	措施项目费	（<2.1>+<2.2>）	1 643.2
2.1	技术措施项目费	Σ（技术措施项目清单工程量×清单综合单价）	477.53
2.1.1	人工费	<2.1.1.1>+<2.1.1.2>	155.02
2.1.1.1	定额人工费	Σ（定额人工费）	129.18
2.1.1.2	规费	Σ（规费）	25.84
2.1.2	材料费	Σ（材料费）	219.93
2.1.3	机械费	Σ（机械费）	62.67
2.1.4	管理费	Σ（管理费）	23.94

序号	项目名称	计算方法	金额/元
2.1.5	利润	Σ（利润）	15.97
2.2	施工组织措施项目费	Σ（组织措施项目费）	1 165.67
2.2.1	绿色施工及安全文明施工措施费		904.85
2.2.1.1	安全文明施工及环境保护费		629.91
2.2.1.2	临时设施		149.71
2.2.1.3	绿色施工措施费		125.23
2.2.2	冬雨季施工增加费、工程定位复测、工程点交、场地清理费		232.57
2.2.3	夜间施工增加费		28.25
3	其他项目费	Σ（其他项目费）	
3.1	暂列金额		
3.2	暂估价		
3.3	计日工		
3.4	总承包服务费		
3.5	其他		
4	其他规费	<4.1>+<4.2>+<4.3>	46.90
4.1	工伤保险费	Σ（定额人工费）×费率	46.90
4.2	环境保护税	按有关规定计算	
4.3	工程排污费	按有关规定计算	
5	税前工程造价	（<1>+<2>+<3>+<4>）	32 401.36
6	税金	（<1>+<2>+<3>+<4>）×税率	3 266.06
7	单位工程造价	（<5>+<6>）	35 667.42

注：① "<>"内数字均为表中对应的序号。

② 工程材料（设备）暂估价应按招标工程量清单中列出的单价计入综合单价。

③ 发包人提供的材料和工程设备应计入相应的综合单价中，支付工程款时，发包人应按合同的约定扣除甲供材料和设备款。

工程名称：某职工食堂堂首层通风工程

表 7-21 分部分项工程清单与计价表

标段：

第 1 页 共 1 页

序号	项目编码	项目名称	项目特征	计量单位	工程量	综合单价	合价	金额/元			备注
								人工费		
								定额人工费	规费	机械费	暂估价
1	03010800100 1	离心式通风机	1. 名称：低噪声离心通风机 2. 型号：HTFC（DT）-B-110 3. 技术参数：L=4000 m³/h，P=327 Pa，噪声<58 dB，N=1.1 kW	台	1	2327.64	2327.64	84.56	16.91		
2	03070200100 1	碳钢通风管道	1. 名称：通风管道 2. 材质：镀锌薄钢板 3. 形状：矩形 4. 规格：1000 mm×300 mm 5. 板材厚度：δ=1.2 mm 6. 接口形式：咬口连接	m²	62.84	164.67	10347.86	3559.26	711.98	93.63	
3	03070200100 2	碳钢通风管道	1. 名称：通风管道 2. 材质：镀锌薄钢板 3. 形状：矩形 4. 规格：800 mm×300 mm 5. 板材厚度：δ=1.0 mm 6. 接口形式：咬口连接	m²	33	157.83	5208.39	1869.12	373.89	49.17	
4	03070200100 3	碳钢通风管道	1. 名称：通风管道 2. 材质：镀锌薄钢板 3. 形状：矩形 4. 规格：630 mm×300 mm 5. 板材厚度：δ=1.0 mm 6. 接口形式：咬口连接	m²	26.04	157.83	4109.89	1474.91	295.03	38.8	
5	03070200100 4	碳钢通风管道	1. 名称：通风管道 2. 材质：镀锌薄钢板 3. 形状：矩形 4. 规格：300 mm×300 mm 5. 板材厚度：δ=0.75 mm 6. 接口形式：咬口连接	m²	5.4	228.34	1233.04	559.06	111.83	19.98	

276

序号	项目编码	项目名称	项目特征	计量单位	工程量	综合单价	金额/元					备注
							合价	其中				
								人工费（定额人工费）	规费	机械费	暂估价	
6	030703019001	柔性接口	1. 名称：软接口 2. 规格：1000 mm×300 mm，L=200 mm 3. 材质：耐火细帆布	m²	0.5	410.08	205.04	82.18	16.44	0.62		
7	030703001001	碳钢阀门	1. 名称：防火阀 2. 规格：1000 mm×300 mm，L=210 mm 3. 成品安装	个	1	907.14	907.14	146.98	29.39	5.2		
8	030703001002	碳钢阀门	1. 名称：对开多叶调节阀 2. 规格：1000 mm×300 mm，L=210 mm 3. 成品安装	个	2	706.26	1412.52	113.26	22.64	4		
9	030703020001	消声器	1. 名称：阻抗复合消声器 2. 规格：1000 mm×300 mm，L=1000 mm 3. 截面积：0.3 m² 4. 成品安装	个	1							
10	030703011001	铝及铝合金风口、散流器	1. 名称：铝合金方形散流器 2. 规格：300 mm×300 mm 3. 成品安装	个	10	238.12	2381.2	453	90.6			
11	031201003001	金属结构刷油	1. 除锈级别：手工除锈 2. 油漆品种：防锈漆、调和漆 3. 结构类型：一般钢结构 4. 涂刷遍数、漆膜厚度：防锈漆两遍、调和漆两遍	kg	657.87	3.79	1814.5	703.78	143.63	71.81		
12	030704001001	通风工程检测、调试	风管工程量：127.28 m²	系统	1	764.04	764.04	204.39	40.88	105.11		
		合计					30711.26	9250.5	1853.22	388.32		

注：① 本表为分部分项和措施项目清单及计价表通用表式，使用时表头名称可简化为其中一类的计价表。
② 工程招标投标时"暂估价"按招标文件指定价格计入，竣工结算时以合同双方确认价格替换计入综合单价。
③ 本表中"暂估价"为材料、设备暂估价。

6）综合单价计算表（表 7-22）

工程名称：某职工食堂首层通风工程

表 7-22　综合单价计算表

序号	项目编码	项目名称	计量单位	定额编号	定额名称	定额单位	数量	清单综合单价组成明细								管理费 17.84%	利润 11.9%	风险费 0%	综合单价/元
								单价/元				合价/元							
								人工费 定额人工费	规费	材料费	机械费	人工费 定额人工费	规费	材料费	机械费				
1	030108001001	离心式通风机	台	2-7-61	离心式通风机 风机安装 风量（m³/h）≤4500	台	1	84.56	16.91	2201.02		84.56	16.91	2201.02					
					小计											15.09	10.06		2327.64
2	030702001001	碳钢通风管道	m²	2-7-99	镀锌薄钢板矩形风管（δ=1.2 mm 以内咬口）长边长≤1000（mm）	10 m²	0.1	566.41	113.28	783.3	14.86	56.64	11.33	78.33	1.49				
					小计										1.49	10.13	6.75		164.67
3	030702001002	碳钢通风管道	m²	2-7-99	镀锌薄钢板矩形风管（δ=1.2 mm 以内咬口）长边长≤1000（mm）	10 m²	0.1	566.41	113.28	714.91	14.86	56.64	11.33	71.49	1.49				
					小计										1.49	10.13	6.75		157.83
4	030702001003	碳钢通风管道	m²	2-7-99	镀锌薄钢板矩形风管（δ=1.2 mm 以内咬口）长边长≤1000（mm）	10 m²	0.1	566.41	113.28	714.91	14.86	56.64	11.33	71.49	1.49				
					小计										1.49	10.13	6.75		157.83
5	030702001004	碳钢通风管道	m²	2-7-97	镀锌薄钢板矩形风管（δ=1.2 mm 以内咬口）长边长≤320（mm）	10 m²	0.1	1035.26	207.06	695.22	36.95	103.53	20.71	69.52	3.7				
					小计										3.7	18.52	12.36		228.34
6	030703019001	柔性接口	m²	2-7-227	软管接口	m²	1	164.35	32.87	162.71	1.24	164.35	32.87	162.71	1.24	29.34	19.57		410.08
					小计										1.24				

工程名称：某职工食堂首层通风工程　　　　标段

清单综合单价组成明细

序号	项目编码	项目名称	计量单位	定额编号	定额名称	定额单位	数量	单价/元				合价/元				管理费	利润	风险费	综合单价/元
								人工费 定额人工费	规费	材料费	机械费	人工费 定额人工费	规费	材料费	机械费	17.84%	11.9%	0%	
7	03070703001001	碳钢阀门	个	2-7-257	风管防火阀阀周长（mm）≤3600	个	1	146.98	29.39	681.73	5.2	146.98	29.39	681.73	5.2	26.3	17.54		907.14
					小计							146.98	29.39	681.73	5.2				
8	03070703001002	碳钢阀门	个	2-7-250	对开多叶调节阀周长（mm）≤2800	个	1	56.63	11.32	619.42	2	56.63	11.32	619.42	2	10.13	6.76		706.26
					小计							56.63	11.32	619.42	2				
9	03070703020001	消声器	个	2-7-420	阻抗式消声器安装周长（mm）≤3000	节		373.87	74.78	75.73									
					小计														
10	03070703011001	铝及铝合金风口、散流器	个	2-7-283	方形散流器周长（mm）≤2000	个	1	45.3	9.06	170.29		45.3	9.06	170.29		8.08	5.39		238.12
					小计							45.3	9.06	170.29					
11	03120101003001	金属结构刷油	kg	2-12-5	手工除锈 一般钢结构 轻锈	100kg	0.01	39	7.8	4.61	10.36	0.39	0.08	0.05	0.1	0.26	0.18		3.79
				2-12-272	红丹环氧防锈漆、环氧磁漆 一般钢结构 底漆	100kg	0.01	63.06	12.62	63.92	5.18	0.63	0.13	0.64	0.05				
				2-12-260	环氧银粉漆 一般钢结构 面漆 两遍	100kg	0.01	44.79	8.96	74.11		0.45	0.09	0.74					
					小计							1.47	0.3	1.43	0.15				
12	03070704001001	通风工程检测、调试	系统	BM85	系统调整费（第七册《通风空调工程》）	元	1	204.39	40.88	350.38	105.11	204.39	40.88	350.38	105.11	37.96	25.32		764.04
					小计							204.39	40.88	350.38	105.11				

注：① 本表为一个工程量清单计量单位的综合单价分析表。
　　② 如不使用省级或建设行业主管部门发布的计价依据，可不填定额编号、名称等。

7）施工组织措施项目清单与计价表（表 7-23）

表 7-23　施工组织措施项目清单与计价表

工程名称：某职工食堂首层通风工程　　　　　　　　　　　　　　　　第 1 页　共 1 页

序号	项目编号	项目名称	计算基础	费率/%	金额/元	调整费率/%	调整后金额/元	备注
1		绿色施工及安全文明施工措施费			904.85			
1.1	031302001001	安全文明施工及环境保护费	9415.76	6.69	629.91			定额人工费+定额机械费×8%
1.2	031302001002	临时设施费	9415.76	1.59	149.71			定额人工费+定额机械费×8%
1.3	03B001	绿色施工措施费	9415.76	1.33	125.23			定额人工费+定额机械费×8%
2	031302005001	冬雨季施工增加费、工程定位复测、工程点交、场地清理费	9415.76	2.47	232.57			定额人工费+定额机械费×8%
3	031302002001	夜间施工增加费	9415.76	0.3	28.25			定额人工费+定额机械费×8%
合　　计					1165.67			

注：① "其他施工组织措施费" 在计价时需列出具体费用名称。

② 工程结算时按合同约定调整费率和金额。

8）施工技术措施项目清单与计价表（表 7-24）

表 7-24　施工技术措施项目清单与计价表

工程名称：某职工食堂首层通风工程　　　　　　　　　标段　　　　　　第 1 页　共 1 页

序号	项目编码	项目名称	项目特征描述	计量单位	工程量	金额/元						备注
						综合单价	合价	其中				
								人工费		机械费	暂估价	
								定额人工费	规费			
1	031301017001	脚手架搭拆		项	1	477.53	477.53	129.18	25.84	62.67		
		本页小计					477.53	129.18	25.84	62.67		
		合计					477.53	129.18	25.84	62.67		

注：① 本表为分部分项和施工技术措施项目清单及计价表通用表式，使用时表头名称可简化为其中一类的计价表。

② 工程招投标时 "暂估价" 按招标文件指定价格计入，竣工结算时以合同双方确认价格替换计入综合单价内。

③ 本表中 "暂估价" 为材料、设备暂估价。

9）技术措施费综合单价计算表（表7-25）

工程名称：某职工食堂首层通风工程

表7-25 技术措施费综合单价计算表

标段　　　　　　　　　　　　　　　　第1页　共1页

序号	项目编码	项目名称	计量单位	定额编号	定额名称	定额单位	数量	清单综合单价组成明细								管理费 17.84%	利润 11.9%	综合单价/元
								单价/元				合价/元						
								人工费		材料费	机械费	人工费		材料费	机械费			
								定额人工费	规费			定额人工费	规费					
1	031301017001	脚手架搭拆	项	BM5	脚手架搭拆费（第七册《通风空调工程》）	元	1	116.79	23.36	200.22	60.07	116.79	23.36	200.22	60.07	23.94	15.97	477.53
				BM9	脚手架搭拆费（第十二册《防腐蚀、绝热工程》）	元	1	12.39	2.48	19.71	2.6	12.39	2.48	19.71	2.6			
					小计							129.18	25.84	219.93	62.67			

注：① 本表为一个工程量清单计量单位的综合单价的综合单价分析表。
　　② 如不使用省级或行业建设主管部门发布本的计价依据，可不填定额编号、名称等。

10）其他项目清单与计价表（表7-26）

表7-26 其他项目清单与计价表

工程名称：某职工食堂首层通风工程　　　　　　　　　　　　　　　　　　第 1 页 共 1 页

序号	项目名称	金额/元	结算金额/元	备注
1	暂列金额			详见明细表
2	暂估价			
2.1	材料（工程设备）暂估价			详见明细表
2.2	专业工程暂估价			详见明细表
2.3	专项技术措施暂估价		—	
3	计日工			详见明细表
4	总承包服务费			详见明细表
5	索赔与现场签证	—		
6	优质工程增加费			
7	提前竣工增加费			
8	人工费调整			
9	机械燃料动力费价差			详见明细表
	合　计	0.00		—

注：① 工程结算时第1.1项、第1.2项分别在施工组织措施项目和其他项目计价表内计列。
　　② 工程结算时第2.3项在施工技术措施项目计价表内计列。
　　③ 材料（设备）暂估单价进入清单项目综合单价。
　　④ 索赔现场签字在工程结算期计列。

11）规费、税金项目计价表（表7-27）

表7-27 规费、税金项目计价表

工程名称：某职工食堂首层通风工程　　　　　　　　　　　　　　　　　　第 1 页 共 1 页

序号	项目名称	计算基础	计算基数	计算费率/%	金额/元
1	其他规费	工伤保险费+环境保护税+工程排污费	46.9		46.9
1.1	工伤保险费	分部分项定额人工费+单价措施定额人工费	9379.68	0.5	46.9
1.2	环境保护税				
1.3	工程排污费				
2	税金	税前工程造价	32401.36	10.08	3266.06
		合计			3312.96

编制人（造价人员）：　　　　　　　　　　　　　　　复核人（造价工程师）：

12）未计价材料表（表 7-28）

表 7-28　未计价材料表

工程名称：某职工食堂首层通风工程　　　　　　　　　　　　　　　　第 1 页　　共 1 页

序号	材料名称	规格、型号等特殊要求	单位	数量	单价/元	合价/元	产地	厂家
1	热轧光圆钢筋	HPB300　ϕ5.5~9	kg	18.8892	4.06	76.69		
2	热轧扁钢	59 以内	kg	18.9716	4.13	78.35		
3	热轧槽钢	5#~16#	kg	186.3179	4.48	834.7		
4	热轧角钢	（综合）	kg	460.0094	4.29	1973.44		
5	镀锌钢板	δ=1.2 mm	m2	71.5119	43.19	3088.6		
6	镀锌钢板	δ=1.0 mm	m2	67.1875	37.18	2498.03		
7	镀锌钢板	δ=0.75 mm	m2	6.1452	28.47	174.95		
8	低碳钢焊条	J422　ϕ3.2	kg	7.2118	7.26	52.36		
9	红丹环氧防锈漆		kg	9.8146	21.24	208.46		
10	环氧银粉漆		kg	7.4208	34.51	256.09		
11	散流器	300 mm×300 mm	个	10	166	1660		
12	对开多叶调节阀	1000 mm×300 mm	个	2	599.27	1198.54		
13	风管防火阀	1000 mm×300 mm	个	1	656.51	656.51		
14	低噪声离心通风机	HTFC（DT）-B-110，L=4000 m³/h，P=327 Pa 噪声<58 dB，N=1.1 kW	台	1	2180.28	2180.28		

【思考与练习题】

1. 简述通风空调工程的分类与组成。

2. 简述通风工程常用板材及其连接形式。

3. 简述金属风管的制作工艺。

4. 简述《云南省通用安装工程计价标准》（DBJ 53/T-63—2020）第七册《通风空调工程》定额的适用范围。

5. 简述薄钢板通风管道工程量的计算规则。定额套用时应注意哪些问题？

6. 什么是风管的部件？其制作工程量应如何计算？

7. 风管型钢的刷油防腐执行什么定额？工程量如何计算？

8. 简述通风空调工程清单设置时应注意的问题。

9. 根据所学内容，独立完成下面工程案例，进行自我检查评价。

1）工程基本概况

本工程为云南省某大厦多功能厅通风空调工程，如图 7-18 ~ 图 7-20 所示，图中标高以 m 计，其余以 mm 计。

（1）空气处理由位于图中①和②轴线的空气处理室内的变风量整体空调箱（机组）完成，其规格为 8000（m³/h）/0.6（t）。空气处理室轴线外墙上安装了一个 630 mm×1000 mm 的铝合金防雨单层百叶新风口（带过滤网），其底部距地面 2.8 m；空气处理室②轴线内墙上距地面 1.0 m 处，装有一个 1600 mm×800 mm 的铝合金百叶回风口，其后面接一阻抗复合消声器，型号为 T701-6 型 5#，二者组成回风管。室内大部分空气由此消声器吸入回到空气处理室，与新风混合后吸入空调箱，处理后经风管送入多功能厅内。

（2）本工程风管采用镀锌薄钢板，咬口连接。其中：矩形风管 240 mm×240 mm、250 mm×250 mm，铁皮厚度 δ=0.75 mm；矩形风管 800 mm×250 mm、800 mm×500 mm、630 mm×250 mm、500 mm×250 mm，铁皮厚度 δ=1.0 mm；矩形风管 1250 mm×500 mm，铁皮厚度 δ=1.2 mm。

（3）阻抗复合消声器采用现场制作安装，送风管上的管式消声器为成品安装。

（4）图中风管防火阀、对开多叶风量调节阀、铝合金新风口、铝合金回风口、铝合金方形散流器均为成品安装。

（5）主风管（1250 mm×500 mm）上，设置温度测定孔和风量测定孔各一个。

（6）风管保温采用岩棉板，δ=25 mm，外缠玻璃丝布一道，玻璃丝布不刷油漆。保温时使用黏结剂、保稳温钉。风管在现场按先绝热后安装施工。

未尽事宜，按现行施工及验收规范的有关内容执行。

2）工作任务要求

（1）按照《云南省通用安装工程计价标准》（DBJ 53/T-63—2020）的有关内容，计算工程量。

（2）根据现行《通用安装工程工程量计算规范》（GB 50856—2013），编制该工程分部分项工程量清单。

（3）按照《云南省通用安装工程计价标准》（DBJ 53/T-63—2020）及现行《通用安装工程工程量计算规范》（GB 50856—2013），编制该工程分部分项工程量清单计价表和综合单价计算表。

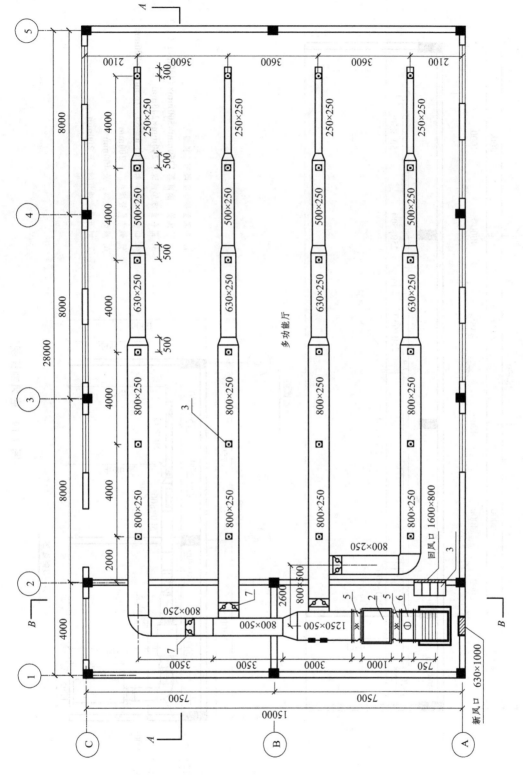

*图 7-18 平面图

---

* 注：本案例所用图纸引自《安装工程计量与计价》（冯钢、景巧玲主编）北京大学出版社 2014 年版。

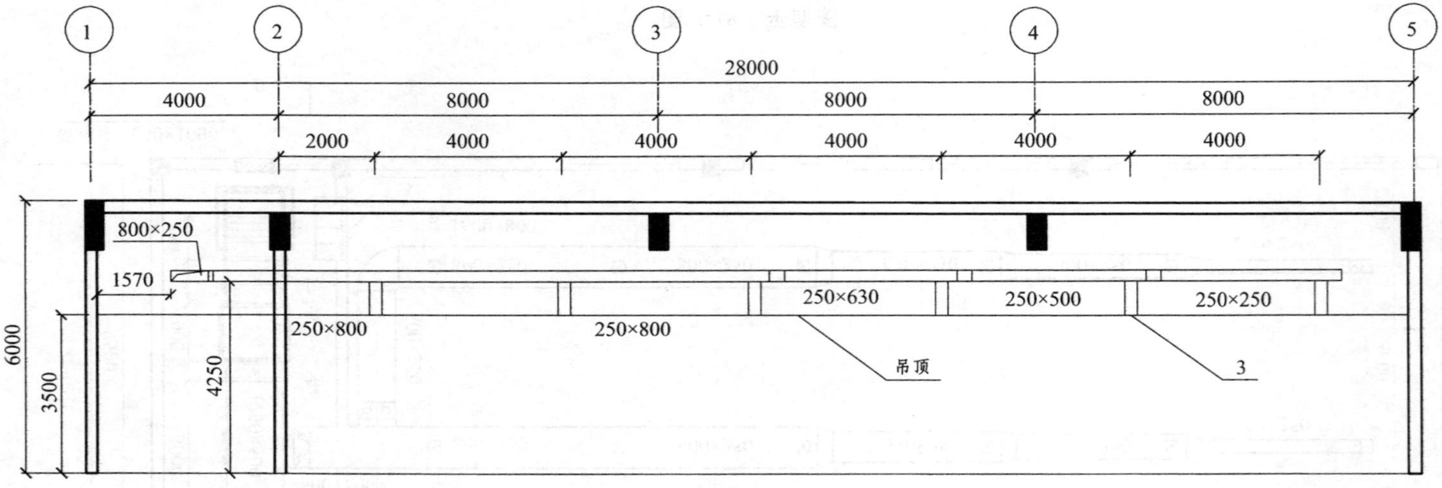

图 7-19 通风剖面图

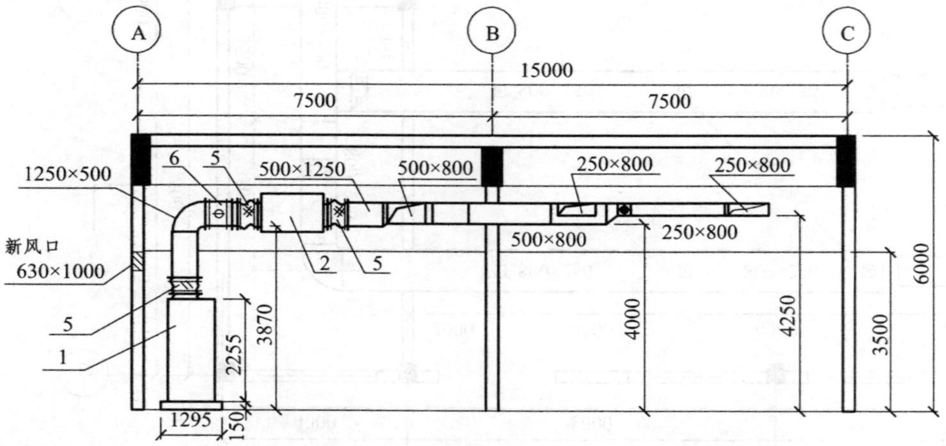

1. 变风量整体空调箱（机组）
2. 矿棉管式消声器 1250mm×500mm×1400mm（长）
3. 铝合金方形散流器 240mm×240mm
4. 阻抗复合消声器 T701-6型5#，1600mm×800mm
5. 帆布软管接头，长 200mm
6. 风管防火阀，长 400mm
7. 对开多叶调节阀，长 200mm

A—A剖面图

B—B剖面图

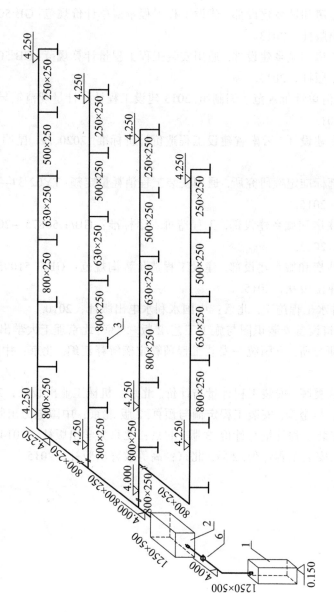

图 7-20　通风系统图

参考文献

[1] 中华人民共和国住房和城乡建设部. 建设工程工程量清单计价规范: GB 50500—2013. 北京：中国计划出版社，2013.

[2] 中华人民共和国住房和城乡建设部. 通用安装工程工程量计算规范: GB 50856—2013. 北京：中国计划出版社，2013.

[3] 《建设工程工程量清单计价规范》编制组. 2013 建设工程计价计量规范辅导. 北京：中国计划出版社，2013.

[4] 云南省住房和城乡建设厅. 云南省建设工程造价计价标准. 2020 版. 昆明：云南出版集团，2021.

[5] 住房和城乡建设部标准定额研究所. 通用安装工程消耗量定额: TY02-31—2015. 北京：中国计划出版社，2015.

[6] 中华人民共和国住房和城乡建设部. 工程造价术语标准: GB/T 50875—2013. 北京：中国计划出版社，2013.

[7] 中华人民共和国住房和城乡建设部. 建设工程造价咨询规范: GB/T 51095—2015. 北京：中国建筑工业出版社，2015.

[8] 张胜丰. 建筑给排水工程施工. 北京：中国水利水电出版社，2010.

[9] 陈明彩，毛颖. 建筑设备安装识图与施工工艺. 2 版. 北京：北京理工大学出版社，2014.

[10] 建设部标准定额研究所. 全国统一安装工程预算定额解释汇编. 北京：中国计划出版社，2008.

[11] 丰艳萍，严景宁，夏晖. 安装工程计量与计价. 北京：机械工业出版社，2014.

[12] 张秀德，管锡珺，吕金全. 安装工程定额与预算. 2 版. 北京：中国电力出版社，2010.

[13] 冯钢，景巧玲. 安装工程计量与计价. 3 版. 北京：北京大学出版社，2014.

[14] 熊德敏，陈旭平. 安装工程计价. 2 版. 北京：高等教育出版社，2015.